Karl-Heinz Bilz

Wenn ich nicht mehr laufen kann, renne ich

Erfahrungen eines Schlitzohrs

Karl-Heinz Bilz (Jahrgang 1956) wuchs in einfachsten Schausteller-Verhältnissen auf dem Campingplatz auf, besuchte die Sonderschule und ist trotzdem der erste Millionär, der aus der VOX-Sendung »Die Höhle der Löwen« hervorgegangen ist. Der Autor hat mehr als 20 Patente – darunter die »Abfluss-Fee«, in die »Löwe« Ralf Dümmel 250.000 Euro investiert hat. Und trotzdem hat Karl-Heinz Bilz auch die dunklen Seiten des Geschäftslebens kennengelernt, vor denen er junge Erfinder und Gründer in diesem Buch warnen will. Karl-Heinz Bilz ist ein Quergeist und Schlitzohr und lebt in Nidderau (Hessen).

Wenn ich nicht mehr laufen kann, renne ich
Erfahrungen eines Schlitzohrs

Die Deutsche Nationalbibliothek verzeichnet diese Publikation in der Deutschen Nationalbibliografie. Detaillierte bibliografische Daten sind unter www.dnb.de abrufbar.

ISBN 978-3-00-073967-5

Umschlaggestaltung: Pierre Bilz
Titelfoto: Roland Grün
Redaktion: Thilo Baum

1. Auflage, Altenstadt 2023
Herstellung: ImakOfset, Istanbul

Verlag:
Bilz Ideen GmbH
Helmershäuser Straße 2B
D-63674 Altenstadt
www.bilz-ideen.de

Für Sonja (1956–2020)
Du bist die eigentliche Erfinderin meines Lebens.

Inhalt

Vorwort

Warum haben Dübel eine begrenzte Länge?

Mit dieser Frage möchte ich dieses Buch beginnen. Weil es eine Frage ist, die für viele Menschen völlig abseitig ist, für andere aber nachvollziehbar. Es ist eine Frage, in der ich mich super wiederfinde: Sie zeigt sozusagen, wie ich denke.

Ich, das ist Karl-Heinz Bilz. Du darfst mich Karl nennen. Ich weiß zwar nicht, wie du heißt, aber ich duze dich in diesem Buch auch. Ich hoffe, das ist in Ordnung für dich. Schließlich bin ich einer, der meistens im karierten Hemd rumläuft. Und du weißt ja: Die im Anzug geben den Ton an, aber die im karierten Hemd wissen, wie es geht. Die im Anzug sagen meistens »Sie«, wir im karierten Hemd sagen »du«. »Du, gib mir mal das Lötzinn.«

Und die im karierten Hemd verstehen die Frage, warum Dübel eine begrenzte Länge haben. Manche im Anzug natürlich auch.

Wahrscheinlich hast du auch schon mal Dübel gekauft. Im Baumarkt. Einen Dübel brauchst du, wenn die Schraube im Material nicht von alleine hält. Berühmt sind die Fischer-Dübel. Der Erfinder Artur Fischer (1919–2016) hat sein Patent am 7. November 1958 angemeldet. Wobei der Vollständigkeit halber zu erwähnen ist, dass der erste industriell gefertigte Spreizdübel aus London stammt, die Patentierung war 1911.

Der Kerngedanke des Dübels: Die Schraube spreizt den Dübel nach außen, sodass er sich ins Material drückt. Und dann sitzt dein Regal eben nahezu bombenfest an der Wand. Wenn bei einem Erdbeben etwas bricht, dann oft nicht die Dübel-Wand-Verbindung, sondern die Wand.

Jetzt haben Dübel klassischerweise die erwähnte begrenzte Länge. Und als Handwerksmeister für Sanitär und Heizung habe ich mich gefragt: Warum eigentlich? Warum kann ich im Baumarkt oder bei Amazon einen Kasten mit Dübeln gleichen Durchmessers und verschiedener Länge kaufen, aber nicht einen aufgerollten Endlosdübel, den ich mir in genau der Länge zurechtschneide, in der ich ihn brauche?

Das Prinzip des Dübels verlangt ja im Grunde gar nicht, dass der Dübel ein vorderes und ein hinteres Ende hat. Das Prinzip verlangt, dass der Dübel beim Schrauben für Stabilität sorgt.

Und so kam ich auf die Frage, warum Dübel eine begrenzte Länge haben. Meine Antwort darauf war eine Erfindung: der Universaldübel. Den kannst du von der Rolle runterschneiden, stell ihn dir einfach wie einen Gartenschlauch vor.

Gute Fragen sind der Anfang von vielem. Vor allem Erfindungen entstehen oft, nachdem sich Menschen Fragen gestellt haben.

Artur Fischer war übrigens Ehrenpräsident des Deutschen Erfinder-Verbandes – eine Position, zu der ich bei Erscheinen dieses Buches auch nominiert war. Ich freue mich sehr, dass ich in diesem Verband tätig sein darf. Was ich wichtig finde, ist vor allem ein einheitliches europäisches Patentrecht. Wahrscheinlich denkst du, wir leben in einem vereinigten Europa – aber de facto musstest du dein Patent bisher für jedes Land einzeln anmelden. Und dafür immer schön extra bezahlen: für Italien, für Frankreich, für Österreich. Zum Glück endet dieser Wahnsinn jetzt: Zum Juli 2023 ist das europäische Patentrecht vereinheitlicht, wobei die Gebührenhöhen zum Zeitpunkt der Drucklegung dieses Buches noch nicht feststanden.

Meinen Rohrschneider habe ich übrigens zusätzlich für die USA angemeldet. Das heißt: Ich zahle noch mal 3000 Euro für die Patentanmeldung und außerdem noch mal die Prüfungsgebühr, obwohl das Patent schon international geprüft war. Es gab das Patent vorher noch nicht, und trotzdem durfte ich eine weitere, unnütze Prüfung noch einmal bezahlen. Diese Geldmacherei hört jetzt immerhin auf europäischer Ebene auf. Ich hoffe sehr, dass damit auch die Kosten für Patente nicht mehr die Möglichkeiten vor allem junger Erfinder übersteigen.

Oder: Wir brauchen stärkere Verbindungen von den Erfindern in die Märkte hinein, je nachdem, was sie erfinden. Die Welt der Erfindungen ist ja naturgemäß sehr vielseitig, und es gibt in meinen Augen bisher noch viel zu viele bürokratische Hürden, die Erfinder vom Erfinden abhalten oder jedenfalls davon, ihre Erfindungen professionell als Patentantrag einzureichen und auf der Basis ein Geschäftsmodell aufzubauen.

Insgesamt muss ich leider sagen, dass die Erfinder aussterben. Heute entwickeln junge Leute eher Apps – die man übrigens auch patentieren lassen kann – als klassische technische Dinge.

Zugleich ist es überhaupt nicht so, dass es alles schon gäbe. Es gibt immer Potenziale, um die Welt der Technik zu erweitern und zu verbessern.

Nur gibt es eben keine Erfinderförderung. Und die müssen wir unbedingt ins Leben rufen. Schon jetzt nutzen Erfinder unseren Verband häufig für Beratungen – jetzt geht es in meinen Augen darum, den Beruf des Erfinders in die Breite zu tragen und attraktiv zu machen. Es gibt so viele gute Ideen, die am Ende an bürokratischen Hürden scheitern oder deren Umsetzung für die Erfinder schlicht nicht erschwinglich ist, dass wir hier wirklich für die Erfinder eintreten müssen.

Natürlich haben Artur Fischer und ich uns seinerzeit über die Dübelgeschichte unterhalten – er fand die Idee spannend. Und Artur Fischer ist ein schönes Beispiel dafür, dass Erfinder vor allem auch Unternehmer sein sollten. Denn am Ende geht es darum, dass du deine Idee nicht nur in deiner Werkstatt als Prototyp herstellst, sondern serienreif machst und erfolgreich verkaufst.

Also – ich bin Erfinder. Und was mich antreibt, ist die Neugier. Ich finde mich nicht mit dem aktuellen Zustand ab, sondern ich frage immer, was man daran möglicherweise verbessern kann.

Und weil ich Handwerker in Sachen Heizung und Sanitär bin, erfinde ich keine Apps oder Küchengeräte, sondern spezielle Verschlussstopfen oder eine Abflussabdeckung mit Haarfänger. Oder ein Werkzeug, mit dem du vor dem Zumauern der Wand im Badezimmer prüfen kannst, ob der Wasserspülkasten in der Wand richtig spült. Oder eben die Abfluss-Fee, die durch die VOX-Sendung »Die Höhle der Löwen« bekannt geworden ist und die sich bisher mehr als 2 Millionen Mal verkauft hat.

Abfluss-Fee? Ja, das ist eine Fee, weil sie nahezu zaubert: Du montierst sie als Verschluss im Ablauf vom Waschbecken, und ab sofort verschlackt der Abfluss nicht mehr. Denn einmal ersetzt sie die üblichen Abflüsse, in denen Haare schon wegen der Konstruktion hängen bleiben: Wenn du einen üblichen Ablaufstopfen aus dem Waschbecken holst, hängen unten Haare und Schmodder drin. Schon die Konstruktion klassischer Verschlüsse ist so gebaut, dass Dreck nicht abfließt, sondern hängenbleibt. Dann ist in der Abfluss-Fee ein Reinigungsstein mit einem zu 98 Prozent biologisch abbaubaren Wirkstoff verbaut, der Fette und Schmutzreste löst, sodass das Wasser alles runterspülen kann. Auch Haare können nicht hängenbleiben, denn die gewohnten Widerstände hat die Abfluss-Fee nicht.

Du sparst Kosten für Handwerker und giftigen Rohrreiniger, weil der Abfluss schlicht frei bleibt, und du kannst das Ganze selber montieren. Und dann gibt der Stein auch noch einen Duft ab – Orange.

Ja, wirklich. Ich selbst liebe Lavendel, aber deswegen sollte ich noch lange nicht denken, die ganze Welt will Lavendelduft im Waschbecken. Es geht nicht darum, was mir gefällt. Wir haben also eine Marktanalyse gemacht und unsere Kunden befragt. Dabei kam heraus: 95 Prozent der Leute wollen Orangenduft. Also gut. Dann machen wir das. Hier halte ich mich klar an den alten Verkäufergrundsatz: »Will der Kunde Äpfel, dann verkauf ihm

Äpfel.« Wenn 95 Prozent der Leute gesagt hätten, sie wollten den Duft von Schiffsdiesel, dann wäre es eben Schiffsdiesel geworden.

Und es gab noch eine Fee. Das ist Sonja, von der ich dir in diesem Buch noch mehr erzählen werde. Sonja ist die Frau meines Lebens, wir kannten uns schon als Kinder. Sonja ist leider im Jahr 2020 an Krebs gestorben. Ihr ist dieses Buch gewidmet.

Sonja war diejenige, die mir wegen der ständigen Verstopfungen in den Waschbeckenabflüssen auf die Nerven ging und gesagt hat, ich solle mir doch endlich mal was einfallen lassen, ich sei doch Erfinder. Und das habe ich. Der Geistesblitz war ganz einfach: Etwas Selbstreinigendes musste her. Also habe ich an den Waschbecken bei uns im Haus in Nidderau experimentiert. Ich habe Prototypen gebaut und sie immer wieder verändert. Ganze zwei Jahre lang habe ich das Produkt immer wieder verändert und umgebaut, bis ich eine Abfluss-Fee hatte, die ich für serienreif gehalten habe. Und die habe ich dann zum Patent angemeldet.

Ohne die eine Fee hätte es die andere nie gegeben. Und auch darum geht es in diesem Buch: Als Erfinder und im Geschäft benötigst du Leute, die dir den Rücken stärken. Du brauchst das richtige Maß aus Eigensinn und Vertrauen in andere. Davon will ich dir erzählen.

Und apropos Nidderau: Hier sind auch schon andere spannende Erfindungen entstanden. Zum Beispiel der Zuckerstreuer. Erfinder war Heinrich Wilhelm Kurz (1862–1934). Er hat eine rotierende Waschmaschine erfunden, einen Pfannkuchenwender und einen Toilettenaufsatz für Kleinkinder. Und eine Konstruktion, um den Schiefen Turm von Pisa aufzurichten. Und eben den Zuckerstreuer. Doch Kurz hat nie ein Patent angemeldet – sein Enkel Theodor Jacob hat den Zuckerstreuer dann im Jahr 1953 als Patent angemeldet mit dem Namen »Der süße Heinrich«.

Oder Lindt. Es ist vielleicht ein bisschen frech zu behaupten, die gute Schweizer Lindt-Schokolade käme aus Nidderau. Aber immerhin: Die Familie des Schweizer Schokoladenfabrikanten Rudolf oder Rudolphe Lindt (1855–1909) hat hier ihre Wurzeln, dazu müssen wir nur ins Jahr 1690 zurückgehen. Da wurde in Windecken (das heute zu Nidderau gehört) Johann Ludwig Lindt geboren.

Was ich damit sagen will? Erfinder gibt es überall. Ohne Erfinder wäre die Welt ärmer. Ich bin überzeugt, dass fast jeder Erfinder sein kann, wenn er nur will. Du musst nur versuchen, Probleme zu lösen, die dir im Alltag begegnen. Wir sollten uns nicht mit Unzulänglichkeiten abfinden, sondern uns damit befassen und überlegen, ob wir eine bessere Lösung entwickeln können.

Das ist, ganz nebenbei bemerkt, auch für die Zukunft unserer Volkswirtschaft wichtig. Deutschland war schon immer das Land der Erfinder, »made in Germany« ist ein Qualitätssiegel. Zugleich besteht die Gefahr, dass wir diese Gabe aus den Augen verlieren und dadurch jede Menge Wertschöpfung und auch Arbeitsplätze der Zukunft verpassen.

Ich hoffe, dass ich dich mit diesem Buch begeistern kann für den Erfindergeist und für die Kreativität, die Welt ein bisschen besser und reicher zu machen – mit Vorstellungsvermögen, Lösungsorientierung und Beharrlichkeit.

Ich wünsche dir viel Spaß beim Lesen.

Der Zigeunerjunge

Also ich nenne es »Zigeunerlager«. Ich bin im Zigeunerlager aufgewachsen.

Und ja, ich weiß: Das ist kein politisch korrekter Begriff. Schon das Wort »Zigeuner« stößt vielen sauer auf. »Lager« klingt dann erst recht böse. Und trotzdem war das Wort »Zigeunerlager« in meiner Kindheit ganz normal, wir haben es alle so genannt. Unseren Wohnwagenplatz, auf dem ich aufgewachsen bin.

Vielleicht kennst du auch »Zigeunerjunge«, den Schlager von Alexandra (1942–1969). Wenn nicht, hör ihn dir mal an. Da singt Alexandra von einer Truppe Zigeuner, die sich mit ihren Wagen und Pferden für wenige Tage auf einem Platz niederlassen.

Auf so einem Platz, in so einer Gruppe bin ich aufgewachsen: Alle kamen aus der Schaustellerszene. Das sind die, die dich auf dem Rummelplatz für fünfzig Pfennig oder eine Mark ein Los ziehen oder im Karussell herumfahren lassen. Meine Mutter hat Zuckerwatte gemacht und verkauft. Magenbrot, gebrannte Mandeln.

Wenn du in einem Wohnwagen in der Schaustellerszene aufwächst, lernst du andere Dinge als Kinder aus bürgerlichen Familien.

Wenn du in so einer Umgebung aufwächst, dann lernst du von dieser Umgebung andere Dinge, als wenn dein Vater Buchhalter beim örtlichen Kraftfuttermischwerk ist. Oder wenn deine Mutter Klavier unterrichtet. Es geht einfach etwas gröber zu in so einer Schaustellerumgebung. Das heißt aber nicht, dass es schlecht wäre. Nur war eben immer das Geld knapp. Wir haben von der Hand in den Mund gelebt. In die Wiege gelegt war mir: Wenn du überleben willst, dann musst du was verkaufen. Was anbieten, was andere brauchen oder mögen, wie eben Zuckerwatte. Mach was, was was bringt. Mach nichts, was nichts bringt.

Und: Mach, was möglich ist. Mach, was geht. Lass etwas Gutes nicht bleiben, nur weil es vielleicht nicht ganz der richtige Weg ist. Funktionieren müssen die Dinge, nicht irgendwelchen Theorien entsprechen. Und: Du musst das alles selbst auf die Beine stellen. Wenn du dir nicht hilfst, tut es niemand. Und wenn du untätig rumhängst, wird eben nichts aus deinem Leben. Da kommt kein Glück auf dich zugeflogen, von nirgendwoher.

Die Straße ist erbarmungslos. Das war im Grunde die erste Lektion, die mir das Leben mitgegeben hat. Oder besser meine Mutter. Die war einfach nicht unterzukriegen. Meine Mutter war eine Stehauffrau, die sich immer wieder aufgerappelt hat, auch nach bösesten Rückschlägen. Als sie mal bei der Post gearbeitet hat, hat sie ihre Postuniform auf eigene Faust umgenäht, damit sie etwa so aussah wie eine Stewardess. Mit Hut.

Drei Jahre lang haben wir im Wohnwagen gelebt, bis uns das Amt eine Wohnung in Frankfurt-Griesheim zugewiesen hat. Sozialer Wohnungsbau, also dicht an dicht mit lauten Nachbarn. Und da kam ich dann in die Schule. Da hatte ich schon in der ersten Klasse eine Freundin, die Sabine. Was ich an Sabine faszinierend fand: Sie konnte schon die Bild-Zeitung lesen. Das fand ich mit meiner Leseschwäche großartig. Und so erzählte sie mir immer wieder, was die Bild-Zeitung so berichtet hatte.

Irgendwann haben mich die Lehrer auf eine Schule für Lernschwache abkommandiert, was ein wenig eleganter klingen soll als »Brettergymnasium«. Aber auf so einer Sonderschule war ich eben. Für Leute, die ein Brett vor dem Kopf haben. In Frankfurt-Höchst.

Aber hatte ich echt ein Brett vor dem Kopf? Ich stand halt mit Buchstaben auf Kriegsfuß. Blöd war ich nicht. Nur: Wenn du in so einer Schule landest, ist es in vielen Fällen einfach vorbei. Niemand glaubt daran, dass aus dir noch mal was wird. Und weil es im Lebenslauf steht, wirst du eine solche Vergangenheit auch nie los ohne Schummelei. Ich war zwar gerade mal zwölf oder dreizehn

Jahre alt, aber das habe ich kapiert. Ich musste irgendwie meine berufliche Zukunft auf die Reihe bekommen, und zwar auch mit einem Zeugnis dieser Sonderschule.

Was ich bis heute nicht verstehe: Da ist einer, der echt gut rechnen kann. Und der spitze im Sport ist und im Schwimmbad 50 Meter am Stück durchtaucht. Nur mit dem Schreiben und Lesen hat er es nicht so. Statt jetzt das Rechnen und den Sport bei diesem jungen Menschen zu stärken und ihn für etwas zu schulen, was er kann, schiebt man ihn in eine Schule ab, die mehr oder weniger zwangsläufig aufs soziale Aus hinausläuft. Mir war völlig klar, dass ich bei meiner Bewerbung für die Berufsfachschule richtig gut sein musste, um gegen den Briefkopf dieses Zeugnisses anstinken zu können.

Es geht darum, die Dinge in die Hand zu nehmen.

Also habe ich gemacht, was ich im Zigeunerlager gelernt habe: Ich habe mich auf mich selbst verlassen und geackert. Alles, was ich für die Aufnahmeprüfung wissen musste, habe ich mir angeeignet. Ich habe recherchiert. Gelesen. Gelernt. Andere gefragt. Ich bin ins Sekretariat der Berufsfachschule marschiert und habe mich vorgestellt. Natürlich war denen auch klar, dass ich ein Streuner war. Einer, der improvisiert. Aber sie haben mich genommen. Beim Zirkeltraining war ich von 45 der Beste. Und ich hatte vor allem Disziplin und Ehrgeiz. Und so konnte ich dann meine Berufsausbildung machen und mit meiner Lehre anfangen.

Wenn du mich heute fragst, welche Eigenschaften es waren, mit denen ich mich damals durchgebissen habe: Es geht darum, die Dinge in die Hand zu nehmen. Du musst erkennen, was wichtig ist. Dazu musst du Wichtiges und Unwichtiges unterscheiden können. Für viele Leute ist das gar nicht so leicht. Jedenfalls musst du eben auch vorausschauend denken, was viele ebenfalls nicht tun. Ganz egal, was im Leben passiert, es hat Folgen. Die musst du richtig voraussehen können. Dazu brauchst du Erfahrung und auch sowas wie Urteilsvermögen.

Und wenn du deinen Kindern wirklich etwas Gutes tun willst, dann lass sie unter Schaustellern aufwachsen. Ich war elf Jahre alt, als ich für meine Mutter die Stiele aus den Äpfeln drehen durfte. An deren Stelle trat ein Schaschlik-Stab aus Holz, damit meine Mutter die Äpfel in heißen Zuckersirup tunken konnte, rot gefärbt. Amerikaner sagen dazu: »Candy Apple«.

Und die Amerikaner am Luftwaffenstützpunkt Ramstein – bekannt von der Flugkatastrophe am 28. August 1988 – standen auf die »Candy Apples« meiner Mutter. Eines schönen Tages war ich dort mit dabei, meine Mutter hatte mich als Assistenten gebraucht. Auf der Bühne verzauberte eine Sängerin im roten, beidseitig geschlitzten Kleid die Soldaten. Ich kann mich gut an ihren Namen erinnern, weil alle im Chor ständig »Jayne! Jayne! Jayne« riefen. Jayne Mansfield (1933–1967) war Sängerin und allen, die weniger auf Musik standen, aus dem »Playboy« bekannt. Wie die erwähnte Sängerin Alexandra starb auch sie in jungen Jahren bei einem Autounfall. Jayne 1967, Alexandra 1969. Und ich, geboren 1956, habe Jayne Mansfield im Alter von elf Jahren noch live auf der Bühne erlebt, wenige Tage vor Ihrem Tod.

Das sind die Dinge, die ein Leben prägen. Und auch deswegen bin ich überzeugt: Reines Schulwissen hilft dir in vielen Situationen nicht weiter. Jedenfalls nicht in der Selbstständigkeit. Im Handwerk schon gar nicht. Da geht es konkret zu.

Sonja

Und dann gab es da das Jugendhaus in Frankfurt-Fechenheim. Dort habe ich mit 14 Jahren Sonja kennengelernt. Sonja sah aus wie Elizabeth Taylor (1932–2011). Ich habe mich sofort in sie verknallt. Sonja wurde die Liebe meines Lebens und spätere Frau. Ich wusste sofort, dass sie es ist.

Das war 1971. Seitdem waren wir zusammen. 1971 hat Erich Honecker (1912–1994) seinen Vorgänger Walter Ulbricht (1893–1973) als Generalsekretär des Zentralkomitees der SED abgelöst. Der Vietnamkrieg tobte. Und trotzdem weiß ich alles noch, als wäre es gestern gewesen. Ich habe ihren Blick vor mir, ihre dunkelbraunen Haare, ihre strahlenden blauen Augen – sie haben mich alles vergessen lassen, was ich bisher gesehen hatte. Wie das eben so üblich war in dem Alter und vermutlich heute noch ist, habe ich sie angebaggert und blöde Sprüche und Witzchen gemacht. Und was tat sie? Sie unterhielt sich mit mir eine Weile, mit einem atemberaubenden Strahlen.

Jetzt war ich in der Gegend ja kein unbeschriebenes Blatt. Ein gewisser Ruf war mir schon vorausgeeilt. Sonja kannte mich vom Hörensagen – das habe ich beim Reden gemerkt. Mein Ruf war nicht der Beste: Aus irgendwelchen Gründen hielt man mich für einen Typen, der alle Mädels anbaggert. Das stimmte natürlich auch, aber wieso hängten die Leute das an die große Glocke? Also ließ mich Sonja nach dem kurzen Gespräch erst mal abblitzen.

Ein Korb! Ein Rückschlag! Aber nichts, was mich verzweifeln ließ. Ich hängte mich die nächsten Wochen an sie dran mit meinen Sprüchen und Witzen. Wenn im Jugendhaus nichts mehr los war, habe ich sie nach Hause begleitet. Ihr Elternhaus war streng katholisch, da war um 20 Uhr Zapfenstreich.

Aber natürlich war ich Charmeur und Gentleman, und so bekam ich von ihr nach drei Wochen das Ja-Wort und den ersten Kuss. Von da an war ich ihr offizieller Freund und Typ.

Jetzt, wo ich darüber nachdenke, kommen mir tatsächlich die Tränen – vor Liebe, vor Trauer. Und gleichzeitig war es so eine verrückte Kombination: Sie, der Engel, lieb und schüchtern, und dann ich, der Draufgänger. Hättest du geglaubt, dass daraus eine jahrzehntelange glückliche Beziehung und Ehe mit fünf Kindern wird?

Von 1971 bis 1976 habe ich meine Lehre gemacht, es war mein zweites Lehrjahr, 175 Mark Lohn im Monat – und trotzdem ist es mir gelungen, einen Goldring mit drei kleinen Rubinen zu kaufen und Sonja einen Heiratsantrag zu machen. Ich sagte ihr, dass ich vier Kinder von ihr will, drei Jungs und ein Mädchen. Dann habe ich ihr versprochen, dass ich nach der Lehre so schnell wie möglich meinen Meister mache, um eine Firma Bilz Sanitär- und Heizungsbau zu gründen.

Sonja war hübsch und intelligent, und mit 17 bekam sie unser erstes Kind. In meinem letzten Lehrjahr haben wir geheiratet. Unsere Tochter wurde später Flugbegleiterin, und sie hat von Sonja und mir jeweils das Beste mitgenommen. Auch wenn wir als Eltern natürlich noch sehr jung waren und damit eine Menge Verantwortung trugen – aber das hieß eben arbeiten, zupacken, Geld verdienen. Sodass wir zusammenziehen konnten, in eine kleine Zwei-Zimmer-Wohnung. Wir haben uns für unsere kleine Familie ein schönes Heim gezaubert.

Hilf, wenn Not am Mann ist. Biete dich an. Zeig, was du kannst. Sei die Lösung.

280 Mark im Monat habe ich im dritten Lehrjahr verdient. Sonja verdiente Geld als Bürokraft in einer Spedition. Das reichte hinten und vorne nicht, aber da gibt es ja Mittel und Wege: Meine Kreidler RS 50 – das war damals ein Szene-Motorrad, such im Internet einfach mal Fotos – habe ich gegen eine Waschmaschine und eine Kinderwiege getauscht. Ich habe alles zu Geld gemacht, was für den Halbstarken Karl-Heinz wichtig und für den Familienvater Karl-Heinz unwichtig geworden war. Die Lederjacke – verkauft! Und weil das immer noch nicht gereicht hat, habe ich natürlich – wie eigentlich alle, die es zu etwas bringen wollten – schwarzgearbeitet.

»Schwarz« heißt: Wo auch immer Not am Mann war, habe ich geholfen. Bei einem aus der Nachbarschaft war der Syphon undicht? Das habe ich erledigt, Cash auf die Kralle. Auch am Samstag war ein halber Tag zusätzlich eingeplant, dazu kamen Einsätze nach Feierabend und bei Notfällen auch nachts. Die Leute wussten: Ich helfe.

Auch wenn wir es schon vor dem Fernseher gemütlich gemacht und im ZDF »Dalli Dalli« mit Hans Rosenthal (1925–1987) geschaut haben, klingelte es manchmal an der Tür, und ich durfte mit Werkzeug ausrücken und Bargeld mit nach Hause bringen. Mir war es egal, dass von den Einnahmen nichts an die Steuer und in die Sozialversicherung ging – ich hatte eine Familie durchzubringen.

Wir konnten uns sogar so etwas wie Luxus leisten. Und damit meine ich, dass wir mal in den Zoo gingen oder ins Kino.

Und ja, ich glaube, ich bin früh erwachsen geworden. Anfang der Siebziger war »Familie gründen« für die allermeisten Gleichaltrigen spießig – die Leute wollten entweder Motorrad fahren oder Haschisch rauchen. Und bei Sonja und mir war es eben so, dass sich da zwei getroffen haben, die von Anfang an natürlich viel Spaß hatten, aber eben auch das Leben ernstgenommen haben.

Klar haben manche in meinem Alter ihr Leben verschlumpft und waren auch mit Mitte dreißig noch nicht erwachsen. Ich denke da an einen guten Kumpel, den ich seit der Jugend kenne und der auch heute noch kifft und die Welt an sich vorbeiziehen lässt. Und das mit Mitte sechzig noch. Er hat eine Feinmechanikerlehre gemacht und dann gar nichts mehr, er hat nur noch gejobbt.

Sonja war – vielleicht ja wegen ihrer strengen katholischen Erziehung – so gewissenhaft, dass es für damals fast schon untypisch war. Aber das hatte dann eben auch seine Vorteile.

Sonja war auch später die perfekte Mutter, fand ich, auch nachdem unsere Kinder erwachsen waren.

Sie trat für unbedingte Gewaltlosigkeit ein, denn alle Konflikte ließen sich im Gespräch lösen. Veränderungen machen Menschen eben nicht dann mit, wenn du sie dazu zwingst oder fürs

Fehlverhalten bestrafst, sondern wenn sie selbst einen Sinn in der Veränderung sehen.

Ich erinnere mich da an eine Situation, in der mir mal die Hand ausgerutscht war – niemals gegenüber Sonja, aber eben einmal gegen einen unserer halbwüchsigen Söhne, der besoffen nach Hause kam mit einer Kippe im Mundwinkel. Dem habe ich eine runtergehauen.

Da hat mir Sonja aber eine Standpauke gehalten! Überhaupt hat sie sich enorm für Erziehung interessiert, für gesundes und sinnvolles Leben. Sie hat die Literatur nur so verschlungen: jede Menge Ratgeber zu Pädagogik und gesunder Ernährung. Tagsüber hat sie bei uns im Büro gearbeitet und sich um die Kinder gekümmert, und nachts hat sie gelesen. Sicher hat sie auch geschlafen, aber eben viel weniger als zum Beispiel ich. Und sie war immer für uns da. Ihr Tag hatte mindestens 14 bis 16 Stunden, da würden andere längst schlappmachen.

Der Glaube an die Selbstheilungskraft des Körpers

Beruflich wurde Sonja nach einiger Zeit im Büro Ernährungsberaterin. Sie hat sich dazu eine Qualifikation geholt und half dann anderen, die richtigen Nahrungsmittel einzukaufen und richtig zuzubereiten.

Das war insofern bedeutsam, als ich schon immer einen sensiblen Magen hatte – als junger Mensch hatte ich oft massive Bauchschmerzen. Und eines unserer Kinder litt unter Neurodermitis. Alles das waren Punkte, an denen Sonja ansetzte.

Für uns zu Hause bedeutete das erst einmal jede Menge Experimente: Im Unterschied zu anderen Haushalten hatten wir zum Beispiel eine Getreidemühle, und die Kinder mussten unbedingt gesund ernährt werden.

Entsprechende Bücher standen bei uns zu Hause rum: »Unsere Nahrung – unser Schicksal« von Max Otto Bruker natürlich mit dem Untertitel: »Alles über Ursachen, Verhütung und Heilbarkeit ernährungsbedingter Zivilisationskrankheiten«.

Oder: »Neurodermitis ist heilbar: Das Gelsenkirchener Behandlungsverfahren« von Ernst August Stemmann von 1987. Vollwertkost, fasten, Frischkost hießen die Konzepte. Und tatsächlich: Die Neurodermitis unseres Sohnes war weg, nachdem wir das tierische Eiweiß gestrichen hatten.

Wir haben nach den spirituellen Grundsätzen der Eigenverantwortung für unsere Gesundheit gelebt.

Wenn du die Siebzigerjahre bewusst erlebt hast, von denen Sonja so stark geprägt war, wirst du dich vielleicht erinnern: Die Umweltverschmutzung war enorm, der Rauch aus dem Auspuff war noch blau vom Blei. Im Main konnten Fotografen ihre Negative entwickeln, hat man gefrotzelt. Die Flüsse haben gestunken, oft waren richtige Schaumkronen drauf. Heute ist das längst anders und wir können in den Flüssen theoretisch wieder baden, sofern es der Schiffsverkehr erlaubt, aber damals waren die Bestrebungen enorm, auf ein gesundes Leben hinzuarbeiten.

Die ganze Öko-Szene ist damals entstanden. Die Gründung der ersten Landesverbände der Grünen 1979 ging auf diese Bewegung zurück: weniger Industrie, mehr Natur, bewusster leben, gesünder leben, saubere Luft, sauberes Wasser, keine Atomkraft, Gleichberechtigung der Frau, Friedensbewegung.

Mitten in dieser Entwicklung, in dieser Epoche war Sonja als Ernährungsberaterin aktiv, mit ihrem Glauben an die Selbstheilungskraft des Körpers und an die Globuli der Homöopathie, schon auch gegen die »Schulmedizin« eingestellt, durch deren Verschreibungen sich die böse Pharmaindustrie nur die Taschen vollmachen will.

Die Systemkritik der damaligen Zeit hatte durchaus ihre sonderbaren Seiten, sodass Menschen wie Sonja lieber sich selbst und ihrer gesunden Lebensweise vertrauten, dem Rohkostgemüse und den Globuli als einer schulmedizinischen Operation oder irgendwelchen klassischen Medikamenten. Wenn unsere Kinder krank waren, gab es niemals Antibiotika – der Körper durfte über hohes Fieber die Krankheit selbst bekämpfen und sich dadurch stärken. Frei nach dem Motto des griechischen Philosophen Parmenides (520/515–460/455 v.C.): »Gebt mir Fieber, ich heile jede Krankheit.« Wadenwickel mit Quark gab es.

Aber was soll ich sagen: Die Kinder und ich fanden es unter dem Strich gut! Wir haben lecker und gesund gegessen und waren kaum krank. Wir haben Haferbrei fermentiert und alle Gifte von uns ferngehalten. Wir fühlten uns tatsächlich widerstandsfähiger als die Nachbarn. Und wenn ich mir heute Sonjas Fotos anschaue, die bei uns in der Küche an der Wand hängen, stelle ich fest: Auch noch mit Ende fünfzig war sie jung. Sie hatte noch immer diese Ähnlichkeit mit Liz Taylor. Sonja wurde auch einfach nicht krank. Sie wirkte stark und gesund in ihrer Welt aus Schüssler-Salzen, Globuli und Birchermüsli.

Gleichzeitig hat Sonja meine Arbeit mitgetragen, also mein Handwerk und auch die Erfindungen, das nächtliche Tüfteln und Nicht-weiter-Wissen, das Rätseln und Brüten über Zeichnungen, das Anfertigen eines Modells, das Abmessen und Aufschreiben, das Ideenfesthalten, die Aufträge an den Werkzeugmacher, damit ich bei einem Experiment weiterkam. Und auch den ganzen Ärger mit windigen Geschäftspartnern, fiesen Behörden und säumigen Kunden.

Morgens hat Sonja für alle gesundes Frühstück gemacht, tagsüber hat sie das Büro erledigt und bis in die Nacht hat sie gelesen. Fernsehen war überhaupt nicht ihr Ding, außer der einen oder anderen Talkshow, gerade wenn es um Gesundheitsthemen ging. Und auch da saß sie nicht einfach vor der Glotze, sondern war aktiv, indem sie zum Beispiel gebügelt hat. Sie las keine Krimis und keine Romane, nur Fachliteratur. 40 Jahre lang hat sie das gemacht, mit fünf Kindern und einem Typen wie mir als Ehemann.

Diesen ganzen Wahnsinn aus der gewerblich-handwerklichen Baustellenwelt hat sie mitgemacht, meine feingeistige, kluge Sonja, die ihre vielen Bücher über Pädagogik und Naturheilkunde, den »Spiegel«, »Psychologie heute« und die »Zeit« nur so verschlungen hat. Es waren verschiedene Welten, in denen wir gelebt haben, und trotzdem waren wir eins.

Der Unterschied zwischen der alternativen Medizin und der Welt der Baustellen war unübersehbar.

Jede Menge Tagungen hat Sonja besucht, sie war offen für die immer weiter verbreitete Coachingszene mit ihren Ratgeberbüchern, Vorträgen und veganen Bowls, sie besuchte Tagungen zur Fortbildung in Sachen Gesundheit und Lebensweise. Sie schulte ihre Menschenkenntnis und ihr Bauchgefühl durch Hörbücher und Meditationen. Und nebenbei zog sie fünf Kinder groß. Das Ergebnis zeigte ihr, dass sie richtig lag: Ihre gesamte Lebensweise hatte ihr Recht gegeben, sie war stark und gesund, ich auch, die Kinder ebenso. Wir waren fit und hatten eine starke Verbindung zu unserem inneren Wesen. Wir wussten, wer wir sind.

Das Sakralchakra

Der Schock kam dann am 5. Dezember 2016 in Form einer Diagnose: Gebärmutterkrebs. Ein Tumor von der Größe eines Tennisballs, der nicht gestreut hat. Und da begann sich Sonjas Liebe zur Naturheilkunde auf eine bisher unerwartete Weise auf unser Leben auszuwirken.

Im Rückblick weiß ich auch nicht, was damals verkehrt gelaufen ist. Natürlich hat der Arzt Sonja geraten, sich operieren zu lassen, und ich auch. Dieser Krebs war ja operabel: Wir hatten ihn dank der ständigen Früherkennungstermine kurz nach seinem Entstehen entdeckt, und bei einer Operation innerhalb der ersten drei Monate standen die Heilungschancen bei 95 Prozent. Doch

Sonja hatte ihr ganzes Leben lang trainiert und gelernt, dass das Feinstoffliche das Leben bestimmt, die Energien und Chakren aus der indischen Tradition, oder dass homöopathische Kügelchen helfen und Medikamente schaden.

»Naturheilkunde« heißt, dass du so gut wie keine Arzneimittel nimmst. Viel wichtiger sind die Fähigkeit zur Selbstheilung, die richtige Ernährung und eine natürliche Lebensweise. Also weg von Kultur und Zivilisation, hin zur Wildnis und zur Ursprünglichkeit. Und klar hatten wir das sogenannte »Bilz-Buch« zu Hause, ich habe es immer noch, das alte Standardwerk zur Naturheilkunde von Friedrich Eduard Bilz (1842–1922), mit dem ich nicht verwandt bin und dessen Grab in Radebeul direkt neben dem des gleichaltrigen Schriftstellers Karl May (1842–1912) liegt. Zufall ist das nicht: Beide waren Freunde und in gewisser Weise auch Fantasten.

Sonja orientierte sich also eher an Dingen wie der Aromatherapie und der Bach-Blüten-Therapie, an der Ayurvedischen Medizin oder der Anthroposophischen Medizin. Der Zustand des Körpers war demnach immer die Reaktion auf etwas Spirituelles, auf das Karma, niemals war es einfach nur ein Virus oder Bakterium, das du dir eingefangen hattest. Eher noch war es eine Botschaft aus einem deiner vorigen Leben. Oder eine Bestimmung, die das Universum für dich vorsah.

Viele in der Szene vertreten sogar die Ansicht, dass wir selbst für unsere Krankheiten verantwortlich sind – und damit ist nicht unbedingt eine gesunde Lebensweise gemeint, sondern »falsches« Leben im spirituellen Sinne. Diese Einstellung übt natürlich massiven moralischen Druck auf die Leute aus, die daran glauben.

Was den Gebärmutterkrebs betraf, dachte Sonja vor allem an ihr Sakralchakra. Das befindet sich nach der fernöstlichen Theorie unter dem Bauchnabel und steht für Kreativität, für Lust, Sexualität, Lebensfreude und auch Lebensenergie. Es ist verbunden mit der Gebärmutter, die ja Leben schafft, Menschen auf die Erde bringt. Wenn etwas mit dem Sakralchakra nicht stimmt, dann helfen Aromen wie Ylang-Ylang, Sandelholz und Orange, oder auch bestimmte Nahrungsmittel wie Feigen, Weintrauben und Ananas. Willst du dein Sakralchakra heilen, kannst du der esoterischen Lehre zufolge wie in der katholischen Kirche Styrax-Weihrauch räuchern oder Rosenholz.

Dann gab und gibt es natürlich jede Menge Bücher über Krebs und darüber, wie man ihn selbst heilen kann. Diese Bücher sind nicht unbedingt von Ärzten geschrieben: Es heißt darin, wir könnten den Krebs aushungern, oder Heiler könnten ihn uns wegzaubern. Auch solche Bücher hat Sonja gelesen. Richtige Ernährung, kreativ sein, Psychotherapie, Austausch, Selbstfindung, Entspannungsübungen und körperliche Aktivität sind bei anderen Anbietern das Rezept gegen Krebs.

Und dann war es noch dazu die Hochphase der Corona-Pandemie, in der Heiler und insgesamt die ganze Esoterik-Bewegung einen riesigen Auftrieb erfahren haben. Die Leute erzählen entweder, Corona existiere nicht, oder die Impfstoffe brächten uns in großer Zahl um: Solche Legenden und Mythen kamen in dieser Zeit massiv an die Oberfläche. Ich war gegen Corona geimpft, Sonja nicht.

Da war also ich, der Handwerker, der Praktiker, der Rechner – für mich haben Fakten und Daten gezählt, Zentimeter, Milligramm und Newtonmeter. Ich habe das sehr kritisch gesehen, was Sonja da für ihren Körper entscheiden wollte. Ich habe auch die Youtube-Videos kritisch beäugt, die sich Sonja angesehen hat, in denen irgendwelche Leute behaupten, man könne sich selbst vom Krebs heilen. Ich hielt und halte den Gedanken der geistigen Heilung oder der inneren Selbstheilung für Aberglauben. Es kann mal sein, dass sich eine mentale Sperre löst und jemand dadurch eine physische Erkrankung besiegt. Aber ein Querschnittsgelähmter läuft nicht einfach, wenn du ihm die Hand auflegst.

Und da war Sonja, deren Sakralchakra meilenweit geöffnet war, voller Lebenslust und Leidenschaft, voller Sinnlichkeit, Hingabe und Reinheit – und das nun offensichtlich verletzt war, was sie massiv schockiert und irritiert hat.

Und ich konnte nichts tun. Denn ganz folgerichtig, aus ihrer Überzeugung heraus, wollte Sonja sich tatsächlich selbst heilen. Sie hat sich von den Youtube-Videos überzeugen lassen. Gerade wenn es um so etwas spirituell Existenzielles wie die Gebärmutter ging, konnte sie unmöglich ihr Denken hinter sich lassen und sich im Krankenhaus mit Narkose und Skalpell schulmedizinisch operieren lassen. Nein, da gab es eine spirituelle Aufgabe, und die war spirituell zu lösen.

Sonja wollte sich selbst heilen. »Ich weiß, dass ich einen Fehler gemacht habe«, sagte sie auf dem Sterbebett.

Stand es mir zu, sie zu einer Operation zu zwingen? Nein. Obwohl sie heute noch leben würde, wenn sie in die Operation eingewilligt hätte.

Die Krankheit schritt fort, und Sonja dachte, sie könne mental und mit Karotten- und Rote-Beete-Saft etwas dagegen tun. Woche für Woche raubte der Krebs Sonja immer mehr von ihrem Körper. Dann war der Punkt erreicht, an dem eine Operation zu spät war. Und bald war auch klar, dass Sonjas Autosuggestionen und Meditationen den Krebs nicht besiegen würden. Schließlich kam der Tag, an dem sie ins Krankenhaus eingeliefert wurde. In jeder freien Minute war ich bei ihr. Kurz bevor Sonja am 23. Oktober 2020 starb, bat sie mich, die Familie zusammenzuhalten. Und ihr letzter Satz war: »Ja, ich weiß, dass ich einen Fehler gemacht habe.«

Ich weiß noch, dass es ein Dienstag war.

Im Rückblick denke ich: Sonja wusste, dass sie stirbt. Doch sie hatte sich in diese Gedankenwelt eingesponnen, in der wir unsere Körper durch mentale Aktivitäten und gesundes Essen auf geradezu geisterhafte Weise heilen können. Sie war in diese Gedankenwelt eingesponnen wie viele in der spirituellen Szene. Vielleicht hat sie sich von charismatischen Vertretern dieser Szene zu leicht beeinflussen lassen.

Ohne Sonja wäre ich nicht ich

Es fällt mir sehr schwer, das alles aufzuschreiben. Einmal erfüllt es mich mit einem fast endlosen Schmerz, wenn ich daran zurückdenke, und Sonjas Tod ist ja nun wirklich noch nicht lange her. Es sind noch nicht einmal drei Jahre.

Und dann frage ich mich immer wieder: Habe ich etwas falsch gemacht? Würde Sonja, die Liebe meines Lebens, vielleicht noch leben, wenn ich ihr den Gedanken ausgeredet hätte, sich selbst zu heilen?

Doch wie hätte ich sie davon überzeugen sollen? Ich weiß es nicht. Du darfst einen volljährigen Menschen nicht zwingen, sich operieren zu lassen. Du darfst ihn ja nicht einmal zwingen, zum Zahnarzt zu gehen.

Ich weiß nur: Ohne Sonja wäre ich heute nicht, was ich bin. Sie hat mir unglaublich viel beigebracht. Durch sie habe ich heute eine weiche Seite, die ich früher nicht hatte. Ja, auch ich denke nicht rein physikalisch-materialistisch, obwohl ich karierte Hemden trage, einen Bauch habe und mit Schraubenschlüsseln hantiere. Ich weiß, dass es zwischen Himmel und Erde mehr gibt als Messbares. Das Leben ist eben nicht nur eine Baustelle. Und außerdem ist mir durchaus klar, dass der Körper sich zu einem gewissen Teil selbst heilen kann, das stimmt. Das merken wir bei jeder Schnittverletzung, die von alleine wieder zuwächst.

Aber Globuli gegen Krebs? Das ist der Konflikt auf den Punkt gebracht. Auf der einen Seite haben wir die naturwissenschaftliche Herangehensweise, die ihre Grenzen hat – wir wissen ja noch nicht einmal fundiert, was die Seele des Menschen ausmacht. Und ich als Handwerker stehe nun mal mit beiden Beinen auf der Erde. Meine Welt ist konkret, greifbar, physisch.

Auf der anderen Seite ist das Feinstoffliche, das Spirituelle, vielleicht Esoterische – und da zählt Logik gar nichts. Da ist Wasser nicht nur H_2O, sondern ein Informationsträger. In der Welt der Spiritualität kannst du Wasser beleben.

Auch nachdem Sonja nicht mehr war, war sie für mich der Leitstern. »Was würde Sonja machen?«, und: »Wie würde es Sonja machen?«, frage ich mich auch heute noch immer wieder.

Dieses Buch hätte ich ohne Sonja nie geschrieben.

Übrigens hat Sonja mir immer wieder gesagt, ich solle ein Buch schreiben. Um die Menschen daran teilhaben zu lassen und um ihnen zu helfen, möglichst wenige meiner Fehler zu machen, wenn sie ein Geschäft gründen und mit eigenen Produkten auf den Markt gehen. Und das mache ich jetzt. Ich widme dieses Buch meiner Sonja, die im Grunde die eigentliche Erfinderin meines Lebens ist.

Immer in Bewegung

Was war das im Rückblick für eine unglaubliche Kindheit und Jugend! Ständig draußen, immer in Bewegung, mit dem Fahrrad, zu Fuß. Äpfel geklaut, auf dem Schrottplatz gearbeitet und mit zwölf Jahren Auto fahren gelernt – und Autos kurzschließen. Für 50 Pfennig ins Kino. Immer wieder bei der Oma geparkt worden. In Gartenhäuschen eingebrochen und durch eine Brombeerhecke geflohen, als der Eigentümer kam – was waren wir zerkratzt.

Beim Bäcker für 30 Pfennig Restkuchen geholt. Eine bayerische Lederhose getragen, die die Oma immer wieder mit einer Schweinespeckschwarte eingerieben hat, sodass mir die Hunde hinterhergelaufen sind. Meine Knie waren immer offen. Viel getrampt. Mit meinem Kumpel Horst, der nur in PS starken Autos mitfahren wollte und heute mit Münzen handelt.

Abends sind wir in die Disco, mit 14 Jahren, weil ich älter wirkte. Ein Kumpel hat die Autos aufgemacht, ich habe sie kurzgeschlossen, stehen gelassen haben wir sie dann vor der Disco. Als meine Mutter dann in Faulbach eine Kneipe eröffnet hat, bin ich da mit dem Rad hingefahren, am Morgen um 8 Uhr los und dann immer den Fluss Richtung Würzburg. Irgendwann kommt man in Faulbach an, logischerweise. Zwar kaputt, aber du bist am Ziel. So geht das mit den Zielen. Wer auf dem richtigen Weg ist und dranbleibt, erreicht sie.

Aber wehe, ich kam zu spät heim oder habe mich nicht gemeldet. Dann gab es die Kochlöffelstrafe. Ich konnte machen, was ich wollte, aber meine Mutter wollte nie im Ungewissen bleiben oder sich Sorgen machen. Auch nachdem ich mit acht, neun Jahren über einen Dachfirst balanciert war, setzte es Hiebe. Aber ich hatte eben keine Höhenangst. Ich bin bis heute komplett schwindelfrei und kann daher Aufgaben erledigen, die andere nicht erledigen können, zum Beispiel Spenglerarbeiten. Durch meine Aktion als Kind habe ich diese Fähigkeit erkannt.

Wir Jungs waren ziemlich risikobereit. Wir wussten aber auch immer, wie weit wir gehen konnten. Klar haben wir Mist gebaut. Und natürlich haben wir auch mal eine Grenze überschritten und uns strafbar gemacht. Aber wirklich wehgetan haben wir niemandem. Wir haben mal ein fremdes Auto geliehen, okay. Doch am Ende hatten wir einen klaren moralischen Kompass, und den habe ich heute noch. Und der sagt: immer sauber bleiben. Sei ehrlich. Halte Wort. Sieh die Lage und die Bedürfnisse deiner Mitmenschen. Du musst jemandem immer in die Augen schauen können.

Und dann war da Otto Reiber. Bei ihm war ich in der Lehre. Otto Reiber war älter als siebzig, Innungsmeister mit einem kleinen Vier-Mann-Betrieb und einem großen Herz. In jungen Jahren hatte ich, wie erwähnt, immer wieder Magenschmerzen. Auch der Zwölffingerdarm meldete sich ab und zu, zeitweise konnte ich vor Schmerzen nicht arbeiten.

Die Zeiten damals waren wirklich andere – heute kannst du dir eine solche Geschichte kaum vorstellen: Bevor wir angefangen haben zu arbeiten, hat mich der Meister in seine Wohnung geholt zum Frühstück. Und seine Frau – auch um die siebzig – hat mir einen Haferbrei gemacht.

Haferbrei! Heute kennen wir das als »Porridge«. Natürlich gibt es das auch schon seit Jahrhunderten in England, Wales und Schottland, wahrscheinlich gab es dieses Gericht überall, wo es Hafer gab. Auf jeden Fall gab es ihn auch im Hessischen. Und dieser Haferbrei aus dem Hause Reiber hat meinen Bauch tatsächlich immer wieder beruhigt.

Mein Lehrmeister war ein Meister, wie ich ihn allen Lehrlingen wünsche: stark, gut drauf, menschlich.

Später hat sich das mit den Magenschmerzen gelegt, ich weiß bis heute nicht, was dahintergesteckt hat – ich weiß nur, dass Otto Reibers Haferbrei geholfen hat.

Der Unfall auf dem Baugerüst

Otto Reiber war ein Chef, der morgens um 7 Uhr topfit war und schon seine Witze machte. Er war so, wie du dir einen guten Chef vorstellst. Und gleichzeitig waren es halt die Siebzigerjahre: Am Hamburger Hafen waren die heute gängigen Container noch exotisch. Geliefert wurde in Ballen, Säcken, auf Paletten. Und Baugerüste hatten Holzbohlen – heute sind sie meistens aus Metall.

Und da komme ich wieder zum Thema Risikobereitschaft zurück: Weil ich schwindelfrei war, waren Baugerüste meine Welt. Es hat mir Spaß gemacht, Dachrinnen zu montieren. Als Lehrling habe ich das oft auf die leichte Schulter genommen – ich dachte, ich kann das, da muss ich mir keine großen Sorgen und Gedanken machen.

So denken junge Leute eben. Wobei du so schwindelfrei sein kannst, wie du willst: Gegen eine plötzliche Windböe oder einsetzenden Starkregen kannst du auf einem Dachfirst wenig ausrichten.

Dass ich das Thema Risiko als Handwerker heute anders sehe als damals, liegt an einem Ereignis in meiner Lehre: Kurz nachdem ich aus dem Urlaub zurück war, stürzte mein Kollege Rüdiger von einem Gerüst. Aber nicht, weil er besoffen war oder übermütig – es ist einfach eine Holzbohle gebrochen. Ein ganz banale, schnöde Holzbohle in einem Holzgerüst. Rüdiger konnte überhaupt nichts dafür. Er ist nicht falsch getreten, er hatte das Gerüst nicht montiert und darum auch da keinen Fehler gemacht. Sechs Meter tief ist er gestürzt, durch zwei Etagen des Gerüstes hindurch, halb außen entlang, es war fürchterlich. Die Folgen: massenhaft Knochenbrüche, monatelanger Krankenhausaufenthalt mit anschließender Berufsunfähigkeit.

Seit diesem Tag lege ich enormen Wert auf Sicherheit auf der Baustelle. Nicht nur um den rechtlichen Vorgaben zu entsprechen. Du weißt einfach nicht, was alles passieren kann. Auch wenn dein Baugerüst die Norm DIN EN 12811-1 erfüllt, musst du vorsichtig sein. Der Glaube an die Sicherheit durch Zertifikate ist mir wirklich unerklärlich: Nur weil irgendein Papier bescheinigt, dass eine Konstruktion einer theoretischen Vorgabe entspricht, muss diese Konstruktion trotzdem noch lange nicht sicher sein.

Denk einfach mal an den gebrochenen Staudamm in Brasilien. Es war der 25. Januar 2019, der Staudamm einer Eisenerzmine ist gebrochen, und die ganze Giftbrühe hat wie ein Tsunami Menschen, Tiere und Häuser vernichtet. 270 Tote waren zu beklagen. Das hätte eigentlich gar nicht passieren dürfen, schließlich war der Staudamm zertifiziert. Eine berühmte deutsche Institution, die davon lebt, dass ihre Prüfingenieure Dinge prüfen und Zertifikate erstellen, hatte einige Mängel festgestellt, den Staudamm aber am

Ende doch zertifiziert, und daraufhin wurde die Baugenehmigung erteilt. Diese deutsche Organisation hat seitdem ziemlichen Ärger.

»Der Teufel ist ein Eichhörnchen«, heißt es immer wieder: Auch wenn etwas völlig harmlos daherkommt, kann es sich zu einer Katastrophe entwickeln. Auch das ist eine ganz wichtige Lehre des Lebens, für mich eine Lektion aus dem Unfall auf dem Baugerüst.

Du kannst einfach nicht darauf vertrauen, dass etwas funktioniert, nur weil es eine Betriebszulassung hat. Als Techniker und Handwerker ist mir das Vertrauen vieler Zeitgenossen in Bescheinigungen und andere Papiere wirklich fremd. Klar setze auch ich mich ins Auto und fahre los. Ich schaue vorher kurz, ob Luft in den Reifen ist, aber das war's auch. Ich fahre nicht auf den Bremsenprüfstand, bevor ich losfahre. Insofern vertraue auch ich irgendwelchen Papieren, weil es halt nicht anders geht.

Als Techniker aber weiß ich: Der Teufel steckt im Detail, und er kommt dann ans Tageslicht, wenn er Lust darauf hat.

Nur weil etwas eine Zulassung hat oder ein Sicherheitszertifikat, ist es noch lange nicht gut.

Wir leben halt gerne in dieser kuscheligen Theorie und fühlen uns sicher, weil wir Airbags im Auto haben. Aber hast du in der Zeitung schon mal Fotos von Autowracks nach einem Frontalzusammenstoß auf der Landstraße gesehen? Da erkennst du gar nichts mehr, nur im Text steht halt, dass das Wrack mal ein Oberklassefahrzeug aus deutscher Herstellung war. Wo ist da bitte die Knautschzone? Manchmal wickeln sich Autos um Leitplanken. Oder sie überschlagen sich mehrfach und krachen dann mit dem Dach gegen eine Eiche.

Wir versuchen, die Sicherheit immer weiter raufzuregeln, aber die letzten Meter werden wir niemals schaffen. Absolute Sicherheit gibt es nicht. Das heißt, die Zahl der Todesopfer im Straßenverkehr sinkt kontinuierlich dank der immer besseren Technik. Aber sie beträgt niemals null.

Lass mich nur noch eine Katastrophe als Beispiel anführen: den Untergang der Costa Concordia am 13. Januar 2012 vor der italienischen Insel Giglio. Das Kreuzfahrtschiff mit 4229 Menschen an Bord rammte bei der Fahrt um die Insel herum einen vorgelagerten Felsen. Das war um 21.45 Uhr. Der Felsen riss die Backbordseite des Schiffes über eine Länge von 70 Metern auf. Das Wasser lief in die Maschinenräume, das Schiff war manövrierunfähig.

Um 22.30 Uhr kam das Hornsignal zur Evakuierung, um 22.36 Uhr dann die Aufforderung an die Menschen an Bord, ihre Rettungswesten anzulegen. Also eine Dreiviertelstunde nach dem Geschehen.

Jetzt mal abgesehen davon, dass der Kapitän Francesco Schettino dafür zehn Jahre hinter Gittern verbrachte: Dass er so knapp an der Insel vorbeifuhr und die Seekarten nicht an Bord waren, ist für mich nur die eine Sache. Die andere ist die fehlgeschlagene Evakuierung. Also: Warum erfährt die Küstenwache erst um 22.06 Uhr von der Havarie, und das auch nur als »Stromausfall«? Um 4.45 Uhr am frühen Morgen war das Schiff evakuiert, zahlreiche Menschen waren bereits vermisst oder tot. Es hat also Stunden gedauert.

Warum ich das alles erzähle? Weil die Internationale Seeschifffahrtsorganisation IMO für Evakuierungen nur 80 Minuten vorsieht, allerdings für Übungen auf einem Schiff, dem gar nichts passiert ist. Das meine ich mit dem Unterschied zwischen Theorie und Praxis. Es hat keinen Sinn, wenn du dich auf Unterlagen verlässt. Was einzig zählt, ist am Ende die Realität. Also das, was konkret geschieht. Und der Schiffbruch der Costa Concordia ist für mich ein Beispiel, bei dem fast alles schiefgegangen ist, was schiefgehen konnte.

Und noch etwas ist mir wichtig, was den Glauben an Papier angeht: Du kannst auch nicht darauf vertrauen, dass der liebenswürdige Kunde seine Rechnung tatsächlich auch bezahlt, nur weil er einen Vertrag oder einen Auftrag oder ein Angebot unterschrieben hat. Oder dass dich dein Steuerberater vor bestimmten Entscheidungen warnt, nur weil er sich laut einem Papier »Steuerberater« nennen darf – zu Steuerberatern komme ich später noch ein bisschen ausführlicher. Und du kannst auch nicht darauf vertrauen, dass du an einen guten Arzt gerätst, nur weil jemand Medizin studiert und einen Doktortitel hat.

Ach, wüssten wir diese Dinge doch vorher! Meine Sonja würde sich heute nicht mehr darauf verlassen, dass sie ihren Körper mit Globuli heilen kann, nur weil ihr das alle in ihrem alternativmedizinischen Umfeld erzählt haben.

Nach Sonjas Tod habe ich viel über diese Fragen nachgedacht, gerade weil es eben auch die Corona-Zeit war. Die ganze »Querdenker«-Bewegung ist im Grunde ein einziger Protest gegen das wissenschaftliche Denken. Unter den Corona-Leugnern, Impfgegnern und neuerdings Putin-Anhängern sind jede Menge spirituelle Menschen, die sich für die »alternative Medizin« stark machen. Aber was ist eigentlich »alternative Medizin«? Entweder etwas wirkt, durch Studien nachgewiesen – dann ist es Medizin, und zwar egal, ob chemisch oder pflanzlich. Oder etwas wirkt nicht – dann ist es keine Medizin.

Rückblickend denke ich: Meine Sonja hat sich von der Esoterik-Szene einfangen lassen – und damit von dem angeblichen Geheimwissen, dem selbstbewussten Auftreten als alles besser wissender Kreis von Eingeweihten und Aufgewachten und dem Widerstand gegen alles Etablierte.

Ich habe wirklich nichts gegen natürliche Heilmethoden – dagegen hat die klassische Medizin aber auch nichts. Es geht nur darum, ob etwas »evidenzbasiert« wirkt, wie es heißt, also ob die Wirkung nachgewiesen ist. Und es geht darum, ob die Nebenwirkungen hinnehmbar sind. Und bei einer Krebsdiagnose ist es eben klug, sich in die Hände der evidenzbasierten Medizin zu begeben.

Auf dem Boden bleiben

Das Draufgängertum meiner Flegeljahre war also recht bald vorüber. Das lag an Sonja, dem Unfall mit dem Baugerüst und auch daran, dass ich schlicht erwachsener geworden bin. 1976 habe ich meinen Gesellenbrief gemacht und damit meine Sturm-und-Drang-Zeit hinter mir gelassen. Den Ernst des Lebens kannte ich zwar schon von Kindesbeinen an, aber jetzt war mir klar, dass ich selbst mit meinen Entscheidungen dazu beitragen würde, wie mein Leben verlaufen würde – und das Sonjas.

Es geht nicht ums Angeben. Es geht darum, dass du dein Geld nur für wichtige Dinge ausgibst.

Es hat mir auch von Anfang an gutgetan, das Leben nicht auf die leichte Schulter zu nehmen: So konnte ich zum Beispiel meine Ausbildung schon nach drei Jahren beenden, wo andere dreieinhalb Jahre brauchen. Ich durfte verkürzen! Warum? Weil ich gut war, auf der Baustelle und in der Schule. Ich war stolz wie Oskar, hat man früher gesagt. Von 1978 bis 1981 habe ich dann als Geselle gearbeitet, in einem 15-Mann-Betrieb in Frankfurt. Und so habe ich mir das nächste Ziel gesetzt, den Meisterbrief zu machen.

Auch über die Frage, wann jemand eigentlich erwachsen ist, habe ich sehr viel und sehr lange nachgedacht. Der Unterschied ist vielleicht der: Wenn du erwachsen bist, dann hast du vermutlich verstanden, dass du niemandem was beweisen musst. Zum Beispiel, dass du gefährliche Wege gehst. Stattdessen musst du beweisen, dass du hervorragende Ergebnisse erzielst – und dazu musst du eben geeignete Wege wählen.

Auch die ganze Angeberei fällt mit dem Erwachsenwerden weg. Was für eine dicke Karre du fährst, interessiert mich nicht:

Erst mal gehört sie wahrscheinlich sowieso nicht dir, sondern der Bank. Und zweitens, selbst wenn die dicke Karre dir gehört, kannst du trotzdem ein Idiot sein. Du wärst nicht der erste Idiot mit einer dicken Karre. Mich interessiert, was jemand im Kopf hat und was er konkret auf die Beine stellt. Nicht, womit er angibt.

Worum es bei der ersten Arbeitsstelle als Geselle ging, war: Ich musste mich beweisen. Ja, ich hatte den Gesellenbrief. Aber auf dem kannst du dich nicht ausruhen! Es gibt an diesem Punkt zwei Arten von Menschen, denke ich manchmal: Die einen denken, sie wären am Ziel, wenn sie irgendein Abschlusszeugnis in der Hand halten. Die anderen wissen, jetzt geht die Arbeit erst los. Und mir war immer klar: Jetzt geht die Arbeit erst los.

Und um mal den Bogen zu ziehen zum gebrochenen Staudamm und zur havarierten Costa Concordia: Ein Gesellenbrief als solcher sagt überhaupt nichts darüber aus, ob jemand gut ist. Das Stück Papier hat mich zwar stolz gemacht, aber für alle anderen war es nur meine Eintrittskarte. Ich kam rein ins Berufsleben wie in einen Club. Nur der Punkt ist: Alle im Club sind drin, alle haben diese Eintrittskarte. Und darum kannst du dich darauf nicht ausruhen. Außerdem sagt so ein Papier ebenso wenig aus wie die Prüfbescheinigung eines brasilianischen Staudamms, ausgestellt durch eine deutsche Institution. Auch mit Gesellenbrief kannst du unglaublich viel Mist produzieren.

Und es war wieder eine Lektion des Lebens, und im Rückblick verdanke ich auch die meiner Mutter und dann auch Sonja: die Kunst, auf dem Boden zu bleiben.

Dicke Karre? Rohrbruch-Charlie!

Dicke Karre, Jacht auf Mallorca, Zigarre rauchen, Champagner saufen: Als würden normale Menschen, die zu Geld kommen, plötzlich nur noch Schampus trinken und mit Zigarren anfangen. Das Leben selbst verändert sich nicht, nur weil du dem Zigeunerlager entkommst und plötzlich auch wirtschaftlich erfolgreich bist. Das Leben ist immer noch dasselbe: Der Musikgeschmack bleibt gleich, die Interessen meistens auch. Du liebst nach wie vor Currywurst oder Lasagne. Bei keinem normalen Menschen ändert der Kontostand den Geschmack, sodass er ab sofort nur noch Austern frisst.

Vielleicht lässt es sich so sagen: Ich bin echt froh, dass ich auf dem Boden geblieben bin. Kennst du diese Leute, die zu Geld kommen und denken, sie müssten sich ab sofort in besseren Kreisen bewegen und allen irgendwelche Statussymbole präsentieren? Das ist nichts für mich. Ich lebe nicht in einer Villa mit Bediensteten, sondern bei mir zu Hause, wo ich seit 1989 lebe. Meine Hündin, die Leonbergerin Klara, will immer unter dem Tisch liegen. Ich erlaube ihr das dann oder eben auch nicht. Dafür habe ich nach wie vor keinen Butler. Auch Kaffee kann ich selbst kochen.

Jedenfalls war das im Grunde der wichtigste Antreiber im Leben: Ich wollte den Verhältnissen im Zigeunerlager den Rücken kehren. Ich wollte die ständige Armut nicht mehr, die andauernden Geldsorgen, den Stress mit Behörden wegen irgendwelcher Kleinigkeiten.

Gut: Dem Wohnwagenplatz und den Verhältnissen dort bin ich entronnen, und dank meiner Erfindungen plagen mich keine finanziellen Nöte mehr. Den Stress mit Behörden bin ich nicht losgeworden, muss ich im Rückblick zugeben. Es wäre ja auch zu schön gewesen.

Andere aus solchen Verhältnissen werden kriminell. Sie haben das Hauptmotiv »Geld« und überlegen nur, wo sie das herbekommen. Automaten knacken war mal eine ganz probate Sache für Leute, die keinen Mumm hatten, eine Bank oder einen Geldtransporter zu überfallen. Oder illegales Glücksspiel, gerne mit gezinkten Karten oder Schiebung beim Pferderennen. Alles direkte Wege zu Geld, meist im Konflikt mit dem Gesetz.

Doch auch wer aus schwierigen Verhältnissen kommt, kann diesen einen Millimeter weiterdenken: Geld kommt von alleine auf dich zu, wenn du anderen etwas anbietest, was sie brauchen. Und zwar völlig legal. Die Frage ist nur: Bist du dir zu fein zum Arbeiten oder nicht? Auch das ganz große Geld lässt sich mit ein wenig Gespür für die richtige Situation auf legale Weise machen, ich berichte dir später davon.

Erst einmal war mein Weg, mich zu beweisen, wo es nur ging. Ich arbeitete und arbeitete und arbeitete, damit Sonja und ich unser Leben finanzieren können. Ständig habe ich Notdienste am Wochenende übernommen. Das war für die Familie nicht schön, aber es war halt wichtig: Ich war zu Hause, und immer wieder klingelte das Telefon oder die Türglocke, und ich durfte ausrücken. Rohrbrüche, Klo verstopft, das waren meine Wochenenden.

Und das hatte Sinn: Zu meinem Lohn von ungefähr 1600 Mark netto im Monat kamen 100 Euro pro Notdienstwochenende dazu und dann noch mal 25 Mark für jede Stunde, die ich dann tatsächlich im Einsatz war. Manchmal arbeitete ich nachts drei bis vier Stunden, um einen Rohrbruch oder eine Verstopfung zu reparieren.

Ein schöner Spitzname würdigt dich nicht herab, sondern ehrt dich.

Die anderen Kollegen fanden das vor allem witzig. Natürlich haben die auch mal einen Notdienst übernommen, denn auch die wollten mal eine Mark dazuverdienen. Auf der anderen Seite waren sie ja schon länger dabei und haben sowieso mehr Grundlohn bekommen als ich. Also haben sie gerne ihre freien Wochenenden genossen und mich die Notdienste machen lassen – mir war's recht. Und das brachte mir – Vorname Karl – bald einen Spitznamen ein: »Rohrbruch-Charlie«.

Viele Spitznamen sind ja irgendwie gemein, sie machen einen lächerlich. Aber »Rohrbruch-Charlie« zu sein, das machte mich stolz. Und mir wurde klar, dass ich mein Ziel – den Meisterbrief –

erreichen würde. Denn wer es zu etwas bringt, ist oft nicht der, der etwas besonders gut kann, es aber nicht macht. Sondern erfolgreich werden die, die etwas richtig gut können und dazu noch fleißig sind.

Die Studentenbewegung und ich

Frankfurt war in dieser Zeit natürlich auch ein Zentrum der Studentenbewegung. Anfang der Siebziger war ich um die 15, 16 Jahre alt – und wer sich rumtreibt, kam mit den »Langhaarigen« und »Spinnern«, wie viele die linken Studenten damals nannten, natürlich in Kontakt. Ein anderer Begriff war »Gammler«. Das ist eigentlich eine ziemlich üble Bezeichnung, aber viele von denen fanden das für sich selbst echt treffend. Denn mit Leistung und Leistungsgesellschaft hatte diese Truppe nun ganz sicher nichts am Hut. Fleiß? Das fanden die spießig.

Die linken Studenten in Frankfurt wollten nicht arbeiten. Ich schon.

Eine Zeitlang – vor Sonja – war ich immer wieder in einer WG in Frankfurt-Fechenheim zu Besuch. Tja, was soll ich sagen? Es gab da die eine oder andere hübsche Studentin, für die sich der Besuch lohnte. Aber meine Welt war es nicht. Unter dem Strich diskutierten da ungepflegte Typen stundenlang wichtigtuerisch über Karl Marx (1918–1883). Sie hörten sich echt gerne reden, hielten einander Vorträge.

Es ging ihnen nicht um die Frage, wie du aus deinem Leben das Beste machst und welche Geschäftsidee läuft und welche nicht. Sondern es ging ums Rechthaben und um Ideologie. Es ging gegen den Vietnamkrieg und überhaupt gegen die bösen USA, für den Sozialismus und für Fidel Castro (1926/1927–2016), dann war Mao Zedong (1893–1976) natürlich ganz wichtig, ebenso Che Guevara (1928–1967) und überhaupt alles, was irgendwie links war.

Ich saß da manchmal dabei und habe mich gefragt: Besteht der ernsthafte Anspruch, dass ich mich in diese Themen reindenke, um mitreden zu können? Also: Sollte ich mich mit Theodor Adorno (1903–1969) und der »Frankfurter Schule« beschäftigen, immerhin bei mir um die Ecke, weil das jetzt so wichtig war?

Ich habe diese »Intellektuellen« bis heute nicht verstanden. Damals habe ich mich in die Gespräche nicht eingemischt. Ich habe damals auch nicht begriffen, dass diese Leute so ziemlich das Gegenteil dessen verkörpert haben, was mir wichtig war: Sie standen für die Theorie, und zwar für eine sehr abgehobene Theorie, die mit Arbeit nichts zu tun hatte. Die einzigen praktischen Überlegungen waren, wer mit wem schläft oder wie man am besten einen Kaufhausbrand organisiert, ohne erwischt zu werden. Konstruktiv war das alles nicht.

Übrigens sah es in den Wohngemeinschaften auch entsprechend aus: Da war kaum jemand, der ein verstopftes Rohr reparieren konnte. Der Einzige, der ein bisschen handwerkliches Geschick hatte, war ich. Und so fanden mich alle irgendwie nett, auch wenn ich nicht mitreden konnte.

Meine Welt war eine andere: Ich wollte als Handwerker erfolgreich sein, also von den Guten lernen und mich dann selbstständig machen. Mit den Ideen der Studentenbewegung oder auch der RAF, dem Kapitalismus den Kampf anzusagen, konnte ich nichts anfangen. Mir war das zu theoretisch und zu einseitig, sodass ich den Kontakt bald abbrach.

Ausgemustert nach der Rosenfeld-Methode

Der komplette Gegensatz zu diesen Studenten war natürlich die Bundeswehr. Zur Bundeswehr zu gehen, kam für diese Leute nicht in Frage. Militär, das war für die Studentenbewegung faschistisch. Zugleich tobte der Vietnamkrieg, in dem 500.000 junge Amerikaner als Wehrpflichtige eingesetzt waren – davon handelt übrigens das Musical »Hair«, auf das die linke Szene damals abgefahren ist. Und die gesamte Identität der Linken basierte auf dem Antiamerikanismus der damaligen Zeit – gegen die USA, gegen die NATO, später gegen den NATO-Doppelbeschluss.

Es war völlig unmöglich, aus Sicht der westdeutschen Studentenbewegung zur Bundeswehr zu gehen. Freiwillig schon gar nicht. Manche mussten, weil ihr Antrag auf Kriegsdienstverweigerung nicht anerkannt wurde, und mit denen hatte die Bundeswehr sicher keine Freude.

Die Leute zogen eher noch nach West-Berlin, weil Bewohner der geteilten Stadt mit Sonderstatus nicht eingezogen wurden. Oder sie haben geschummelt und sich untauglich schreiben lassen, indem sie vor der Musterung Zahncreme gefressen oder naturtrüben Apfelsaft mit etwas Urin von Opa als Urinprobe mitgebracht haben. Das waren jedenfalls die bekannten legendären, angeblich wirksamen Tricks, aus denen auch viele Witze entstanden sind, zum Beispiel der vom Arzt, der nach der Musterung sagt: »Die schlechte Nachricht, junger Mann – Sie sind untauglich. Die gute: Sie sind schwanger!«

Und wie sah das bei mir aus? Ich beim Bund?

Warum nicht, war meine erste Überlegung. Die Karriere bremste das nicht, im Gegenteil: Wer beim Bund war, konnte dort für lau den Lkw-Führerschein machen, hatte ein Dach über dem Kopf, regelmäßige Bewegung und Sold und bekam zum Abschied ein Entlassungsgeld. Neben dem reinen Wehrdienst und der Überlegung, Berufssoldat zu werden, hätte es noch die Möglichkeit »SaZ« gegeben, »Soldat auf Zeit«, wobei man sich für ein paar Jahre verpflichten konnte. Mit hervorragenden Wiedereingliederungsmaßnahmen in den Arbeitsmarkt.

Aber wollte ich das? Ich wusste nicht so recht. Im Grunde hätte ich gar nichts dagegen gehabt, zur Bundeswehr zu gehen. Mein Wunsch wäre die Luftwaffe gewesen, am liebsten wäre ich

Pilot geworden. Oder meinetwegen wäre ich auch Panzer gefahren.

Aber da gab es eine kleine Schwierigkeit: Einmal waren da die ständigen Magenprobleme, die mich in der Tat einige Jahre begleitet haben. Und es war kaum zu erwarten, dass die Feldküche regelmäßig Haferbrei servierte wie die Frau von Otto Reiber. Zum anderen war ich nicht ganz so stresstauglich, wie ich mir das gewünscht hätte. Ich neigte sogar zum Stottern, wenn ich aufgeregt war.

Nicht die Wirklichkeit zählt für den Staat, sondern das, was aktenkundig ist.

Der Nachbar eines Freundes vom Schwager vom Hund meines Chefs empfahl mir schließlich den Besuch bei Dr. Rosenfeld. Arzt. Ich also hin.

»Willst du ein Attest für 10 Mark oder ein sehr gutes Attest für 50 Mark?«, fragte mich Dr. Rosenfeld.

Die Art, wie Menschen Fragen stellen, sagt oft sehr viel über diese Menschen aus. Es gibt jede Menge Arten von Fragen. Ich weiß nicht, wie man diese Form von Frage nennt, aber an diese Frage meines Arztes Dr. Rosenfeld werde ich mich immer erinnern. Sie beinhaltet so viel Wahrheit, gerade über unser Gemeinwesen und das Rechtssystem. Ich sage es mal so: Wenn du einmal verstanden hast, wie der Staat funktioniert, kommst du im Wesentlichen ganz gut mit ihm klar. Jedenfalls meistens. Das wichtigste Prinzip staatlichen Handelns ist: Was nicht aktenkundig ist, existiert nicht. Was aber aktenkundig ist, schlägt die Realität.

Beamte glauben also den Unterlagen mehr als der Realität. Viele Richter auch. Auch viele Politiker sind realitätsfern und halten für wahr, was geschrieben steht. Obwohl der Mensch jeden Mist aufschreiben kann. Wenn du das einmal begriffen hast und daraus die richtigen Schlüsse ziehst, kannst du das eine oder andere staatliche Handeln durchaus auch mal in deinem Sinne beeinflussen. Immerhin lebt eine ganze Branche davon, die Anwaltsbranche.

Mir war das mit Theorie und Praxis damals nicht so klar, wie es mir heute klar ist. Im Rückblick war Dr. Rosenfeld drauf und dran, mir ein Zertifikat auszustellen wie einem brasilianischen Staudamm.

Ansatzpunkt war mein Stottern. Was bedeutete das? Wenn ich mir das sehr gute Attest für 50 Mark anschaue, dann ist das Stottern Ausdruck einer enormen Hilflosigkeit im Alltag, kurz vor der Einweisung in die Psychiatrie. Dr. Rosenfeld hat genau herausgearbeitet, was mein Stottern bedeutete: Mein Stottern wirkte sich so dermaßen ungünstig auf mein gesamtes Nervenkostüm aus, dass schon die geringste Unsicherheit in einem engen Fliegercockpit oder Panzerturm die gesamte Besatzung gefährdete und damit alle beteiligten Kameraden. Und damit nicht nur die gute Laune an Bord, sondern auch die Verteidigungsfähigkeit der Bundesrepublik Deutschland und der NATO.

So ging es jedenfalls aus dem »sehr guten Attest« für 50 Mark hervor, über das die drei Kommissionsmitglieder unter ihrer Bundesflagge bei meiner Musterung im Kreiswehrersatzamt Frankfurt so fluchten. Bis ich das Attest vorlegte, durchlief ich die übliche Musterung, bei der jede Menge unterschiedlichster Fachärzte die unterschiedlichsten Dinge an mir ausprobierten – und dem letzten Arzt in diesem Parcours legte ich das Attest hin. Ohne dieses Attest wäre ich »T1« gewesen, also »voll verwendungsfähig«. Das wollte ich wissen.

Aber leider vermasselte mir das sehr gute Attest für 50 Mark von Dr. Rosenfeld meine aussichtsreiche Bundeswehrkarriere kolossal: Man musste mir »T5« zuteilen und mich damit für »nicht wehr-/dienstfähig« erklären. Ich wurde ausgemustert nach der Methode nach Dr. Rosenfeld.

Wieder einmal bestimmte ein Blatt Papier den weiteren Verlauf meines Lebens. Ich begriff immer mehr, wie wichtig Papier ist.

Glück?

Also gut: Es wäre nett gewesen, mal einen Panzer zu fahren, aber die Bundeswehr hat es im Wesentlichen auch ohne mich geschafft. Dafür hatte ich mehr Zeit, mich auf Sonjas und meine Lebensplanung zu konzentrieren.

Was ich liebte und immer noch liebe, ist das Konkrete, ist die Praxis. Und ich hatte einen Plan – ganz anders als viele der linken Studenten. Ich wusste, was zu tun war. Und ich hielt mich an Leute wie Edgar. Edgar wusste Bescheid. Edgar war mein zuständiger Geselle, als ich in der Lehrzeit war – nach ihm habe ich mich gerichtet, er hat mir alles beigebracht.

Das Wichtigste: Er hat mich machen lassen. Ich durfte selbstständig ganze Bäder bauen und Steigleitungen verlegen, er stand nur mit einer Flasche Bier daneben und hat geschaut, dass ich keine groben Fehler mache. Dabei hat er immer Witze erzählt.

Na gut: Man könnte auch sagen, Edgar war ein fauler Hund und hat mich die Arbeit machen lassen, aber ich habe dadurch eben enorm viel gelernt. Auch war Edgar schon um 17 Uhr todmüde vom vielen Bier, aber er war eben der Liebling vom Chef, weil er viel wusste und alles konnte.

Sicher war eine typische berufliche Karriere früher schon planbar: mehr Geld verdienen, als du ausgibst, Bausparvertrag, Heirat, Häuschen bauen, Kinder machen. Ganz viele haben so ein beschauliches Leben geführt und führen es immer noch. Nur sind das eben meistens keine Unternehmer, sondern Arbeitnehmer. Also sozialversicherungspflichtig Beschäftigte, die von den Geschäftsideen und den Strukturen leben, die andere auf die Beine stellen. Und für die gibt es die wirklich wichtigen Dinge im Leben nur über die Erfahrung zu lernen.

Wenn du selbst etwas auf die Beine stellen und dich selbstständig machen willst, brauchst du zu dem üblichen Schulwissen noch jede Menge anderer Kenntnisse. Es geht um eine Form von Bildung, die die Schule uns nicht vermittelt. Und dieses Wissen dürfen wir uns in Eigenregie aneignen, dabei hilft uns niemand.

Dagegen spricht auch nichts, dass wir alle unsere Erfahrungen machen. Der Haken dabei ist nur: Wenn du genug Erfahrung hast, um loslegen zu können, bist du eigentlich schon im Rentenalter. Weil du eben jahrzehntelang lernst und immer wieder Fehler machst. Da kannst du dann im Rückblick traurig sagen, dass du das besser anders entschieden hättest, aber es ist eben so, wie es ist.

Das Wissen, das du heute brauchst, bringt dir die Schule nicht bei. Du musst es dir durch Erfahrungen selbst mühsam zusammensuchen.

Unter dem Strich, denke ich, habe ich das alles ganz gut geschafft. Die Verhältnisse waren am Anfang schwierig, aber wer sich konsequent auf die Chancen konzentriert, die das Leben uns bietet, der kommt auch aus üblen Verhältnissen raus.

Und genau deswegen bin ich meiner Mutter so dankbar, auch wenn sie mich hin und wieder verhauen hat. Sie hat sich durchs Leben gekämpft wie eine Löwin, und diesen Kampfgeist hat sie an mich weitergegeben. Sie hat mich von Anfang an mit dem Wichtigsten ausgestattet, das ein Mensch braucht und das keine Schule lehrt: gesunder Menschenverstand und Bauernschläue. Und dennoch musste ich zahlreiche Lektionen für mich ganz alleine lernen.

Oder ist es Glück? Ich weiß nicht, ich mag den Begriff nicht. Einmal gibt es Glück im Sinne von Zufall wie beim Lotto, und dann gibt es das Glück in dem Sinne, dass wir glücklich sind. Sonja war mein Glück. Aber war es Zufall wie im Lotto? Nein, war es natürlich nicht. Ich denke: Es geht weniger um Glück als vielmehr darum, dass wir wach und mit offenen Augen durchs Leben gehen und die Chancen, die sich uns bieten, tatsächlich ergreifen. Und so leben und lernen wir.

Es ist irgendwie frustrierend – aber wenn ein Mensch endlich weiß, wie das Leben funktioniert, verlässt er den Planeten. Und mit ihm verschwinden sein Wissen, seine Erfahrung und seine Erkenntnisse daraus. Vielleicht sollten wir es zur Pflicht erklären, dass jeder Mensch in meinem Alter ein Buch schreibt, um seine Erkenntnisse übers Leben festzuhalten.

Das trojanische Pferd

Als Sonja – meine zukünftige Frau – 16 Jahre alt war, sagte ich ihr genau, was ich vorhatte. Nicht damit sie mir hinterher irgendwelche Vorwürfe machen konnte. Ich sagte zu ihr: »Mit 30 bin ich Millionär.« Sonja lachte nur und sagte: »Wir werden sehen.«

Mein Plan war perfekt: Mein handwerkliches Geschick sollte mich reich machen. Geschäftsbereich: Heizung/Wasser/Abwasser. Die Leute wollen dichte Rohre. Das ist ein Grundbedürfnis der Menschheit. Die Heizung soll heizen, das Wasser soll laufen, das Abwasser soll raus und nicht stinken. Und da kannte ich mich aus. Schon lange vor der Erfindung der Abfluss-Fee.

Vor mir lag ein Weg, den in Deutschland damals viel gemacht haben: irgendeine Art von Schulabschluss, Lehre mit Berufsschule, Gesellenzeit, Meistertitel. Na gut, nicht alle schaffen es zum Meister. Dafür machen heute alle Abitur und denken, sie seien was Besseres – und normale Menschen bekommen keinen Handwerker mehr, wenn sie einen brauchen.

Ein ganz wesentliches Element meines ausgeklügelten Plans war jedenfalls der Besuch der Meisterschule in Bielefeld. Und dieser Besuch war vor allem eins: teuer. 660 Mark sollte alleine das Zimmer kosten – mit Frühstück, Abendessen und moralischer Kontrolle 24/7. Dazu kamen die Bahnfahrten. 660 Mark in harter Währung, und das jeden Monat – dieses Nuss war für mich erst mal zu knacken. Auch als angehender Millionär. Dazu kam ja noch die doppelte Haushaltsführung zusätzlich zu unserer gemeinsamen Wohnung mit unserem ersten Kind.

Wie sollte ich das lösen? Von nichts kommt nichts, das wusste ich schließlich auch.

Erfinder brauchen Inspirationen. Und die Inspiration bekam ich hier von einem Film über das trojanische Pferd. Ich meine den

Spielfilm »Die Fahrten des Odysseus« von 1955 mit Kirk Douglas (1916–2020) in der Hauptrolle. Diesen Film kannte ich, und ich habe mich in einem entscheidenden Moment an ihn erinnert.

Die Geschichte des trojanischen Pferdes ist bekannt: Nachdem die griechische Armee die Stadt Troja zehn Jahre lang vergeblich belagert hatte, gaben die Griechen ihren Rückzug vor und ließen vor der Stadt ein merkwürdiges, riesenhaftes Holzpferd zurück. So wie Truppen beim Rückzug eben oft Müll und unbrauchbares Gerät hinterlassen – ganz anders als ordentliche Handwerker – die räumen auf und machen sauber, bevor sie abziehen. Die Trojaner jedenfalls – überzeugt, dass die Griechen aufgegeben hatten – waren neugierig und zogen das merkwürdige Pferd in die Stadt. Sie bestaunten es, wie junge Katzen einen Igel bestaunen. In der Nacht kamen die in dem Pferd versteckten griechischen Elitekämpfer heraus, überwältigten die Wachen und öffneten die Stadttore. Die auf Standby gehaltenen und gut versteckten griechischen Truppen stürmten in die Stadt. So kam Troja in griechische Hand.

Angriff von unerwarteter Seite

Der Begriff »trojanisches Pferd« oder falsch »Trojaner« – falsch, weil die Trojaner nicht die Angreifer waren, sondern die Angegriffenen – ist heute vor allem für Computerviren bekannt. Über irgendeinen Weg gelangt ein Fremdkörper ins System und richtet dort von innen heraus Schaden an. »Virus« ist ein anderer Begriff dafür. Der Kerngedanke ist: Der Angriff erfolgt nicht von außen, sondern von innen.

Ein System knackst du am besten von innen heraus.

Der Gedanke ist schon bestechend. Angriffe von außen scheitern an der Stadtmauer, am Immunsystem, an der Firewall. Aber wenn es gelingt, einen Angriff von innen zu starten, dann sehen die Chancen für die Angreifer schon ganz anders aus. Und das haben die Griechen begriffen.

Mir war der Gedanke des trojanischen Pferdes immer in Erinnerung geblieben. Und als ich mir überlegte, wie ich zu Geld kommen konnte, kam er an die Oberfläche. Die Lösung lag darin, dass nicht irgendwelche Banditen die Postkutsche überfallen, sondern dass einer der Banditen bereits in der Postkutsche sitzt, sobald sie startet. Und gar nicht wie ein Angreifer aussieht. Ein System knackst du am besten von innen heraus.

Ja, ich weiß auch, dass es Unrecht war, was ich dann getan habe. Ich krieche im Staub. Aber. Genau, es folgt ein Aber. Hätte ich nicht getan, was ich getan habe, hätte ich meine Meisterprüfung nicht machen können. Ich hätte meine Firma nicht gegründet. Zahlreiche brave Bürger in Frankfurt und Umgebung hätten viel schlechtere Rohre in ihren Küchen und Badezimmern. Dem Staat wären Unmengen von Steuern entgangen. Spaß beiseite: Ja, es war Unrecht. Und für alle unter 18 gilt: Don't try this at home. Vereinfacht: Bitte nicht nachmachen.

Ende der Siebzigerjahre kamen die ersten Videogeräte auf den Markt. Videokameras, Videorekorder, die Älteren werden sich erinnern. Tonbänder und auch Tonkassetten für konservierte Musik und andere hörbare Dinge gab es ja schon, aber jetzt ging es darum, auch Bewegtbild auf Magnetband zu sichern. Die Technik steckte in den Kinderschuhen, aber wer Geld hatte, warf sich drauf. Neben der fetten Stereoanlage hatten betuchte Leute zu Hause natürlich einen Videorekorder, auch wenn es erst mal nur wenige Filme auf Videokassette gab. Preis pro Rekorder: um die 2000 Mark damals, also richtiges Geld.

Nun wusste ich von einem Kumpel, dass ein Kumpel einen kannte, der eine Ladung Videorekorder verschickt. Eine Lieferung an ein Elektrogeschäft. Und dieser Kumpel wusste auch ganz genau, welchen Weg die Sendung nehmen sollte.

Vielleicht kennst du das Lied »Das Geburtstagsgeschenk« des österreichischen Liedermachers Ludwig Hirsch. Da rät er seinem Freund Schurli, dem kein Geschenk für seine Freundin Susi einfällt, sich ihr selbst zu schenken, als Paket per Post. Das Ganze endet so, dass Susi das Paket nicht aufbekommt und es mit einer Hacke zerhackt. »Das war das Ende von meinem Freund, dem Schurli-Bua«, singt Ludwig Hirsch.

Und genauso habe ich es gemacht. Nur dass mich niemand zerhackt hat: Ich habe eine Holzkiste gebaut, in die ich gut reinpasste. Die Kiste hatte einen Deckel wie die meisten Kisten – zu öffnen und zu verriegeln von außen. Zusätzlich habe ich an zwei Seiten Türen montiert, die sich nur von innen öffnen ließen und von außen nicht erkennbar waren.

Dann habe ich eine Spedition beauftragt – zufällig dieselbe, die auch die Videorekorder transportierte. Die Spedition hatte einen klaren Auftrag: Sie sollte am nächsten Tag um 17 Uhr das Paket abholen, das bei meinem Kumpel vor der Tür stand. Bei geschlossenem Deckel und beschriftetem Lieferschein bin ich um 16.30 Uhr eingestiegen, habe die Seitentür von innen verschlossen und gewartet, bis der Frachtdienst die Kiste vereinbarungsgemäß abholte. In diesem trojanischen Pferd habe ich mich verschickt. Empfänger: Ich selbst. Also meine Adresse.

Natürlich hatte ich vorgesorgt und vor der Frachtaufgabe zwei Tage gefastet, damit ich mich in der Kiste nicht schon durch Gestank verriet. Eine Flasche Wasser hatte ich dabei. Für unerwarteten Flüssigkeitsaustritt hatte ich einige Sandsäcke in die Kiste gepackt, die auch gute Dienste geleistet haben.

Klar war das Ganze improvisiert. Mit meinem jetzigen Wissen und meiner Erfahrung würde ich heute eine Holzkiste mit Chemietoilette und Abfluss-Fee bauen. Aber damals war ich jung und brauchte die Videorekorder. Und so habe ich eben improvisiert.

Und was soll ich sagen? Das Timing hat geklappt! Kurz nach 17 Uhr trat jemand an die Kiste ran. Zwei scherzende und rauchende Arbeiter kippten meine Kiste und mich auf eine Sackkarre. Es polterte einige Sekunden, und sie ließen mich zu Boden krachen. Dann hievten sie mich auf die Laderampe eines Lastwagens und schoben mich ins Fahrzeug. Wenige Minuten später startete der Motor, und die Fahrt begann.

Meine Beute kam per Fracht zu mir nach Hause.

Nun geht jeder Tag einmal zu Ende, und Menschen machen Feierabend. Mit Just-in-time hatte man es damals noch nicht so. Und so kam es, dass ich in meiner Kiste über Nacht in derselben Frachthalle am Bahnhof stand wie die Ladung Videorekorder, von der der Kumpel des Kumpels wusste. Denn es war ja derselbe Spediteur. Ich meine, klar: Es hätte auch schiefgehen können. Aber es hieß, die Videorekorder würden tags drauf weitertransportiert. Wie ich.

Die Rekorder in der Holzkiste

Der Coup lief dann in aller Stille ab: Dass die Luft rein und ganz sicher niemand mehr in der Halle war, sah ich durch meine Luftlöcher. Nach ein paar Stunden Sicherheitspuffer bin ich aus meiner Holzkiste rausgeklettert und habe mich mit meiner Taschenlampe auf die Suche nach der Lieferung mit den Videorekordern gemacht. Da es keinen Wachschutz und keine Fenster gab, hatte ich Zeit. Es war einer dieser Lagerschuppen, wie sie an Güterbahngleisen stehen, mit Rampe zum Verladen und keinem Menschen weit und breit.

Videoüberwachung? Nicht damals, Ende der Siebziger.

Als ich die Palette mit den Rekordern ausfindig gemacht hatte, öffnete ich die Umverpackung so sorgfältig wie möglich. Da waren tatsächlich die Geräte, originalverpackt und meine Zukunft. Ich packte alles aus und verlud die Videorekorder Stück für Stück in meine Kiste. Die vollgepinkelten Sandsäcke kamen in die ursprüngliche Videorekorder-Sendung – das Gewicht sollte ja in etwa das gleiche sein. Dann verschloss ich die Originalsendung mit mitgebrachtem Paketband, sodass jemand nur dann einen Unterschied sehen konnte, wenn er sich an das Paketband der Originalsendung erinnerte. Die Sandsäcke waren quasi perfekt konfektioniert, die Reise der Sendung an den Elektrohandel konnte weitergehen. Und niemand, der am nächsten Morgen hier zum Arbeitsbeginn auftauchte, hatte irgendeine Ahnung, dass sich etwas verändert haben könnte.

Da war also meine Kiste, nur jetzt eben voller Videorekorder. Adressiert an mich. Ich musste nichts wegtragen, sondern mich nur aus dem Staub machen. Die Kiste mit der Beute war ohne mein Körpergewicht und ohne die Sandsäcke zwar leichter als vorher, aber auch das machte nichts. Wer wiegt in diesem Stadium der Logistik noch eine Kiste? Bestenfalls wundert sich ein Paketfahrer. Na und? Ich verschloss den Deckel der Kiste – von außen betrachtet war alles wie vorher.

Durch eine Holzschiebetür verließ ich den Lagerschuppen in Richtung Bahngleis, schob die Tür zu und verschwand in der Finsternis. Ich orientierte mich ein wenig, an welchem Bahnhof ich nun genau war, und ging zu Fuß auf Nebenwegen nach Hause. Was übrigens wichtig ist bei solchen Aktionen: Nein, da geht man nicht noch mal irgendwo ein Bier trinken; nein, da nimmt man kein Taxi; und nein, da fährt man auch nicht mit dem Bus. Und in heutigen Zeiten: Nein, da hat man auch kein eingeschaltetes Handy dabei, und schon gar nicht telefoniert man oder schreibt Whatsapp-Nachrichten.

Das Einzige, was jemandem tags drauf auffallen könnte, war die nicht verschlossene Schiebetür des Bahnschuppens. Kann ja mal passieren, kommt vor. Aus Sicht des Elektroladens kam eine kuriose Lieferung an, die man eben reklamiert. Da hat sich beim Absender wohl ein Spaßvogel einen Scherz erlaubt! Bis Sender und Empfänger erst einmal festgestellt haben, dass der Fehler weder beim einen noch beim anderen liegt, vergeht viel Zeit. An welcher

Stelle der Lieferkette das Virus eingedrungen war – das hätte man erst mal herausfinden müssen.

Müde und mit ein wenig Muskelschmerzen zu Hause angekommen, musste ich nur noch warten, dass mir der Paketdienst meine Videorekorder lieferte. Gegen 11.30 Uhr klingelte es an der Tür, und da standen zwei Frachtarbeiter mit meiner Kiste. Ich gab ein großzügiges Trinkgeld für die Schlepperei.

Versicherung zahlt

Ja, ich habe Unrecht getan. Die Verjährungsfrist für Diebstahl beträgt fünf Jahre. Das ist eigentlich viel zu wenig. Aber so ist die Rechtslage: Der Rechtsstaat kann mich für diesen Coup nicht mehr belangen. Und: Die Versicherung bezahlt. Vermutlich. Natürlich ist auch eine Versicherung kein anonymes Etwas, sondern alle Versicherten bilden eine Solidargemeinschaft.

Kriminelle Energie bedarf einiger Kreativität. Warum nicht mit der gleichen Kreativität auf legale Weise erfolgreich sein?

Letztlich kann natürlich niemand seine Miete mit Videorekordern bezahlen – ich musste sie unbedingt in Geld umwandeln. In weiser Voraussicht hatte ich alles geplant, und da ist es nicht schlecht, Verbindungen zu haben: Ein betuchter Frankfurter Diskothekenbesitzer kaufte mir die Videorekorder komplett ab – Ware gegen Cash auf die Hand. Ohne Ratenzahlung und ohne Fragen zu stellen.

So sind gute Freunde. Und wir sind auch heute noch befreundet – auch wenn er keine Diskotheken mehr betreibt. Als er einmal in Not war, habe ich ihm 100.000 Mark geliehen, unter Freunden ganz ohne Vertrag. Damit konnte er seine Firma retten. Heute beschäftigt er 60 Mitarbeiter, das Unternehmen ist mit 50 Millionen Euro bewertet. Mein kleines Darlehen, das ihn gerettet hat, hat er mir natürlich zurückgezahlt und die Hilfe bis heute nicht vergessen.

Ich will den Videorekorder-Coup nicht schönreden, ich habe ihn begangen. So war das eben. Die Vergangenheit kann ich nicht ändern. Damals war das eben mein Weg, um an Geld zu kommen.

Streng genommen hatte ich ja auch gar nichts gestohlen. »Wer eine fremde bewegliche Sache einem anderen in der Absicht wegnimmt, die Sache sich oder einem Dritten rechtswidrig zuzueignen«, heißt es in § 242 des Strafgesetzbuches, sei Diebstahl. Habe ich jemandem etwas weggenommen? Da war doch gar niemand. Ich habe keine Videorekorder aus der Halle getragen. Ich habe nur etwas umgepackt, von der einen Frachtsendung in eine andere.

Außerdem: Gemessen an den Betrügereien in der Bau- und Immobilienbranche, die ich so mitbekomme, ging es bei meinem trojanischen Pferd um Peanuts. Es wandern ganz andere Leute nicht in den Knast.

Na ja. Ich sehe schon – diese Rechtfertigung funktioniert irgendwie nicht. Also ist mein Rat an alle, die Geld brauchen: Versucht es auf einem ehrlichen Weg. Wobei ja schon das alte Sprichwort »Ehrlich währt am längsten« sagt, dass das ganz schön lange dauern kann.

Eine Erkenntnis aber habe ich auf jeden Fall für dich: Wenn du dich kriminell betätigst, brauchst du auf jeden Fall Kreativität. Du musst halt ausrechnen, wie viel von welchem Sprengstoff du brauchst, um einen Geldautomaten zu öffnen. Und wo du den Sprengstoff herbekommst. Du musst kreativ sein bei der Organisation deiner Brüche, beim Beschaffen von falschen Autokennzeichen und Papieren, du brauchst viel Zeit und Energie, um die richtigen Partner für eine ordentliche Geldwäsche aufzutun – schon um nicht im Knast zu landen, brauchst du jede Menge Grips. Insofern stellt sich da doch eine Frage: Wenn du schon so kreativ bist, um kriminell zu sein, warum setzt du diese Kreativität nicht gleich für etwas Legales ein?

Und weil wir gerade dabei sind: Ein ganz wundervoller Weg, um auf legale Weise seinen Lebensunterhalt zu bestreiten, ist das Dasein als Erfinder.

Erfindergeist und Geschäftsideen

Im Rückblick kann ich gar nicht genau sagen, wie viele Jahre ich auf Rohbauten zugebracht habe.

Ein Rohbau ist für Handwerker und mich das, was die Spielzeugeisenbahn für andere ist. Da bist du am Werkeln und am Tun und merkst im Idealfall nicht, wie die Zeit vergeht.

Und irgendwann musst du pinkeln.

Dieser Moment ist unausweichlich. Und er ist sehr ärgerlich, denn eigentlich willst du ja weitermachen. »Dann geh' halt schnell aufs Klo«, denkst du vielleicht jetzt. Tja, Pech: Im Unterschied zu einem Hobbykeller mit Modelleisenbahn gibt es auf einer Baustelle im Rohbau weit und breit keine Toilette.

Zigtausende Handwerker verbringen ihr halbes Leben auf Baustellen, ohne zu wissen, wo sie sich mal erleichtern können. Und da muss man eben findig sein. Also pinkeln manche in einen Eimer, den sie dann draußen irgendwo in die Hecke schütten. Andere haben zwar Eimer, die sind aber in Betrieb, also erleichtern sie sich irgendwo im Keller – was natürlich keine schöne Sache ist auf einer Baustelle, die sauber sein soll.

Ein klassischer Weg für deutsche Handwerker ist: Sie verlassen die Baustelle und gehen in die nächste Kneipe. Dort gehen sie nicht einfach aufs Klo, sondern wenn sie schon mal da sind, bestellen sie gleich ein Bier. Ist ja auch besser, denn sonst gibt es ja schiefe Blicke vom Wirt, wenn du die Kneipe nur für den Toilettengang benutzt. Und dann will der Kneiper möglicherweise auch noch 50 Cent haben! So eine Abzocke geht natürlich gar nicht. Also verbinden deutsche Handwerker das Nötige mit dem Angenehmen und heben einen.

Oder zwei.

Oder drei.

Ein paar Stunden später kommen sie dann zurück auf die Baustelle gewankt und müssen schon wieder pinkeln.

Du siehst: Die Situation von Bauarbeitern auf Baustellen ist in dieser Hinsicht nicht besonders gut durchdacht. Theoretisch brauchen wir Handwerker auf der Baustelle sowas wie die bekannte »Ente« im Krankenhaus. Wenn du schon mal stationär im Krankenhaus warst, nicht aufstehen durftest oder konntest und ein Kerl bist, dann kennst du die Dinger. Offiziell heißen sie »Urinflaschen«.

Aber selbst wenn du auf der Baustelle so eine Flasche hast, wo kippst du sie aus? Ja, da ist im Rohbau im Badezimmer der Rohrstutzen fürs Toilettenabwasser in der Wand. Nur versuch' mal, da nichts danebenzukippen.

Wenn du dich jetzt fragst, was ich hier dieses unappetitliche Thema ausbreite: Ganz viele tolle Erfindungen beruhen auf unappetitlichen Themen. Die Toilette mit Wasserspülung zum Beispiel. Oder Anti-Schimmel-Spray. Alle diese Dinge lösen Probleme, die eklig sind. Es sind Lösungen dafür.

Und mir verdankt die Menschheit eine Lösung für das Pinkelproblem im Rohbau. Wobei das gar nicht mein Ziel war, es war ein Nebeneffekt. Mein Ziel war ein anderes.

200 Quadratmeter Parkett hinüber

Mir ging es um ein ganz spezielles technisches Problem. Also. Stell dir ein Bad im Rohbau vor. Kahle Wände, Rohrstutzen ragen aus der Wand. Gewindestangen ragen raus, an denen du später das Waschbecken oder auch das WC befestigen willst – zu denen komme ich auch gleich noch.

Hast du das Bild? Gut. Dann weißt du, dass der Spülkasten bei der Toilette heute meistens unter Putz verbaut wird. In älteren Häusern oder wenn das Geld fehlt oder wenn genug Platz ist oder wenn es egal ist, ist der Spülkasten oft im Raum, quasi zum

Anlehnen, wenn jemand auf der Toilette sitzt. Aber »state of the art« ist es heute, den Spülkasten in die Wand zu montieren. Oder besser: hinter die Wand. In die Mauer.

Wie prüfst du, ob ein Spülkasten unter Putz dicht ist?

Und da muss ich dir die Geschichte von der Tanzschule erzählen.

Es war einmal eine Tanzschule, die hatte Urlaub. Da war im Sommer wochenlang nichts los. Und es begab sich, dass in der Wohnung über der Tanzschule ein Spülkasten unter Putz verbaut war. Ich weiß das, weil ich diesen Spülkasten seinerzeit eingebaut habe. Das war so, dass du den Spülkasten einsetzt, alles festschraubst mit Dichtungsringen und vollem Programm, und dann mal die Spülung betätigst. Wenn die funktioniert und nirgendwo anders als aus der Öffnung zur Toilette Wasser rauskommt, sagst du mit deinem Handwerkerblick: »Passt.« Und dann mauerst du die Wand zu.

Das ging auch jahrelang gut in der Wohnung über der Tanzschule. Bis zu dem erwähnten Sommer. In der Wohnung über der Tanzschule war während der Ferien durchaus was los, da wurde auch die Toilette eifrig genutzt. Und der Spülkasten. Und das Wasser darin.

Als die Besitzer der Tanzschule aus ihrem wohlverdienten Urlaub zurückkamen, hatten sie eine Katastrophe vor Augen: Der ganze Tanzboden, 200 Quadratmeter Eichenparkett, war nass, aufgequollen und gewellt. Wie im Wald sprossen Pilze. Die Feuchtigkeit und die sommerlichen Temperaturen hatten die Tanzschule in einen dampfenden Komposthaufen verwandelt. Jetzt nach den Ferien wieder den Betrieb aufnehmen? Keine Chance.

Der Boden war hinüber, die Wand war nass, die nächsten Wochen konnte da kein Tanzunterricht stattfinden – Versicherungsleute wissen, was da alles dranhängt. Zuallererst hatten wir es mit einem Haftpflichtschaden zu tun. Dazu kam der Verdienstausfall, und und und.

Und wer war der Böse beziehungsweise Dumme? Ich. Denn ich hatte die Toilette installiert.

Natürlich war die Wasserquelle schnell entdeckt: Das Wasser kam irgendwo aus der Wand an der Toilette. Ich rückte an mit Kollegen und schwerem Gerät, und wir brachen die Mauer raus. Und dann kommt ein ganz entscheidender Moment: Du musst dir alles genau anschauen.

Hier war klar: Der Spülkasten hatte unten einen Riss. Unten, also quasi an dem üblicherweise leeren Abflussrohr, war – kaum zu sehen – ein sogenannter Haarriss, also so fein wie ein Haar. Und von diesem Haarriss aus bahnte sich bei jeder Spülung das Wasser den Weg nach unten, unerbittlich durch die Wand. Jeden Tag eine Kaffeetasse voll.

Wie sagte mir ein Feuerwehrmann? Feuer kannst du löschen, Wasser bleibt. Auch der Physiker Isaac Newton (1642–1726) wusste: Alles strebt nach unten. Das gilt blöderweise auch für Wasser.

So ein Haarriss entsteht nicht mal eben im laufenden Betrieb, nur weil ständig jemand spült. Der Haarriss war vorher schon da. Und so ein Defekt kommt vor, wenn ein Spülkasten schon von vornherein einen Mangel hat oder auch wenn irgendein Handwerker von der anderen Seite der Rigips-Wand ein bisschen zu tief bohrt. Da merkst du oft nichts. In der Wohnung über der Tanzschule jedenfalls war klar: Wir hatten es mit einem Spülkasten zu tun, der schon von Anfang an einen Schaden hatte. Die Wand war seit Jahren nass, und jetzt kam das Wasser durch.

Der Großhändler ließ den Spülkasten verschwinden

Später im Buch komme ich ja noch zu der Art und Weise, wie manche Geschäftsleute mit Paragrafen, Geld und Geschäftspartnern umgehen. Erst mal war in Sachen Tanzschule eigentlich klar: Der Mangel war bereits bei der Lieferung des Wasserkastens vorhanden. Und da bei der Schadenregulierung im Rechtsstaat das Verursacherprinzip gilt, wäre eigentlich der Hersteller dran gewesen. Oder der Großhändler, der mir das defekte Teil verkauft hat.

Und da sind wir bei einem der Fehler, die ich so in meiner Laufbahn gemacht habe, und aus denen die Nachwelt gerne lernen darf: Ich habe den Spülkasten dem Händler überlassen und ihm gesagt, er soll ihn bitte reklamieren. Denn da ist ein Haarriss drin. Besser hätte ich den Spülkasten behalten – er gehörte ja immerhin zum Eigentum der Wohnung über der Tanzschule. Und besser hätte ich ein paar Detailfotos des Haarrisses gemacht, die ich dem Händler dann überlassen hätte. Aber ich habe in dem Moment eben nicht mitgedacht und habe den ganzen Spülkasten mitsamt Haarriss rausgerückt.

Beweise immer sichern! Es ist nicht klug, etwas aus der Hand zu geben, was dich entlasten kann.

Und wie durch einen merkwürdigen Zufall, so gar nicht zu erwarten, war der Spülkasten plötzlich weg. Er war wie vom Erdboden verschluckt. Ich habe mehrmals beim Großhändler nachgehakt, aber der Spülkasten war verschwunden. Wir haben die Wohnung zwar repariert und einen neuen Spülkasten eingebaut, aber der alte, ursprüngliche Kasten mit dem Haarriss, der ja nun ein Beweismittel war, der muss irgendwie zum Mond geflogen sein.

Eins plus eins macht zwei, denke ich mir heute. Klar! Das hätte ich mir vorher ausrechnen können. Und so blieb der Ärger wieder an mir hängen. Immerhin hatte ich Glück und meine Haftpflichtversicherung hat den Schaden bezahlt. Es ging um 50.000 Euro für die Trocknung der Wände und einen neuen Tanzboden für die Tanzschule plus Einnahmeausfall.

Wie eine nicht vorhandene Toilette testen?

Und jetzt willst du wahrscheinlich wissen, was die Tanzschulgeschichte mit der Frage zu tun hat, wo Bauarbeiter und Handwerker pinkeln gehen. Tja! Manchmal finden Dinge auf eine Weise zusammen, die uns erst später logisch erscheint.

Schon lange habe ich mich als Installateur über den Toilettennotstand in Rohbauten geärgert. So ein typischer Handwerker-Ducato hat ja nun keine Toilette eingebaut wie ein Wohnmobil. Ich dachte mir: Es müsste doch möglich sein, in einem Rohbau irgendeine Art von Abfluss zu legen. Abflüsse sind ja technisch gesehen genügend da: Sie sind von der Erschließung des Grundstücks her schon vorhanden und ragen auch schon ins Gebäude.

Nach der Spülkastenkatastrophe mit der Tanzschule fiel dann der Groschen. Und zwar schrittweise. Erst habe ich mich gefragt: Wie lässt sich ein eingemauerter Spülkasten auf Dichtigkeit prüfen? Ich habe darauf herumgedacht und mir klargemacht: Wenn der Spülkasten selbst einen Riss hat, fließt das Wasser daraus ständig raus. Darum bleibt das Einlaufventil oben immer offen. Ein defekter Spülkasten als solcher zieht also ständig Wasser, denn er will ja voll sein. Erst wenn der Spülkasten voll ist, bittet der Schwimmer das Ventil, es soll zumachen. So einen Fehler erkennst du schon daran, dass das Ventil den Wasserzufluss nicht abstellt. Es rauscht die ganze Zeit.

Was aber, wenn das Rohr unten am Spülkasten einen Haarriss hat, den niemand sieht? Also das Rohr, durch das nur Wasser fließt, wenn jemand spült? Auch dann dringt das Wasser erst durch den Haarriss nach außen und fließt an der Außenwand des Spülkastens nach unten. Der Auslauf eines Spülkastens ist so gut wie immer unten angebracht, nicht an der Seite. Der Auslauf befindet sich an der tiefsten Stelle. Das heißt, das Wasser fließt an der Außenseite des Rohrs runter.

Falls du dich schon mal mit einem undichten Syphon unter dem Waschbecken herumgeärgert hast, dann ist das da genauso: Das Wasser tropft an der Außenseite des Rohrs herunter. Das Wasser ist nicht im Rohr, wo es hingehört, sondern außerhalb. Das ist ja das Ärgerliche.

Von dieser Erkenntnis bis zur Patentanmeldung sind es natürlich noch ein paar Schritte. Ein Gedanke war da, noch nicht mal eine Idee. Da waren Überlegungen zur grundsätzlichen Funktionsweise des Spülkastens und zum Weg des Wassers im Falle einer Beschädigung. Dass das Problem ein Problem ist, war klar: Ein Spülkasten ist immer voller Wasser. Er ist so gebaut, dass er automatisch wieder vollläuft, wenn er geleert wurde. Und dann gibt es auf Baustellen jede Menge Fehler.

Stell dir einen Spülkasten in einer Rigipswand vor – das sind diese dünnen Innenwände, die heute oft in Häusern verbaut sind. Wenn da jetzt auf der andere Seite jemand ein Loch reinbohrt, hast du den Schaden. Als Handwerker merkst du das aber nur, wenn Wasser rausspritzt. Wenn nicht, dann nicht. Wenn einer eine Schraube reindreht, die sich in den Spülkasten reindrückt, spritzt da erst mal nichts. Das Ganze scheint stabil, wie wenn du eine Schraube in einen Autoreifen reinschraubst. Aber irgendwann ist eben Schluss: Durch den Kontakt mit Wasser und Luft im Spülkasten beginnt die Schraube zu rosten. Und wenn die Schraube korrodiert, dann zersetzt sie sich langsam. Und irgendwann hält sie beim Autoreifen die Luft nicht mehr und beim Wasserkasten das Wasser nicht mehr.

Deutschland gilt als gründlich. Und trotzdem geschehen auf deutschen Baustellen jede Menge Fehler.

Wie lässt sich prüfen, ob ein Spülkasten dicht ist? Eine eher rustikale Antwort im Rohbau wäre: einfach spülen – dann schwappt das Wasser durch den Rohrstutzen aus der Wand in den Raum. Tja. Ob sich da genau beobachten lässt, ob eine winzige Menge Wasser außerhalb des Rohres herunterläuft? Außerdem ist dann der ganze Raum überschwemmt, denn ein einzelner Eimer fängt das ja auch nicht sauber auf.

Das Wasser nimmt den Weg, den es nimmt

Jetzt könnte man vermuten, eine Undichtigkeit zeigt sich spätestens dann, wenn die Toilette montiert ist. Ähm – nein. Wenn die Toilette montiert ist, siehst du nur das Wasser das Klo runterrauschen. Das Wasser außerhalb des Spülkastens, das durch die Undichtigkeit herausgedrungen ist, siehst du nicht. Es läuft zwar wie beschrieben erst mal außerhalb des Rohrs in Richtung Toilette, dringt aber dann nicht durch die Wand. Denn zwischen Rohr und Wand hat der Installateur keinen Abstand gelassen, diese Stelle ist zu. Also fließt das Wasser aus der Undichtigkeit in die Wand. Ins Mauerwerk. Und dadurch dann möglicherweise durch die Decke in eine Tanzschule. Wasser nimmt den Weg, den es eben nimmt. Am liebsten abwärts.

Also: Das Wasser fließt außerhalb des Spülkastens, aber innerhalb der Wand. Wie findest du als Installateur diesen Fehler?

Ich hatte keinerlei Ansatz.

Das ist übrigens der Moment, in dem viele schon alles hinwerfen. Sie sagen: »Es geht halt nicht.« Die Leute geben viel zu früh auf! Ich will nicht sagen, dass etwas nicht geht, sondern ich will fragen, wie es geht. Die Fähigkeit, meine Gedanken zu stoppen, wenn sie unsinnig sind, habe ich auch. Aber wenn ich noch nicht weiß, ob ich mich verrenne, denke ich weiter.

Gedankenblitz: ein Dummy für die Toilette.

Und hier war ich angefixt. Da war ein Problem, das ich lösen wollte. Ich wusste: Wenn ich ein System entwickeln würde, mit dem sich prüfen lässt, ob der eingemauerte Wassertank einer Toilettenspülung dicht ist, dann würden sich damit Wasserschäden in Millionenhöhe vermeiden lassen.

Der Gedankenblitz war dann, die noch nicht montierte Toilette durch eine Art Dummy zu ersetzen. Also nicht durch ein Modell einer Toilette in Originalgröße, so wie es Panzerattrappen gibt – das meine ich nicht. Der Begriff »Dummy« bezieht sich hier nur auf die Funktion des Wasserzulaufs. Meine Überlegung war: Wenn ich den Toilettenzulauf und den Toilettenablauf miteinander verbinde, kann ich die Spülung testen, ohne dass dabei das Wasser in den ganzen Raum spritzt.

Du hast oben ein 50-Millimeter-Rohr und unten ein 100-Millimeter-Rohr, das ist bei allen Toiletten hierzulande gleich, weil genormt. Also habe ich ein U-Rohr gebaut, das am einen Ende auf den 50-Millimeter-Zufluss passt und am anderen Ende auf den 100-Millimeter-Abfluss. Sozusagen ein auf der Seite liegendes U mit einem dünnen Arm oben und einem dicken Arm unten. Beide Seiten sind schön mit Dichtungsringen am Zu- und Abfluss für die Toilette festgeschraubt.

Wenn du jetzt die Spülung betätigst, rauscht das Wasser aus dem 50-Millimeter-Zufluss in den dünnen Arm dieses U-Rohrs und nach zwei Kurven in den dicken Arm und durch den 100-Millimeter-Anschluss direkt ins Abwasser. Wenn dann irgendwo am Spülkasten was undicht ist, wirst du wie bei deinem kaputten Syphon unter dem Waschbecken irgendwann einen Wassertropfen sehen. Und zwar an der Außenseite des Rohrs.

Der Trick ist jetzt, dass wir das nicht nur ein einziges Mal testen und dann denken, wir hätten jeden Fehler ausgeschlossen. Nein – wir befestigen an jeder Toilette im Rohbau so ein U-Rohr, und zwar für die gesamte Rohbauphase. Bis eben die Toiletten montiert werden. Bis dahin betätigen wir die Spülung übers U-Rohr immer wieder. So wird sich im Falle einer Undichtigkeit irgendwann Wasser zeigen.

Und das passiert oft! Zum Beispiel weil viele Handwerker dann doch immer wieder vergessen, an der Unterseite des Spülkastens die Rollringe einzusetzen. Viele Installateure bauen die Abwasserleitung unten an und nehmen die Rollringe erst mal raus, weil sich das Ganze so leichter zusammensetzen lässt. Nur ist das Ganze dann ohne Rollringe eben undicht. Das sieht eine Zeitlang so aus, als ginge es gut, aber irgendwann kommt der Wasserschaden. Und das lässt sich mit dem U-Rohr vermeiden.

Dieses U-Rohr, das während der Rohbauphase die Toilette ersetzt, habe ich »Prüffix« genannt. Denn damit lässt sich fix prüfen, ob ein in der Wand montierter Spülkasten dicht ist. Die Dichtigkeit zu prüfen, ist nach DIN 1986-3 ohnehin Pflicht bei Ab–wasseranlagen – und mit meiner Erfindung wurde das wesentlich einfacher. Prüfen, fixieren: Prüffix war geboren.

Der Prüffix als Behelfstoilette

Und jetzt schließt sich der Bogen zum pinkelnden Handwerker. Ich habe mir gedacht: Wenn ich jetzt schon so ein auf der Seite liegendes U-Rohr an der Wand habe, dann kann ich doch oben – also auf der Höhe des Zuflusses – noch einen Stutzen montieren. Sozusagen eine Öffnung, die ich mit einem Deckel zuschrauben kann wie einen Kanister oder auf die ich andere Dinge montieren kann. Zum Beispiel einen Schlauch, wenn ich irgendwo etwas abpumpe. Oder einen Trichter. So lassen sich alle möglichen Flüssigkeiten im Rohbau problemlos wegspülen.

Weißt du, auf wie vielen Baustellen mein Prüffix inzwischen mitsamt dem Trichter montiert ist? Der Trichter als direkter Weg ins Abwasser hilft auf der Baustelle ungemein! Wie oft ist Restwasser im Eimer, das chemisch gesehen durchaus ins Abwasser darf, aber wegen Sandrückständen einen ordentlichen Rohrdurchmesser braucht? Wie oft kippen Bauarbeiter das Zeug bisher in nagelneue Dusch- oder Badewannen, von denen der Bauherr erwartet, sie seien nicht gebraucht? Genau das ist durch den Prüffix nicht mehr nötig. Durch den Prüffix hat der Rohbau jetzt einen Baustellenabfluss.

Der Prüffix rettet außerdem Leben und vermeidet jede Menge Gehirnoperationen: Er verhindert, dass sich der Estrich- und der Fliesenleger an den fiesen Metallenden der Stehbolzen den Kopf anschlagen – der Fliesenlegerschädel rammt jetzt sanft gegen ein U-Rohr aus Kunststoff. Und: Der Prüffix fixiert die Zu- und Ableitungsrohre der Toilette fest mit dem Spülkasten. Da verschiebt sich nichts mehr, und entsprechend muss später auch nichts mehr zurechtgebastelt werden.

In der DDR gab es dann mal ein Plagiat, aber was willst du da machen? Da gab es vom Westen aus keinerlei Handhabe.

Das Allerwichtigste jedenfalls war dank Trichter: Tausende Handwerker und Bauarbeiter müssen nicht mehr in die Kneipe gehen. Wenn das dann auch den Brüdern und Schwestern im Osten geholfen hat, soll's mir recht sein.

Erfindungen lösen Probleme

Der Prüffix ist eine Erfindung, die klassisch aus einem Problem heraus entstanden ist. Die frühere Situation auf den Baustellen können wir »Problem« nennen. Das klingt für Managertypen negativ, das mag sein, aber für Leute wie mich sind Probleme eine Fundgrube. Denn Erfindungen lösen in aller Regel Probleme.

Die meisten Erfindungen sind wegen eines Problems entstanden. Sie bieten die Lösung.

Wir Handwerker ärgern uns oft über Hindernisse und Schwierigkeiten auf der Baustelle, und wie andere Probleme lassen sich auch solche Probleme oft lösen. Und weil ich eben Installateur bin und mich mit Bad, Wasser und Heizung befasse, entstammen meine Ideen und Erfindungen eben diesem Handwerk. Wäre ich Lkw-Fahrer oder Zoodirektor, würden mir vermutlich andere Dinge einfallen.

Der Punkt ist einfach: Wie beharrlich denkst du mit? Wie konsequent denkst du weiter? Lässt du dich von anderen runterziehen, weil die sagen, du verrennst dich in eine spinnerte Idee – obwohl diese anderen gar keine Ahnung davon haben, was eine gute Idee ausmacht und wie man eine Erfindung auf die Beine stellt?

Der Prüffix ist übrigens auch eine beispielhafte Geschichte dafür, dass eine Erfindung für sich alleine erst mal gar nichts bringt. Also gut: Ich habe eine Konstruktion erfunden, mit der du das 50er Rohr vom Spülkasten mit dem 100er Rohr in Richtung Abwasser verbindest. Das schafft Stabilität. Und du siehst, ob der Kasten dicht ist. Und mit dem Trichter ersetzt das Ganze während der Rohbauphase das WC. Der Prüffix ist eine Art Dummy, ein Stellvertreter für das WC selbst. Damit kann man sogar nachspülen.

Alles hübsch. Aber damit ist so eine Erfindung noch lange nicht auf dem Markt.

Als Erfinder musst du nicht nur erfinden. Du musst auch mit denen klarkommen, die deine Erfindung zum Erfolg bringen sollen.

Natürlich gibt es Unternehmen, die sich für solche Erfindungen grundsätzlich mal interessieren. Bei einem bekannten Hersteller von Armaturen war ich so weit, dass die Firma den Prüffix mit jedem Spülkasten ausliefern wollte. Was ja auch clever ist, weil sich damit jede Menge Haftungsprobleme vermeiden lassen. Der Geschäftsführer und ich waren uns im Grundsatz einig, wir waren kurz davor, den Vertrag zu machen.

Weißt du, woran es gescheitert ist? An einem Geschäftsführerwechsel. Der Nachfolger wollte von dem Prüffix nichts wissen. Jetzt, wo das Patent abgelaufen ist, ist meine Erfindung natürlich im Programm.

Es hängt immer an den Menschen, ob etwas passiert oder nicht. Die Erfindung selbst ist gar nicht so sehr das Entscheidende. In allererster Linie muss das Menschliche stimmen: Du als Erfinder musst mit denjenigen klarkommen, die deine Erfindung multiplizieren sollen. Mit deinem Patentanwalt, mit den Leuten vom Patentamt, mit den Entscheidern in der Industrie, mit potenziellen

Geschäftspartnern und Investoren. Wenn es menschlich nicht klappt oder wenn du dich ständig querstellst, weil du halt ein Querkopf bist, dann stellt sich wahrscheinlich kein Erfolg ein.

Und beim Beispiel mit dem Geschäftsführerwechsel siehst du vor allem: Oft sind es richtig blöde Dinge, simpelste Banalitäten, durch die ein Erfolg eben nicht zustande kommt. Das ist nicht die große Verschwörung oder du bist das arme, unentdeckte Genie, sondern da hat einfach jemand keinen Bock. Frei nach »Hanlons Rasiermesser«: »Schreibe nicht der Böswilligkeit zu, was durch Dummheit hinreichend erklärbar ist.«

Die Lottoscheckkarte

Oder lass mich von einer anderen Erfindung erzählen, genauer gesagt: von meiner ersten Erfindung. Als junger Typ habe ich gerne Lotto gespielt. Das war damals mit viel Schreibkram verbunden, und abends war am Kiosk immer eine Schlange. Als Lottospieler, der es eilig hat, ist die Warterei ärgerlich. Zugleich ruft ein Mensch mit Erfindergeist erst mal freudig: »Hurra, ein Problem!« Und fragt sich: »Ob ich die Erfindung erfinde, die es lösen kann?«

Jetzt kannst du die Wartezeit am Kiosk auf verschiedene Weise verkürzen: Du kannst dich vordrängeln, das hat mit dem richtigen Körperbau und der richtigen Lederjacke damals gut funktioniert. Allerdings ist das nicht nett. Oder du bringst die Wartenden einfach um. Das geht auch, allerdings ist das nicht legal und ebenfalls nicht nett. Beide Wege bringen dich auf Dauer in Schwierigkeiten.

Eine weitere Möglichkeit ist der sogenannte Workaround. Das ist Englisch und heißt: Du umgehst das Problem. Du lässt es bestehen, also löst es eigentlich nicht, und gehst einfach einen anderen Weg, der ebenfalls zum Ziel führt. Du könntest also sagen, du hörst mit dem Lottospielen auf. Vom Ergebnis ist es meistens das Gleiche: Ob du nun Lotto spielst oder nicht, das große Geld wirst du damit wahrscheinlich nicht machen.

Oder aber du schaust dir das Problem ganz genau an und löst es wirklich. Also das Problem selbst. Ohne es zu umgehen oder die Leute umzubringen.

Und so etwas habe ich erfunden.

Dazu habe ich mir eine ganz bestimmte Frage gestellt: Warum dauert es eigentlich so lange am Kiosk? Die erste, oberflächliche Antwort lautet: weil so viele Leute Lotto spielen wollen. Das ist ein Zustand, den du schwerlich ändern kannst. Also müssen wir anders fragen: Was genau bewirkt denn, dass es so lange dauert? Und hier ist die Antwort schon konkreter: der Umstand, dass alle mit einem Kugelschreiber sehr langsam ihre Kästchen ankreuzen. Da sind Typen dabei, die verschreiben sich sogar bei sowas und fangen von vorne an. Außerdem musstest du damals noch deine Adresse auf den Lottoschein schreiben – kurz: Das Schreiben hat für Verzögerungen ohne Ende gesorgt.

Damit war ich schon auf dem Weg zur Lösung: Es ging nicht darum, die Anzahl der Lottospieler zu reduzieren, sondern es ging darum, entweder schneller zu schreiben oder das Schreiben durch etwas zu ersetzen. Siehst du, wie systematisch das laufen muss, wenn du eine Erfindung machen willst, die ein Problem löst?

Wenn du schon ein Weilchen hier auf dieser schönen Erde lebst, dann könntest du dich daran erinnern, wie die ersten Kreditkarten funktioniert haben. Die meisten heutigen Kreditkarten funktionieren immer noch so: Du siehst darauf, dass die Kreditkartennummer erhaben ist. Das heißt, die Zahlen sind nicht einfach aufgedruckt, sondern sie sind fühlbar. Zwar nicht in Blindenschrift, aber so ähnlich. Erhaben eben. Der Sinn des Ganzen: Man hat die Karte in einem Gerät unter einem dünnen Butterbrotpapier mit Durchschlagpapier eingespannt und hat den Bügel drübergezogen. Hin und zurück, ritsch-ratsch. So hat sich die erhabene Kreditkartennummer auf den Beleg gedruckt.

Also musst du eigentlich nur eine Plastikkarte konstruieren, auf der deine Kreuzchen erhaben schon vorhanden sind. Dann musst du am Kiosk nur noch ritsch-ratsch deine Kreuzchen – und vielleicht sogar deine Adresse – auf den Lottoschein pressen. Und dann trägst du eben ein, ob du für eine Woche spielst oder für zwei.

Eine Erfindung, die niemand kennt, vermisst auch niemand. Ganz egal, wie genial sie ist.

1989 habe ich die Karte noch einmal erneuert: Sie bekam hinten einen Magnetstreifen. Das war eine Zeit, in der viele immer noch nicht wussten, wie »Computer« geschrieben wird. Der Lottozettel wird gespeichert und der Spieleinsatz gleich abgebucht.

Und da sind wir jetzt an dem Punkt, an dem du Partner brauchst. Wie soll ich diese Karte produzieren lassen? Das Patent kann ich anmelden, klar, aber die Karte selbst herzustellen, da warst du mit 200.000 Mark dabei inklusive Gerät zum Einspannen und dem ganzen Mechanismus.

Entsprechend ging die Geschichte weiter: Ich habe meine Lottoscheckkarte als Patent bei einer Lottozentrale vorgestellt. Und drei Jahre später – sieh mal einer an – kam die Lottoscheckkarte raus mit den Daten des Spielers. Das Patent lief ja drei Jahre, ich habe es dann verfallen lassen, indem ich einfach die jährliche Patentgebühr nicht mehr überwiesen habe. Und zack, war das Ding erhältlich.

Ich bin da im Rückblick gar nicht mehr so sauer wie damals: Da bezahlst du jedes Jahr einen vierstelligen Betrag alleine dafür, dass du das Patent hältst, und die Leute, die es brauchen können, winken einfach ab. Dann lässt du das Patent verfallen, weil du keine Lust mehr hast zu warten, bis sich ein Unternehmen dazu herablässt, deine Idee aufzugreifen – und dann machen sie es halt selbst.

Was willst du tun? So ist es halt, das ist der Markt. Niemand muss den Deal machen. Ich würde auch kein Geld für etwas ausgeben, was ich nicht so nötig brauche. Es besteht ja kein Druck, also behalte ich mein Geld bei mir. Oder? Würde jeder so machen. Du auch, richtig? Du gibst auch kein Geld für etwas aus, das du nicht brauchst und das niemand vermisst, weil es keiner kennt. Die Lottospieler haben die Karte überhaupt nicht vermisst, sie hatten ja keine Ahnung davon. Sie haben weiter Schlange gestanden und dann mit dem Kugelschreiber ihre Kästchen angekreuzt.

Und das ist eben ein weiterer Lerneffekt, durch jede Menge Lehrgeld bezahlt. Meine Lehre war längst vorbei, und trotzdem habe ich im Laufe meines Lebens noch Hunderttausende von Mark und Euro an Lehrgeld bezahlt. Hier habe ich gelernt: Wer keine Not und keine Eile hat, gibt kein Geld aus. Und: Damit eine Erfindung wirklich erfolgreich wird, sollte sie ein möglichst großes Problem im Hier und Jetzt lösen – und sie sollte einfach zu produzieren sein. Ohne sechsstellige Herstellungskosten für einen Prototypen.

Vielleicht hätte ich es klüger anstellen können. Tja. Das sind eben auch so die Sprüche derjenigen, die hinterher sagen, sie hätten es vorher schon gewusst. Ja, kann ja sein. Nur musste ich diese Erfahrung eben auch machen. Der Lerneffekt stellt sich immer erst im Nachhinein ein, heutige Unternehmen sagen dazu »lessons learned«. Hinterher sind wir alle schlauer. Und wer kein spannendes Leben führt und keine Risiken eingeht, erfindet halt auf der anderen Seite auch keine Abfluss-Fee. Und keinen Heizkörper-Dummy und keine Fliesenfix-Schablone. So.

Der Heizkörper-Dummy

Der Heizkörper-Dummy ist auch ein schönes Beispiel. Er löste ein anderes tolles Problem, nämlich die Montage von Heizkörpern im Rohbau. Oh, was war das für ein wundervolles Problem!

Worin besteht das Problem? Im Grunde darin, dass der Arbeitsablauf bei der Heizkörpermontage nie so richtig durchdacht war. Und das tatsächlich auch bei uns, in Deutschland, wo wir doch weltweit so berühmt sind für unsere Ingenieurleistungen und unsere Prozesse. Aber tatsächlich sind eine ganze Menge Abläufe auch bei uns schlicht improvisiert. Das merke ich schon, wenn ich bei Freunden zu Gast bin und auf der Gästetoilette an der Heizung sehe, dass die Blende für das Vorlaufrohr die Blende des Rücklaufrohrs überlappt, weil der Installateur eben keine kleine Doppelmanschette da hatte, die es im Netz für 2,15 Euro plus 5,90 Euro Versandkosten gibt. Dabei liegen die Rohre bei kleinen Heizkörpern immer so eng beieinander – das ist bekannt und damit könnte man rechnen.

Auf vielen Baustellen stauben nagelneue Heizkörper wochenlang ein – völlig unnötig.

Bei der Installation von Heizkörpern hast du das Problem der Improvisation quasi serienmäßig: In nahezu jedem Rohbau nutzen die Installateure nagelneue, soeben gelieferte Heizkörper, um die Montageanschlüsse und die Rohre in der Wand richtig zu justieren. Natürlich gibt es da Maße, aber in der Praxis musst du das einpassen. Die Maße sind auf dem Plan verzeichnet, das kannst du auf die Wand und auf den Boden übertragen, ist schon klar, aber unter dem Strich bist du mit Zollstock und Bleistift niemals so genau, wie wenn du einfach den Heizkörper zum Einpassen verwendest. Und das ist besser als ein Loch in der Wand, das um einen halben Millimeter schief sitzt.

Also klemmt der Installateur den nagelneuen Heizkörper an die Wand und richtet anhand dieses Originalteils die Aufhängung und die Rohre aus. Wenn das alles montiert ist, nimmt er den Heizkörper wieder runter, damit der Verputzer und der Maler an die Wand rankommen. Bis die kommen, kann es noch eine Weile dauern, vorher muss ja zum Beispiel noch der Elektriker durch, wenn er noch nicht da war. Und so lange steht der Heizkörper eben im Weg, oft wochenlang. Tausende von nagelneuen Heizkörpern verstauben auf der Baustelle. Ich weiß auch, dass sie in Plastikfolie eingeschweißt sind, aber glaube mir: An wenigen Stellen ist die Folie offen, damit der Installateur die Heizkörper ausrichten kann, und durch diese Löcher kommt der Baustellenstaub rein. Am Ende ist der ganze Heizkörper verdreckt.

Vielleicht hast du es auch schon erlebt, dass die Heizkörper beim Einzug in einen Neubau oder in ein saniertes Haus noch verpackt waren. Sie sind an die Wand montiert, aber sie sind eben noch verpackt. Dann soll also der Eigentümer oder Mieter die Folien entfernen? Das kann ich nicht durchgehen lassen. Der Bauträger hat das Haus bezugsfertig zu übergeben, und dazu müssen die Heizkörperverpackungen runter. Das Problem ist nur: Die sind zu faul. Weil sie genau wissen, welcher Dreck unter der Folie lauert. Wer die Heizkörper auspackt, darf sie auch gleich absaugen und feucht wischen. Wenn sie nicht auch noch Schäden haben durchs Im-Weg-Stehen, denn natürlich rempeln Arbeiter da auch mal dagegen oder werfen einen um.

So läuft das auf deutschen Baustellen: Ständig steht man sich im Weg, ständig laufen einem andere Gewerke über die Füße. Ich weiß, dass es »Lean Management« gibt, zu deutsch: »Schlankes Management«, das ohne diesen Ballast auskommt. Dabei sind die Prozesse möglichst so optimiert, dass niemand im Weg steht. Beim Hausbau bedeutet das: Alle Arbeitsschritte sind durchdefiniert. Absolut sinnvoll ist es zum Beispiel, dass der Elektriker zwei Mal anrückt: einmal um die Leitungen zu legen und die nackten Steckdosen und Schalter in der Wand einzubauen – und dann noch mal, wenn die Wände gemalert sind, um die Blenden anzubringen. Du weißt ja sicher, wie es hinterher aussieht, wenn jemand eine Wand malert, ohne vorher die Steckdosenblenden abzunehmen.

Und auch bei optimierten Prozessen darf ich dir aus Erfahrung sagen: Am Ende klappt es nicht. Jedenfalls nicht in der geplanten Perfektion. Irgendwas ist immer. Und wenn es ein fehlendes Teil ist, das ein Handwerker einfach vergisst und damit den ganzen Ablauf aufhält. Oder der Elektriker ist krank für ein paar Wochen, und du kriegst keinen anderen – dann machen so lange die anderen Gewerke ihren Job, und damit stimmt die Abfolge nicht mehr.

Wieder haben wir es mit netten theoretischen Überlegungen zu tun, über die zumindest meine Erfahrung sagt: Am Ende zählt die Praxis, und da funktionieren viele Dinge eben nicht. Und ständig kommt etwas dazwischen. Es gilt halt tatsächlich »Murphys Gesetz«. Der amerikanische Luftwaffeningenieur Edward A. Murphy (1918–1990) hat irgendwann festgestellt: »Wenn es mehrere Möglichkeiten gibt, etwas zu tun, und eine davon schiefgehen kann, so wird jemand diese Möglichkeit wählen.« Der Hintergrund war, zu überlegen, wie sich sämtliche Eventualitäten ausschließen lassen, die zu einer Katastrophe führen könnten. Heute kennen wir Murphys Gesetz so: »Alles, was schiefgehen kann, wird auch schiefgehen.«

Ein Heizkörper als Platzhalter für sich selbst?

Also hatte ich es wieder mit einem Problem zu tun, das den Erfindergeist gekitzelt hat. Ich verstehe als Praktiker, warum wir den Heizkörper zum Einpassen verwenden. Aber was heißt das eigentlich? Im Grunde nutzen wir den Heizkörper als Messgerät. Er ersetzt streng genommen den Zollstock: Die Abstände beispielsweise zwischen den Vorlauf- und Rücklaufanschlüssen sind fest, die sind definiert. Da ist zwar keine Zentimeter-Skala am Heizkörper, aber der Abstand ist trotzdem klar, eben genau durch den Abstand. Installateure auf Baustellen nutzen den Heizkörper, um die vielen definierten Maße auf die Wand und auf den Boden zu übertragen.

Wenn du jetzt immer wieder auf Baustellen mit genau diesem Problem konfrontiert bist, hast du jede Menge Zeit, um darüber nachzudenken. Und dabei musst du irgendwann den Gedanken des Metermaßes loslassen und einen Schritt weitergehen.

Anschlüsse sollten wir nicht am Originalteil einpassen, sondern an einem Dummy.

Du musst erkennen: Letztens erfüllt der Heizkörper zwei Funktionen. Am Ende, wenn das Haus fertig ist, fungiert er als Heizkörper, klar. Aber vorher, auf der Baustelle, fungiert er quasi als Attrappe für sich selbst. Korrekt? Beim Einpassen läuft kein heißes Wasser durch den Heizkörper, er erfüllt seine Funktion des Heizens nicht. Seine Aufgabe ist nur, seine eigenen Maße auf Wand und Boden zu projizieren.

Und dann kommt der nächste gedankliche Schritt im Erfindungsprozess: Warum soll denn der Heizkörper als Attrappe für sich selbst herhalten? Damit er dann wochenlang im Weg stehen und schön einstauben kann? Nein – genau das soll ja aufhören. Warum bauen wir also keinen Dummy, der erstens leichter ist und zweitens auch mal eine Macke wegstecken kann, ohne dass der Schaden gleich dreistellig wird? Wenn dir ein Heizkörper umfällt und verbeult, kannst du den nicht mehr verbauen. Das musst du dem Kunden melden, und der will sofort Ersatz.

Entsprechend habe ich einen Heizkörper-Dummy erfunden – aus Styropor-Bausteinen zum Zusammenstecken. Es sind verschiedene Einzelteile, aus denen du für jeden handelsüblichen Heizkörper ein Modell zusammensetzen kannst, in exakt den richtigen Maßen. Und diese Dummys haben dann eben an den richtigen Stellen ihre Anschlüsse. Und da stimmt der Spruch »Wir setzen neue Maßstäbe« dann auch mal endlich.

Die Arbeit ist dann entsprechend einfach: Aus den verschiedenen Dummy-Einzelteilen setzt der Installateur in jedem Raum genau den Heizkörper als Attrappe zusammen, den er dort braucht. Dann montiert er in der Wand die Anschlüsse und fixiert sie. Und dann nimmt er den Dummy wieder ab, zerlegt ihn in seine

Einzelteile und bringt sie in den nächsten Raum, in dem er eine Heizkörperattrappe braucht, um die Anschlüsse zu legen.

Damit war also ein Problem gelöst: Die nagelneuen Heizkörper standen nicht mehr im Weg herum. Gleichzeitig haben wir es hier mit einem Beispiel für eine Erfindung zu tun, bei der auf den eigentlichen Einfall noch weitere Einfälle folgen. Deswegen solltest du mit deiner Idee nicht sofort zum Patentamt rennen, sondern wirklich noch eine Weile tiefer darüber nachdenken.

Also: Der Dummy simuliert den Heizkörper, prima. Du kannst den Vorlauf und den Rücklauf der Heizung tatsächlich an den Dummy anschließen. Jetzt bin ich in meinen Überlegungen noch einen Schritt weitergegangen: Was wäre denn, wenn wir tatsächlich auch Wasser durchlaufen lassen könnten?

Heizkreise testen, die noch nicht aktiv sind? Lässt sich machen.

Wenn Baustellen nicht dein geistiges Zuhause sind, fragst du dich jetzt vielleicht: Wozu? Zu welchem Zweck sollten wir mit einer Styroporattrappe eine Baustelle heizen? Und siehst du – genau das meine ich nicht. Ich meine nicht, dass wir den gesamten Dummy mit Wasser füllen. Ich meine nur, dass wir zwischen dem Zulauf und dem Ablauf im Dummy eine dichte Rohrleitung verlegen, durch die Wasser strömen kann.

Welchen Sinn das hat? Ganz einfach: Installateure können damit die Heizkreise testen. Dazu brauchst du ja nicht mal heißes Wasser, du willst ja nur die Leitungen prüfen. Sind alle dicht? Und dazu muss das Wasser eben auch durch den Heizkörperdummy fließen. Theoretisch können Installateure das auch am Original-Heizkörper testen – aber wie kriegst du das Wasser da wieder raus? Es ist ja ohnehin eine Schlepperei mit den Heizkörpern, und wenn da jetzt noch Wasser drin ist … – du siehst, auch hier war eine einfachere Lösung gefragt, um herauszufinden, ob ein Heizkreis dicht ist. Und das ließ sich eben mit meinem Heizkörper-Dummy ganz einfach testen.

Mein Heizkörper-Dummy funktioniert tatsächlich bei den allermeisten Heizkörperanschlüssen. Jede Größe ist möglich. Es ist ein Systembaukasten mit zehn Styroporblöcken, durch die du alle Größen zusammenstecken kannst. Die Anschlüsse sind oben, unten, in der Mitte, sodass der Installateur die Blöcke so hindrehen kann, wie er sie braucht. Insgesamt sind es sechs Anschlüsse.

Der Heizkörper-Dummy hat übrigens noch einen Vorteil: Du musst nicht in Vorleistung gehen und schon bei Fertigstellung des Rohbaus 24 Heizkörper für 300 bis 400 Euro das Stück kaufen, die dann alle einstauben und Macken kriegen. Sondern du kaufst die Heizkörper erst dann, wenn der Bau trocken und staubfrei ist, wenn die Wände fertig sind. Und dann passen die Rohre, weil du sie mit dem Dummy richtig installiert hast.

Mein Heizkörper-Dummy ist von 1989, damals war es eine Revolution. Das Patent ist inzwischen verfallen. Ich hatte mit mehreren großen Heizungsfirmen gesprochen, aber niemand wollte es umsetzen. Die Installateure wollten es offenbar lieber wie gewohnt machen. Die Erfindung hat jedenfalls deutlich gemacht, dass sich dieses Problem lösen lässt, und so gibt es inzwischen entsprechende Installationsboxen.

Die Dichtmanschette

Dann ist ein Hauptproblem nahezu auf jeder Baustelle: Dichtungen sind immer Schwachstellen. Ein Rohr ist ein Rohr – wenn das niemand anbohrt und wenn nichts bricht, ist das in aller Regel dicht. Darauf können wir uns normalerweise verlassen. Aber beim Übergang zwischen zwei Rohren haben wir es mit einer Dichtung zu tun, und die müssen wir sorgfältig montieren und vor allem nach der Montage prüfen.

Also stell dir die Wasseranschlüsse in einem Bad vor, im Rohbau. Da kommt also ein Rohr aus der Wand. Der Punkt ist jetzt: Das Rohr, das aus der Wand kommt, schließt mit der Wand niemals bündig ab. Da ist immer ein Abstand. Der kann minimal sein, aber er ist groß genug dafür, dass Wasser in die Wand laufen kann.

Jetzt setzen Installateure in die Rohr-Enden sogenannte Baustopfen, um die Wasserleitung mit 10 Bar Druck auf Dichtigkeit zu prüfen. Der Baustopfen bleibt über die gesamte Rohbauphase in der Wand – erst nach dem Fliesen schraubt man ihn raus. Und hier passiert der Fehler: Schon beim Rausdrehen des Baustopfens zerstöre ich die Abdichtung, und das Wasser in der Rohrleistung läuft im schlechtesten Fall in die Wand.

Und das bekommt niemand mit, weil es nicht zu sehen ist. So etwas rächt sich oft erst später, wie bei der Tanzschule mit ihrem Parkett.

Eine Erfindung, durch die Wasser nicht mehr in die Wand läuft …

Meine Erfindung ist so einfach, dass ich mich wirklich immer wieder darüber wundere, warum das nicht schon vorher jemand erfunden hat. Vielleicht liegt es daran, dass die Leute beim Wort »Abdichten« an Füllmassen denken, vom Silikonkleber über Dichtpaste bis zum Bauschaum. Oder sie denken an einen Gummiring, den man zwischen zwei Rohren durch Zusammenschrauben zusammenpresst. Sie denken nicht an ein Kondom.

Ja, das meine ich ernst. Ein Kondom dichtet etwas ab, ohne dass wir Fugendicht brauchen oder Heißkleber.

Das Prinzip beim Kondom ist im Grunde eine Folie, die unter Spannung steht und sich einer Form anpasst. Die Folie besteht aus Gummi. Gummi spannt sich um jede Art von Rohr, ob im Rohbau oder am Mann. Und schließt dicht ab.

Also müsste man nur eine Art Kondom mit einer Führungshülse konstruieren, die das Wasser zwingt, immer vor die Wand zu laufen statt in die Wand. Man müsste das Kondom so spreizen, dass es zum einen das Rohr dicht umschließt und zum anderen die Verbindung zur Wand mit umfasst.

Jetzt kriegst du so eine Gummifolie nicht so einfach auf eine Wand geklebt. Also muss eben wieder ein Dummy her: Eine zylindrische Plastikhülse, die du über das Rohr-Ende stülpst, um dann den Baustopfen reinzuschrauben. Das Entscheidende ist, dass die Gummilippe der Erfindung das Rohr so fest umschließt, dass der Übergang wirklich dicht ist. Wie bei einem Kondom.

Geboren war die Dichtmanschette. Also ein Plastikzylinder mit einer Gummischeibe. Damit kann kein Wasser mehr vom Rohr in die Wand laufen: Es läuft außen am Rohr Richtung Wand, wenn da ein leichtes Gefälle ist, und dann läuft es an der Dichtmanschette außen herunter. Wenn also Wasser austritt, fließt es in den Raum. Es fließt keinesfalls in die Wand.

Und: Die Abdichtung findet nicht mehr am Baustopfen statt, sondern an der Hülse. So kannst du den Baustopfen bequem abschrauben, er hat keine Verbindung mehr zur Wand. Auch nachfolgende Rohrstücke wie Messingverlängerungen sind somit schallentkoppelt: Da das Rohr die Wand nicht berührt, überträgt sich kein Rauschen.

Inzwischen ist meine Dichtmanschette zum Standard geworden – sie erfüllt die DIN 18534-1. Bei Otto Haas ist sie als »OHA-DICHTFIX« im Programm. Leider hatte ich da nur noch drei Jahre lang die Patentrechte gehabt. In jedem Fall verhindert auch diese Erfindung jede Menge Wasserschäden.

Die Fliesenschablone

Und jetzt lass uns mal einen Gedanken weiterdenken. Auch hinter der Toilette sollen Fliesen an die Wand. Also müssen alle Fliesenleger Löcher in die Fliesen schneiden oder bohren. Lässt sich das vermeiden?

Ja, lässt es sich. Wie wäre es mit einer Konstruktion, die genau die Löcher vorsieht, die so viele Handwerker jedes Mal wieder gleich schneiden oder bohren?

Und das leistet meine Fliesenschablone. Sie ist eine Kunststoffplatte, in der alle Löcher für die Montage eines Wand-WCs schon vorgestanzt sind. Damit sind keine kreisrunden Löcher mehr zu schneiden.

Weißt du, wie viele Installateure sich ohne die Manschette einen Wolf zusammenschneiden, damit die Rohre am Ende durch die Wandfliesen passen? Bisher verschwenden Fliesenleger jede Menge Zeit damit, um exakt zu vermessen, wo genau die Rohre hinkommen und wo sie bohren oder schneiden müssen.

Tausende Fliesenleger machen auf tausenden Baustellen immer wieder das Gleiche, obwohl es viel schneller und auch einfacher gehen könnte. Bei größeren Projekten zeichnet ein Fliesenleger auf einer Baustelle auch mehrere Toiletten an – stell dir einfach ein Haus mit zwölf Wohnungen vor, die jeweils ein Bad und eine Gästetoilette haben. Der Fliesenleger zeichnet also 24 Mal an, wo er schneiden soll. Und dann schneidet er auch noch 24 Mal. Multipliziert mit zwei Rohren – Zufluss und Abfluss – macht das 48 Zuschnitte mit entsprechender Fehlerwahrscheinlichkeit und entsprechendem Zeitaufwand. Und ständig macht es »knack«, und eine Fliese bricht.

Warum machen so viele Handwerker immer wieder das Gleiche, obwohl es sich standardisieren lässt?

Ein Wahnsinn ist das! Die Fliesenschablone erspart den Kollegen genau diesen Wahnsinn. Und schenkt ihnen massenhaft Zeit.

Und jetzt stell dir vor, der Installateur verklebt einfach 48 Fliesenschablonen anstelle der Fliesen, in die er Löcher reinschneiden muss. Er muss nur noch gerade Schnitte ausführen – nämlich je nach Größe der Fliesen den Rand der Schablone. Und dann kann er die Schablone an die Wand kleben.

Damit ist das Problem gelöst, dass du die Wand ja auch hinter der Toilette fliesen musst, worüber Fliesenleger immer wieder fluchen. Ein Gefummel ist das, da verbiegen sich manche die

Finger. Mit der Schablone müssen die Fliesenleger nicht mal mehr was anzeichnen. Es sind alle Ausschnitte für die Vorwandinstallation eines WCs markiert. Also exakt da, wo die Rohre aus der Wand kommen, befinden sich auch die Anschlüsse.

Entsprechend brauchen die Leute keinen Diamantbohrer mehr und müssen die Fliesen auch nicht mehr mühsam mit der Zange ringsum abknabbern. Außerdem bricht keine Fliese, wenn du die Toilette anschraubst – auf die Schablone kann einfach mehr Druck wirken. Und nebenbei bemerkt gibt es weniger Ärger bei der Abnahme des Ganzen durch den Architekten.

Der Rohrschneideradapter

Oder nehmen wir meinen Rohrschneideradapter für Metallröhren-Syphons. Ein Syphon ist eine Schwachstelle in jedem Badezimmer. Die Dinger sind einfach oft nicht dicht.

Das kann viele Gründe haben – einer ist, dass die Rohr-Enden gar nicht richtig passen können, wenn sie nicht wirklich exakt kreisförmig sind. Da kann deine Gummidichtung schön rund aussehen, es klappt trotzdem nicht. Warum sind die Rohr-Enden nicht exakt rund? Weil sie sich beim Zuschneiden gerne verbiegen, wenn auch nur ganz leicht.

Versuch mal, ein Metallrohr zu schneiden, dessen Hülle sehr dünn ist und dessen Durchmesser sehr groß. Also eben ein Syphonrohr zum Beispiel. Es ist kein Problem, mit einer Metallsäge ein Heizungsrohr aus Kupfer zuzuschneiden: Da ist die Hülle sehr massiv und der Durchmesser sehr klein. Da verzieht sich beim Sägen oder Schneiden eigentlich nichts. Aber wenn die lichte Weite im Rohr sehr groß ist und die Hülle sehr dünn, dann wird es dir mit den klassischen Methoden nicht gelingen, das Rohr so zu schneiden, dass beide Enden exakt kreisförmig bleiben. Sie werden elliptisch, also oval.

Eine Metallsäge arbeitet schon mal an sich sehr unsauber. Du musst Druck ausüben, weil sonst die Zähne der Säge nicht greifen, und so drückst du das Rohr zusammen. Übrigens eine gefährliche Sache: Genau deswegen rutscht die Säge immer wieder ab, und Installateure sägen sich in die Hand.

Ein Metallschneider hat ein ähnliches Problem: Das Schneiderad übt zwar weniger Druck aus als eine Metallsäge, aber trotzdem verbiegt sich das Rohr in sich. Es verbiegt sich weniger, aber es verbiegt sich. Und wir wollen ein exakt kreisförmiges Rohr. Kein Oval.

Auch hier habe ich lange überlegt, und dann war die Lösung denkbar einfach. Sie war wieder so einfach, dass ich mich gefragt habe, warum ich nicht viel früher darauf gekommen bin. Oder warum es diese Erfindung nicht schon längst gibt.

Kommst du drauf? Du hast ein Rohr und willst verhindern, dass es sich verbiegt, wenn du es zusammendrückst. Das ist das Kernproblem.

Manchmal sind wir Menschen wirklich merkwürdig langsam im Denken. Wenn ich mich an meine Lehre erinnere, haben uns die Lehrer in der Berufsschule schon damals die Lösung vermittelt, ohne es zu wissen. Für jeden Physiklehrer ist das Prinzip hinter meiner Erfindung ein Standard, und trotzdem hat vor mir niemand diese Lösung gefunden.

Das Prinzip lautet: Druck erzeugt Gegendruck.

Hast du es jetzt?

Wir wollen verhindern, dass der Druck einer Säge oder eines Schneiderades ein Metallrohr nach innen drückt.

Jetzt hast du's, richtig? Wir müssen Gegendruck erzeugen. Das Rohr biegt sich nur deswegen nach innen, weil der Druck von außen ungehindert auf das Rohr einwirken kann. Da ist keine Kraft, die sich gegen die Säge stemmt. Wenn wir von innen her also einen Gegendruck aufbauen und das Rohr von innen stabilisieren, verbiegt sich gar nichts.

Mein Rohrschneideradapter füllt das Rohr einfach aus. So kann das Schneiderad vom Rohrschneider das Rohr nicht mehr pressen. Druck und Gegendruck ergeben null. Wir haben immer einen sauberen Schnitt und die Verletzungsgefahr massiv reduziert.

Übrigens war die Verletzungsgefahr der Ansatz der Erfindung. Ich habe erst mal gar nicht darüber nachgedacht, wie sich kreisrunde Schnitte ermöglichen lassen. Stattdessen habe ich mir in die Hand gesägt und überlegt, wie sich das künftig verhindern lässt. Der Rohrschneideradapter hat dann ein leichteres Schneiden und Sägen ermöglicht, du musst einfach nicht so stark drücken. Der Nebeneffekt war: Der Schnitt war kreisrund.

Verrückt, oder? Wenn ich ehrlich bin, wollte ich gar nicht das Hauptproblem lösen. Ich wollte einen unerwünschten Nebeneffekt beseitigen. Darauf habe ich herumgedacht, ich habe in meiner Werkstatt experimentiert, und so habe ich dann das Hauptproblem gelöst, das ich vorher gar nicht im Blick hatte.

Von meinem Rohrschneideradapter habe ich 10.000 Stück verkauft. Es gibt ihn natürlich für Rohrschneider verschiedener Größen. Wir haben das Patent dann auch noch in den USA angemeldet.

Der Universaldübel

Dann will ich dir von meinem Universaldübel berichten. Das war eine Sache, da habe ich sechs Jahre gebraucht, bis die Erfindung ein Patent wurde. Ich hatte alles entwickelt und beschrieben, aber die zuständige Prüferin beim Deutschen Patent- und Markenamt (DPMA) hat das Konzept nicht verstanden.

Erst nachdem ich persönlich mehrere Stunden dort in München war, konnte ich ihr begreiflich machen: Dieser Dübel hat keine Krallen, die sich weiten wie bei anderen Dübeln und die den Dübel nach außen in die Wand drücken, sondern die Kraft wirkt in meinem Dübel nach innen. Die Dame erklärte mir, ich solle in der Beschreibung zwei Zeilen ändern. Das habe ich gemacht, und die Sache ist durchgegangen.

Wozu braucht das Land des Fischer-Dübels noch einen Dübel? Ganz einfach: Es war mal wieder ein Problem, das jeder Installateur von zahlreichen Baustellen kennt. Stell dir vor, du willst ein Waschbecken aufhängen, und der Untergrund ist unklar. Das gibt es in vielen Häusern. Oft bestehen die Mauern aus Hohlblock: Da bohrst du erst durch Stein, dann durch Luft und dann erst nach 10 Zentimetern wieder in eine Wand. Hohlblocksteine haben verschiedene Kammern, es ist einfach was anderes als massives Mauerwerk. In vielen Häusern verlaufen die langen Gewindestangen durch Hohlraum, an denen am Ende ein WC so stabil hängen muss, dass sich auch ein Fettsack draufsetzen kann.

Gab es bisher nicht: einen Dübel, der auch in der Wand hinter dem Hohlraum greift.

Eine Gewindestange ist letztlich nichts anderes als eine elend lange Schraube. Handwerker haben da mehrere Größen im Auto und schneiden sich die Länge zu, die sie brauchen.

Mit einem herkömmlichen Dübel kommst du jetzt bei einer Hohlblockbauweise in die ersten Zentimeter, von denen du vielleicht nicht einmal weißt, wie viele es genau sind. Da schraubst du die Gewindestange rein und schaust, dass du damit das Loch hinter dem Hohlraum triffst. Und da drin, in diesem Loch in der zweiten Wand, ist kein Dübel. Wie auch soll er da reinkommen? Entsprechend sitzt das Gewinde da nicht richtig. Sagen wir mal so: Es hält irgendwie. Aber für den Anspruch, den deutsche Ingenieure klassischerweise an Qualität haben, genügt das nicht.

Eine aufwendige Lösung für das Problem ist, den Hohlraum mit einem zementartigen Bauschaum zu füllen, die Gewindestange einzuführen und das Ganze aushärten zu lassen. Allerdings ist der Vorgang sehr teuer, einmal wegen des kostspieligen Zwei-

Komponenten-Schaums und dann auch noch wegen der Gewindehülse, durch die du den Schaum überhaupt erst in den Hohlraum bekommst. Da musste ein einfacheres Verfahren her.

Hinzu kam eine weitere Überlegung: Herkömmlicherweise gibt es zu jedem Dübel die passende Schraube und umgekehrt. Das ist auch logisch gedacht: Weshalb auch sollte ein Dübel länger oder kürzer sein als die Schraube? Also gibt es im Baumarkt eben vorrangig die Kombinationen, wie du sie auch privat kennst: Dübel passend zu Schrauben, und Schrauben passend zu Dübeln.

Wenn ich zu Hause einen Badschrank montiere, genügt mir das auch. Da bohre ich vielleicht zwei Zentimeter tief, das reicht bei einer massiven Steinwand.

Aber zu einer Schraube, deren Länge du erst auf der Baustelle erfährst – welchen Dübel sollte es da geben? Ich denke, es wäre etwas viel verlangt von der Industrie, Dübel in allen möglichen Längen vorzuhalten, die man auf der Baustelle vielleicht mal brauchen könnte. Wenn du da einen Dübel von genau 72,4 Zentimetern Länge brauchst, hast du den bestimmt nicht im Auto. Denn du merkst ja erst bei der Montage, welche Länge du brauchst.

Wie gesagt: Gewindestangen gehören zur Standardausrüstung vieler Handwerker. Aber passende Dübel? Die gab es bisher nicht.

Also habe ich mich gefragt, warum die Leute sich nicht auch die Dübel auf der Baustelle zuschneiden. Und ganz im Ernst, auf diese Überlegung hätte jeder kommen können: Wenn wir schon Gewindestangen auf die gewünschte Länge zuschneiden, jede individuelle Schraube also eine Art Sonderanfertigung ist – wieso nicht auch die Dübel dazu? Ausgehend von einer Art Endlosdübel?

Der Prozess dabei ist ganz einfach: Du hast meinetwegen 20 Meter Endlosdübel auf einer Rolle im Auto, so wie andere Leute Kabeltrommeln haben. Durchmesser des aufgewickelten Dübelwurms: etwa 80 Zentimeter. Du schneidest den Dübel in der erforderlichen Länge ab, schiebst ihn in das Loch, durch den Hohlraum hindurch, meinetwegen hilfsweise mit einer reingesteckten Gewindestange mit deutlich kleinerem Durchmesser, nur zur Führung. Das fummelst du da rein, bis der Dübel wieder Halt hat.

Wenn er Halt hat und dabei nicht vollkommen schief und krumm in den Raum ragt, heißt das: Du hast das zweite Loch erreicht und damit die Wand hinter dem Hohlraum. Da schiebst du den Dübel rein bis zum Anschlag, ziehst die Hilfsführung wieder raus und schneidest den Dübel ab. Und dann drehst du die Gewindestange rein. So hat die Schraube – also die zuvor zugeschnittene Gewindestange – überall Halt. Sogar im Hohlraum, wo die Stange bisher in der Luft hing, hat sie jetzt Führung durch den Dübel.

Der Punkt ist: Herkömmliche Dübel spreizen sich nach außen auf, quasi in der Wand, im Mauerwerk. Das ist auch logisch, wenn wir uns die klassischen Holzgewindeschrauben anschauen. So eine übliche Schraube, die vorne spitz zuläuft, hat ein grobes, steiles Gewinde. Sie passt super zu einem Dübel, der sich nach außen spreizt. Aber eine Gewindestange, die ein Klo hält, hat eben ein Feingewinde – sehr flach, die Rillen sehr nah beieinander. Und da funktioniert ein Dübel wie meiner besser, der sich nach innen spreizt. Der Dübel passt also genau ins Bohrloch und klammert sich dann um die Gewindestange zusammen. Dadurch hält das auch besser.

Die Konstruktion hat 150 Prozent mehr Kraft als übliche Dübel – laut TÜV-Bericht vom 19. März 2004. Schade finde ich halt, dass Artur Fischer mir sinngemäß schrieb, sein »Dübel M« sei mit meinem Universaldübel nicht vergleichbar. Wenn dem so ist: Warum hat er meinen Dübel dann nicht ins Programm aufgenommen?

Natürlich verstehe ich: Wenn ein Produkt läuft, dann hat man als Unternehmer im Grunde keine Not mehr, es weiterzuentwickeln. Was sich über Jahrzehnte bewährt hat – weshalb sollten wir das überdenken? Zugleich finde ich es schade, dass so die Entwicklung ins Hintertreffen gerät.

Auch Stockschrauben sind übrigens nicht mehr nötig – also ein Holzgewinde auf der einen Seite für die Wand und ein Feingewinde auf der anderen Seite beispielsweise fürs Waschbecken. Mit dem Universaldübel können Installateure jetzt einfach die Gewindestangen verwenden, die sie sowieso im Auto haben.

Die Abfluss-Fee

Alle möglichen Abläufe im Bad habe ich neu gedacht. Ich habe mich mit nichts abgefunden, was so war, wie es war, weil es schon immer so war.

Du wühlst nicht gern im Schmodder? Du brauchst die Abfluss-Fee.

Was immer war, ist schon deswegen unwichtig, weil es die ganze Zeit Neuerungen gibt, Veränderungen, Innovationen. Wenn wir nur nutzen würden, was es schon immer gab, dann hätten wir keine Staubsauger, keine Kaffeemaschinen, keine Autos, keine höhenverstellbaren Schreibtische, keinen Universaldübel, keine Fliesenschablone, keine Dichtmanschette, keinen Heizkörper-Dummy und keinen Rohrschneideradapter. Denn alle diese Dinge waren irgendwann neu. Und alle diese Dinge lösen Probleme.

Wenn wir nur nutzen würden, was es immer schon gab, würden wir uns auch damit abfinden, dass sich Haare und Schleim im Abfluss sammeln. Wir würden es für ekelhaft, aber eben auch für leider unvermeidbar halten, darin herumzuwühlen und den stinkenden Schmonz mit den Fingern herauszupopeln und irgendwie in Klopapier zu schmieren und runterzuspülen, um dann den Einsatz im Abfluss durchzuwaschen und bis zur nächsten Schleim-Aktion wieder einzusetzen.

Kennst du das Problem? Dann kennst du offenbar meine Abfluss-Fee noch nicht. Und wenn du eine Lösung willst, dann bist du meine Zielgruppe und solltest nicht sagen, wir tun nur das, was wir schon immer getan haben.

Es geht um Offenheit für Neues! Für Dinge, die es noch nicht gibt. Und für Kombinationen, die es so vielleicht noch nicht gegeben hat: So verbindet die Abfluss-Fee Elemente der Mechanik mit Elementen der Chemie.

Am Anfang war es Sonja, die mich auf das Problem aufmerksam gemacht hat. Sie sagte mir immer wieder: »Schau dir die Sauerei an, erfinde doch mal was.« Also habe ich mich hingesetzt und überlegt.

Der Grundgedanke war einfach: An so gut wie jedem Abfluss gibt es eine Ablaufgarnitur. Schau es dir zu Hause einfach mal an. Wenn du einen modernen Abfluss hast, dann ist in der Ablaufgarnitur ein Schmutzfänger, also ein Korb beziehungsweise ein Sieb, in dem Haare und anderes hängen bleiben. Die Konstruktion funktioniert wie ein Flusensieb bei der Waschmaschine: Du kannst es rausnehmen und leeren.

Andere Abflussgarnituren haben kein solches Extrateil. In denen bleiben Haare und anderes einfach an den Querstreben hängen. Was mich zu einer simplen, aber wichtigen Frage führt: Wozu hat ein Abfluss eigentlich Hindernisse, die Fremdkörper aufhalten? Also: Ist nicht der Sinn eines Abflusses, dass der ganze Schmodder abfließt?

Anders formuliert: Wozu hat eine Waschmaschine ein Flusensieb? Da kommt also das gebrauchte Waschwasser mit dem ganzen Dreck in Richtung Abfluss geflossen, und bevor das Ganze die Waschmaschine verlässt und ins Abwasser abfließt – durch üblicherweise ausreichend dicke Rohre –, stoppt das Flusensieb die Fremdkörper und behält sie in der Waschmaschine, statt sie dorthin zu transportieren, wo sie hingehören: raus.

Versehentlich vergessene Fremdkörper in der Wäsche landen meistens in der Fremdkörperfalle, also Knöpfe und Münzen zum Beispiel. Aber was landet im Flusensieb? Vielleicht der Stecker eines Ohrrings, meinetwegen. Ansonsten bleiben da Haare hängen, und vor allem wenn jemand Hund oder Katze hat, sind die Leute ständig damit beschäftigt, das Flusensieb zu reinigen.

Der offizielle Sinn des Flusensiebs besteht darin, dass Fremdkörper den Abfluss nicht verstopfen. Aber genau das tun sie im Flusensieb. Das Flusensieb ist also eine absichtliche Vorrichtung, um die drohende Verstopfung tatsächlich zu provozieren und real immer wieder herzustellen, damit wir dann wissen, an welcher Stelle wir die Verstopfung dann beseitigen dürfen. Und das geht dann relativ leicht – jedenfalls dann, wenn die Waschküche einen Bodenabfluss hat.

So ähnlich ist das mit Abflüssen in Waschbecken, Badewannen und Duschwannen auch. Von denen sind auch die meisten so konstruiert, dass Dreck hängenbleibt – obwohl der ja abfließen soll. Dabei wollen wir ja, dass der Dreck ins Abwasser geht. Und trotzdem ist es Stand der Kunst, den Dreck zu einem Teil aufzuhalten. Einfach für den Fall, dass er sich weiter unten anstaut und das Abwasserrohr an einer Stelle verstopft, an die keiner mehr rankommt, ohne das Haus abzureißen.

Also so ganz grundlos sind diese Schmutzfänger nicht – du musst sie halt nur immer wieder reinigen.

Und was habe ich schon so alles erlebt in Sachen Abwasser! Ich denke, ich habe schon eine Menge Leute aus faszinierenden Situationen gerettet. Zum Beispiel Leute, die gebrauchtes Katzenstreu in der Toilette entsorgen. Wer nur ein kleines bisschen mitdenkt – und ich weiß, das Mitdenken ist selten geworden –, der weiß, dass Katzenstreu der Tod für jede Abwasserleitung ist. Denn der Sinn des Streus besteht ja eben darin, Feuchtigkeit und Flüssigkeiten anzuziehen und zu binden, indem es verklumpt.

Wer jetzt sein Katzenklo in die Toilette kippt, kann sich eigentlich selbst ausrechnen, dass die Abwasserleitung zuklumpt und irgendwann gar nichts mehr abfließt. Und das passiert dann garantiert an einer Stelle, die du nicht kennst. Da kannst du dann mit Sicherheit das schwere Gerät rausholen und mit einer Rohrreinigungsmaschine ganz tief in verstoffwechselten Steaks, Salaten, Donuts und Nudeln wühlen.

Oder Verstopfungen dadurch, dass die Leute das Brat- und Backfett im Abguss entsorgen. Klar, das geht leicht und sieht einfach aus, das Zeug ist einigermaßen flüssig. Aber gerade tierische Fette sind eben fest, und das weiß auch jeder, der schon einmal eine Salami gesehen hat. Heiß sind sie flüssig, und abgekühlt werden sie wieder fest. Das ist keine Raketenwissenschaft, es ist nicht schwer zu begreifen. Und trotzdem verklumpen die Leute die Abwasserrohre mit Fett, das sich irgendwann an irgendeiner Stelle sammelt, wo eben irgendetwas anderes hängengeblieben ist – zum Beispiel ein Stückchen Plastik oder ein Tampon. Außerdem ist den Leuten nicht klar, dass Fette im Abfluss die Dichtungen angreifen.

Nicht sehr clever: Katzenstreu und Fett im Abfluss entsorgen.

Es ist dabei übrigens in keiner Weise so, dass diese Leute alle dumm wie Brot wären. Nein. Retter wie ich halten da mit ihrem Mercedes Sprinter oder Fiat Ducato oft genug in gediegenen Gegenden voller Bestverdiener mit Hochschulabschluss. Viele sind Manager und haben irgendwas Betriebswirtschaftliches studiert, andere sind Hochschulprofessoren für Kunstgeschichte, andere wiederum sind Juristen.

Die ganze geballte Bildung hält die Leute aber nicht davon ab, tierische Fette oder sogar Katzenstreu ins Klo zu kippen – obwohl eigentlich jeder Neuntklässler aus dem Chemieunterricht weiß, was dann passiert. Wenn er aufpasst. Ingenieure und Naturwissenschaftler haben de facto viel seltener verstopfte Abwasserleitungen.

Also: Eine Erfindung musste her, die den Abfluss in Bad, WC und Küche quasi unangreifbar macht für Haare, Seifenschmiere,

Schleim und Essensreste aller Art. Und wie schon beim Heizungsdummy geht es in die Richtung, dass das eine das andere ersetzt.

Die Abfluss-Fee ist da denkbar einfach: Du nimmst den Stöpsel mit seinen Widerhaken raus und steckst stattdessen die Abfluss-Fee rein. Sie passt in nahezu jeden üblichen Abfluss: Die Durchmesser von Waschbeckenabflüssen sind genormt, erstaunlicherweise weltweit – und so passt die Abfluss-Fee in 98 Prozent aller Waschbecken-Abflüsse. Sie sieht durch ihre abgerundete, verchromte Kappe aus wie ein normaler Abfluss. Eine Stellschraube wie übliche Verschlüsse hat sie nicht – und so gibt es noch mal einen Widerstand weniger, an dem Haare hängen bleiben können.

Darunter, in dem Einsatz, ist das Geheimnis versteckt: ein Duftstein, der erstens den Schmodder auflöst und zweitens für einen angenehmen Duft sorgt. Wie schon eingangs erwähnt: Die meisten Leute wollen Orangenduft. Den Stein muss man halt immer wieder ersetzen, wie eben auch bei einem dieser Toiletten-Drops.

Bei der Abfluss-Fee gibt es keinen Dreck mehr – du musst einfach nur den Stein ersetzen.

Und ich wollte keine harte Chemie. Der Duftstein beinhaltet Tenside, die zu 98 Prozent biologisch abbaubar sind. Und trotzdem erzielen sie die Wirkung der klassischen Chemiekeule »Rohrreiniger«.

Also ich finde: Besser du hast ein bisschen umweltverträgliche Chemie in der Abfluss-Fee, als ständig viel böse Chemie in Form von Rohrreiniger im Abwasser und damit im Grundwasser. Wenn die Chemie in der Abfluss-Fee zu 98 Prozent biologisch abbaubar ist, gibt es eigentlich auch ökologisch betrachtet kein Argument dagegen.

Am Ende spült das Wasser den Dreck dahin, wo er hingehört: raus aus dem Haus in den Abwasserkanal. Es gibt keinen Grund mehr, dass der Dreck in einem engen Rohr im Haus bleibt, womit sich die Bewohner dann herumärgern müssen. Im Abfluss setzt sich nichts mehr fest, und auch der Geruch aus dem Kanal kommt nicht an der Abfluss-Fee vorbei.

Den Prototypen habe ich aus dem Material zusammengebaut, das eben verfügbar war. In diesem Falle war es ein Tablettenbehälter, der den WC-Stein hielt. Erst experimentiere ich mit Bordmitteln herum. Bis ich erkenne, dass das Prinzip funktioniert oder eben auch nicht. Erst dann nehme ich Geld in die Hand und beauftrage Werkzeugmacher oder Modellbauer. Klar: Der 3-D-Drucker ist da eine riesige Hilfe, gerade beim Herstellen von Prototypen.

Und dann sind natürlich Kontakte wichtig: Du musst wissen, wer was macht. Du musst Leute kennen, die Leute kennen. So stand ich also eines Tages im Labor eines Unternehmers in Aachen, und wir haben den ganzen Tag mit Döschen und Duft- und Reinigungssteinen herumgespielt. Der Stein sollte zu maximal 5 Prozent ein Duftstein sein, weil er sonst zu weich ist. Du brauchst eine wasserlösliche Folie und im Stein dann einen Bioreiniger, der mindestens zwei bis drei Monate hält. Dazu muss der Stein also stark gepresst sein. Und dann hast du es halt mit einem Unternehmer zu tun, der dir sagt: Gut, die Geschichte hat dann Sinn, wenn du mindestens 5000 Steine abnimmst.

Wie gesagt, war es am Ende Sonjas Anregung, die Abfluss-Fee zu erfinden. Rückblickend betrachte ich Sonja als die eigentliche Erfinderin meines Lebens. Sie hat mir den Impuls zu einer der wichtigsten Erfindungen gegeben, die ich in meinem Leben auf die Beine gestellt habe. Ich weiß noch, wie sie mir mal zwei verschmodderte Abflussstopfen vor die Nase gehalten und klargemacht hat: »Ich mache die nicht mehr sauber.« Na dann.

Die Abfluss-Fee löst ein riesiges Problem, das Millionen von Menschen haben, wenn nicht Milliarden. Für mich ist es eine Revolution im Waschbecken. Denn in vierzig Jahren Tüftelei hat bisher niemand ein Gerät entwickelt, das den Dreck im Abfluss endlich mal wirksam bekämpft. Der Syphon verdreckt so gut wie nicht mehr. Es kann sich im Grunde kein Schimmel mehr bilden.

Keine Haare sammeln sich an. Der Syphon wird quasi vorbeugend gereinigt. Als ich die Grundidee fertig hatte, war mir klar: Jetzt musst du das Ding nur noch patentieren lassen und bauen – und dann geht es los.

Und dann kam noch was hinzu: Die Abfluss-Fee war erst mal nur der Grundgedanke. Ein Reinigungsstopfen für den Abfluss. Und der ließ sich anwenden auf einige andere Probleme, die sich mit der Konstruktion der Abfluss-Fee nicht lösen ließen. Denn die Abfluss-Fee ist ja zunächst einmal nur ein Ersatz für den Stöpsel im Spül- oder Waschbecken. Ein weiteres spannendes Problem lag ein paar Zentimeter tiefer.

Die Küchenspülen-Fee

Hast du dich schon mal über einen Syphon geärgert? Das sind die U-Rohre unter dem Wasch- oder Spülbecken, die in so einem Einbauschrank echt viel Platz wegnehmen und ständig verdrecken und undicht sind.

Dieses Elend wollte ich hinterfragen.

Wozu ist ein Syphon gut? Der Sinn des U-Rohrs ist, dass darin ein bisschen Wasser stehen bleibt und als Sperre für den Gestank fungiert, der von unten kommt. Das Abflussrohr mündet natürlich ins Abwassersystem des Hauses, und in diesen Abwasserrohren geht es nun nicht besonders hygienisch und appetitlich zu. Also soll das Wasser, das im Syphon steht, den Geruch unten halten.

Das funktioniert auch weitestgehend, und die Idee ist im Prinzip auch gut. Allerdings bleibt natürlich auch oft genug im U-Rohr selbst genau der Schmodder hängen, den wir eigentlich runterspülen sollten. Immer mehr Leute sparen Wasser und sorgen damit insgesamt dafür, dass Dreck nicht richtig abfließt. Das geht so weit, dass die Klärwerke oft sogar Frischwasser zufügen müssen, um den Dreck überhaupt durch die Gegend schwemmen zu können.

Und dann hat das U-Rohr mit dem Wasserstau eigentlich nur dann Sinn, wenn es keine andere Möglichkeit gibt, den Geruch von unten abzuhalten. Oder? Was meinst du?

Also: Auf der einen Seite könnten die Leute mit mehr Wasser den Dreck besser wegschwemmen. Auf der anderen Seite würde aber sogar das nichts bringen, wenn ständig Schmonz im U-Rohr hängenbleibt.

Das waren meine Ausgangsüberlegungen.

Lass uns die Konstruktion kurz komplett von außen betrachten. Es ist ja nicht so, dass die Luft aus dem Abwasserrohr durch den Syphon nach oben drückt – jedenfalls dann nicht, wenn alle Leitungen fachmännisch verlegt sind. Also: Da blubbert nichts. Da ist kein erhöhter Luftdruck im Abwasserrohr, der den Gestank ins Badezimmer oder in die Küche schieben will. Es geht nur um Schwebstoffe in der Luft, die das U-Rohr abhält.

Wenn wir nun ein Element einführen könnten, das den Duft neutralisiert, dann könnte sich das U-Rohr möglicherweise erübrigen.

Und genau das habe ich gebaut. Nehmen wir das Beispiel Spülbecken in der Küche. Du ersetzt einfach den Abfluss samt Syphon durch meine Küchenspülen-Fee. Die steckt wie ein Stutzen unten am Abfluss dran, und vom unteren Ende führt ein Schlauch – wie beim Syphon – zum Abflussrohr in der Wand. In dem Stutzen ist zunächst einmal ein Korb, in dem sich Feststoffe und schmieriges Zeug sammeln. Darunter ist eine Reinigungstablette montiert. Sie löst die Feststoffe auf wie bei der Abfluss-Fee. Zum Beispiel die Fette. Was im Korb bleibt, leerst du einmal die Woche in den Müll.

Neben der Grundfunktion der Reinigung, wodurch du nicht mehr im Dreck wühlen musst, ergeben sich jede Menge weitere Vorteile: Weil kein U-Rohr mehr im Weg ist, ist endlich mehr Platz unter der Spüle. Und es lassen sich an die Abfluss-Fee natürlich noch weitere Zuflüsse anschließen.

Erinnerst du dich an den Prüffix und die Sache mit dem Trichter? Genauso wollte ich die Küchenspülen-Fee flexibel halten.

Kein U-Rohr mehr im Weg: Endlich mehr Platz unter der Spüle!

Seitlich lassen sich also Zuflüsse anbringen, ob von der Spülmaschine und / oder Waschmaschine oder von einem weiteren Spülbecken. Ich mag es, wenn Systeme variabel sind.

Und ich merke, dass ich ins Schwärmen gerate – pardon dafür. Aber ich will auch, dass du merkst, wie sehr ich für meine Ideen brenne. Klar kannst du sagen, das ist Werbung, wenn ich die vielen Vorteile aufliste. Und ich habe auch gar nichts dagegen, wenn du dir für jeden Abfluss im Haus eine Abfluss-Fee kaufst und noch ein paar Küchenspülen-Feen. Nur darum geht es mir im Augenblick gar nicht. Mir geht es darum, dass ich mit Leib und Seele bei meinen Erfindungen bin. Erfindungen sind so etwas wie Kinder, verstehst du? Und deine Kinder hast du nicht einmal erfunden, du hast sie nur gemacht.

Die Dusch-Fee

Apropos, wo ich gerade beim Schwärmen bin: Eine weitere Adaption der Abfluss-Fee ist die Dusch-Fee. Korrekt: die »Abfluss-Fee Dusche«, so heißt das Produkt. Wie sollst du in einer Duschwanne unten den Abfluss umbauen als Laie, der einfach nur in einem Haus wohnt? Wie willst du da überhaupt drankommen, ohne alles rauszureißen?

Das Problem bei klassischen Abflüssen in Duschwannen ist die Vorrichtung unter der Wanne. Geh einfach mal ins Bad, nimm die Blende über dem Abfluss weg oder heb den Deckel ab – darunter ist die Abflussgarnitur, und die enthält in aller Regel einen Zylinder, den du rausnehmen kannst. Wetten, dass der voller Schmodder ist? Siehst du.

Jetzt ist die Konstruktion bei einer Duschwanne natürlich superflach. Da gibt es Konstruktionen, die sind nicht mal einen Zentimeter hoch. Das heißt für unsere Abfluss-Fee, die in einem Waschbeckenabfluss problemlos Platz hat: Hier passt sie nicht rein. Also muss sie oberhalb des Abflusses funktionieren, also quasi innerhalb der Duschwanne.

Weil Duschwannen flach sind, vollbringt die Dusch-Fee ihr Werk oberhalb des Abflusses.

Genauso funktioniert es dann auch. Wirf den Zylinder voller Schmodder meinetwegen auf den Müll, und dann platzierst du die Dusch-Fee auf dem Abfluss. Du stellst sie einfach drauf. Sichtbar ist am Ende nur der Deckel, also eine gewölbte Blende wie gewohnt, nur lauert das Geheimnis dann eben direkt darunter: Da sitzt ein kreisrunder Einsatz, in dem dann der erwähnte Reinigungsstein sitzt – ein flacher Zylinder, wie ein Puck beim Hockey. Außen an diesem Einsatz gehen dann mehrere geschwungene Beine ab, wie bei einer Spinne – nur eben nicht acht Beine, sondern 48.

Wenn jemand deine Erfindung nachmacht

Die Abfluss-Fee war mein Produkt bei der »Höhle der Löwen«. »Karl-Heinz nimmt kein Blatt vor den Mund und kämpft für seine Erfindung«, hat der »Löwe« Ralf Dümmel (* 1966) über mich gesagt, der am Ende auch investiert hat. »Sein Mega-Produkt und er als Person sind einfach echte Marken!«

Mich ehrt und freut das sehr, und ich berichte dir in diesem Buch später noch von meinen Begegnungen mit der TV-Welt. Hier will ich erst mal noch beim Thema Erfindungen bleiben.

Mein Thema waren und sind technische Dinge in Küche und Bad. Alles, was irgendwie mit Wasser zu tun hat, ob das ein Heizkörper ist oder der Ablauf einer Dusche. Darin bin ich fachlich zu Hause, darin kenne ich mich aus.

Heute gibt es jede Menge Kopien meiner Erfindungen – damit meine ich nicht die DDR-Variante vom Prüffix, sondern alle möglichen Nachbauten. Gegen die meisten Nachbauten kannst du gar nicht vorgehen, denn sie sind völlig legal. Wenn dein Patentschutz abgelaufen ist, also spätestens nach 20 Jahren, gehört die Erfindung quasi allen. Zugleich gab es jede Menge illegale Nachbauten, also Plagiate, gegen die ich vorgegangen bin.

Wenn aus Gegnern Partner werden

Vor allem auf meine Dichtmanschette hatten es die Leute abgesehen. Und wenn jemand dein Patent verletzt, dann solltest du dagegen in aller Regel vorgehen. Es gibt Ausnahmen, auf die ich gleich komme, aber prinzipiell solltest du deine Rechte verteidigen.

Und da will ich gleich mal eine klare Position vertreten: Wer seine Rechte verteidigt, ist kein Prozesshansel. Ein Prozesshansel ist jemand, der jeden noch so sinnlosen Streit vor Gericht bringt. Prozesshansel sind Leute, die nicht auf Post reagieren und es darauf ankommen lassen, wodurch du dann gar nicht mehr anders kannst, als zu klagen. Aber wenn dich jemand in deinen Rechten verletzt, in welchen auch immer, und du dich wehrst, bist du kein Prozesshansel. Wenn du zur Verteidigung deiner Rechte den Rechtsweg beschreitest, dann musst du dir von niemandem vorwerfen lassen, du seist streitsüchtig oder mit dir könne man nicht reden.

Was übrigens der Grund ist, warum manche Rechtsschutzversicherungen nur in Fällen eintreten, in denen du klagst – nicht in Fällen, in denen jemand dich verklagt. Schau dir da unbedingt das Kleingedruckte an.

In dem erwähnten Fall bin ich nur durch Zufall darauf gekommen, dass da jemand meine Dichtmanschette plagiiert. Ich habe einen Anruf bekommen von der Firma Otto Haas, die die Dichtmanschette vertreibt, und ich solle mich darum kümmern.

Das Plagiat hat mich natürlich geärgert. Jetzt ist der Impuls der meisten Geschädigten, dass sie ihr Recht durchsetzen wollen. Sie wollen zeigen, dass sie im Recht sind, und sie wünschen sich für den Schädiger eine Sanktion. Kennst du das Denken? Da tut dir jemand Unrecht, und der erste Impuls ist so etwas wie ein Rachegedanke. Natürlich wollen wir Wiedergutmachung, also Schadenersatz, aber dann eben auch so etwas wie Vergeltung.

Plagiate ärgern einen. Und trotzdem solltest du kühlen Kopf bewahren.

Auch ich habe früher so gedacht. Bis ich verstanden habe, dass das ja nur der erste Impuls ist, vor allem ein ziemlich üblicher. Inzwischen ist für mich die Regel, dass ich den Ärger erst mal zur Seite stelle und mich frage, worum es überhaupt geht. Und bei einem Plagiat sage ich mir vor allem: Da ist offenbar jemand, der deine Idee gut findet. Er findet sie so gut, dass er sie nachmacht. Das heißt, zuallererst ist es sogar so etwas wie ein Kompliment, wenn jemand deine Erfindung oder deine Idee kopiert. Und dann erst stelle ich mir die Frage, was daraus folgt.

Was also bedeutet es, wenn jemand meine Idee gut findet? Die Antwort ist völlig simpel: Es bedeutet, dass du es mit einem potenziellen Geschäftspartner zu tun hast. Üblicherweise würde man einen Lizenzvertrag schließen. So. Und wenn du diese Perspektive einnimmst, dann werden Rachegedanken erst mal unwichtig. Was bringt es dir, wenn jemand, der deine Idee kopiert hat, auf strafrechtlichem Wege eine Geldstrafe bezahlt? Gar nichts. Soll er sein Geld doch lieber dir geben, oder?

Unser Rechtssystem – von dem später noch die Rede sein wird – ist bekanntermaßen völlig überlastet. Es ist nicht so, dass Richter faul wären, sie haben einfach viel zu viele Fälle auf dem Tisch. Und deswegen strebt die Justiz immer mehr Lösungen an, bei denen sie selbst möglichst wenig zu tun hat. Später zeige ich dir, was das bei Vergleichen bedeutet, jetzt geht es mir erst mal um das Thema »Mediation«.

In vielen Verfahren wollen Gerichte gar nicht offiziell verhandeln und mühsam jede Kleinigkeit wälzen, sondern Gerichte erlegen den Parteien auf, erst mal in eine Mediation zu gehen. »Die Mediation bietet Bürgerinnen und Bürgern der modernen Zivilgesellschaft die Möglichkeit, Konflikte in einem transparenten Verfahren selbst aufzugreifen und mit Hilfe eines Mediators als neutralem Vermittler autonom zu lösen«, schreibt das Bundesjustizministerium auf seiner Website.[1]

Und im vorliegenden Fall ist es so gelaufen. Ergebnis: Die Gegenseite bezahlt für ihre Aktionen 10 Prozent Lizenzgebühr an mich. Das ist nichts, womit jemand unzufrieden sein kann. Sogar der Plagiator kann zufrieden sein, denn er macht mit meiner Idee jetzt 90 Prozent. Und das legal.

Aus Gegnern werden Partner – mir gefällt das. Ich finde, man sollte immer offen sein. Menschen verändern sich auch. Manche jedenfalls.

Der Fall eines Zeichners war dann eher seltsam: Natürlich kann ich zeichnen und ich skizziere in der Entwicklungsphase alle Entwürfe selbst. Doch die Zeichnungen für die Patentanmeldung sollten dann schon professionelle Ansprüche erfüllen. Also habe ich immer wieder mal einen Zeichner engagiert.

Und der verklagt plötzlich mich. Er vertritt die Ansicht, er sei der Patentinhaber.

Das sind die berühmten kotzenden Pferde. Wenn du glaubst, du hast schon alles erlebt, dann passiert garantiert was, was du noch nicht erlebt hast. Es gibt echt nichts, was es nicht gibt.

---

[1] https://www.bmj.de/DE/Themen/GerichtsverfahrenUndStreitschlichtung/Mediation/Mediation_node.html

168.000 Euro wollte er von mir haben, und er wollte das unbedingt ausfechten. Kein Brief meines Anwalts konnte ihn überzeugen. Was willst du da machen? Das ist so ein Fall, in dem du dich einfach wehren musst und bei dem dich bitte niemand als Prozesshansel bezeichnet. Wenn so ein Angriff kommt, müssen wir uns wehren. Wir müssen uns oft wehren, wenn uns jemand angreift, in aller Regel sogar. Wenn da eine Klage über 168.000 Euro vor dir liegt, hängst du auch sämtliche spirituellen Belehrungen an den Kleiderhaken, wonach du Angriffen einfach ausweichen solltest.

Also ging die Sache vor Gericht. Er hat verloren. Was macht er? Legt Rechtsmittel ein und geht in die nächste Instanz. Und was passiert? Er verliert die Berufung.

Was wir beide verloren haben, waren vor allem Energie und Zeit. So ein Verfahren ist absolut nervig. Erst recht dann, wenn es so sinnlos ist.

Streit vor Gericht geht zuallererst einmal ins Geld.

Außerdem ging alles ins Geld – auch wenn du völlig grundlos angegriffen wirst, streckst du die Kosten für deinen Anwalt erst mal vor. Erst am Schluss wird abgerechnet, denn erst am Schluss ist klar, wer gewonnen und wer verloren hat.

Geht die Sache eindeutig aus – also trifft man sich nicht irgendwo in der Mitte – bezahlt der Verlierer die Gesamtrechnung. Anders als in der Kneipe zahlt vor Gericht nicht der, der bestellt, sondern der, der verliert. Es ist eher so wie im Saloon, wenn gepokert wird.

Inzwischen vertragen wir uns wieder. Einige Monate nach Abschluss des Verfahrens habe ich ihm die Hand gereicht und sinngemäß gesagt: »Komm, wir beide sind Kerle, also lass uns wieder miteinander reden.« Er beklagte, dass er immer noch an den Verfahrenskosten knabbert. Mei, würde der Bayer sagen. Er war es, der angefangen hat.

Wie China verklagen?

Und dann gibt es Plagiate, die sind zwar illegal, aber du kannst trotzdem nichts dagegen tun. Was sollte die deutsche Solarindustrie denn unternehmen, nachdem sich herausgestellt hat, dass chinesische Hersteller viel billiger produzieren? Die Welthandelsorganisation (WTO) anrufen und sich beschweren?

Ich erinnere mich an einen Hersteller einer Textilmaschine, der genau seine Maschine an einem fremden Stand auf einer Messe gesehen hat. Die chinesischen Akteure haben das Ding einfach kopiert. China kopiert alles Mögliche, weswegen es auch überhaupt keinen Sinn hat, wenn du dein Patent in China anmeldest. China ist ein Staat, der als Unternehmen agiert und somit so gut wie gegen alle Wettbewerbsregeln und guten Sitten verstößt. Chinas Verhalten auf dem Weltmarkt ist eine Art Schwarzes Loch: Es existiert, alle wissen es, niemand kann etwas dagegen tun und alle versuchen, möglichst nicht hineingezogen zu werden.

Erfindungen sind nicht nur Männersache

Also: Meine Domäne sind Wasserleitungen. Andere Erfinder erfinden andere Dinge. Ein Elektroingenieur hätte andere Einfälle. Nehmen wir einfach mal die »Internationale Fachmesse Ideen Erfindungen Neuheiten« (iENA). Dort hat Andreas Bläss seine Positionierhilfe für den Zaunbau vorgestellt, mit der sich bei einem Zaun die vorgefertigten Zwischenelemente leichter einfügen lassen.

Oder denken wir an Gerd Heinlein mit seinem Windrad-Konzept. Er hat sich überlegt: Je größer Windräder werden, desto schwerer werden die Innenteile an den Rotorenblättern. Ausschlaggebend für die Bewegungsenergie sind aber die äußeren Enden der Rotorenblätter. Weshalb also sollten diese Rotorenblätter nach innen hin schwerer werden?

Also beschreibt er Windradflügel aus Rohren, an deren Enden sich flexible Elemente je nach Wind so ausrichten, dass möglichst viel Windenergie in Bewegungsenergie eines Rotors umgewandelt wird.

Oder nimm Sebastian Kronseder mit seinem »Wurfdreieck«: ein Warndreieck, das sich im Notfall quasi selbst entfaltet und auch einfach wieder zusammenklappen lässt – anders als die üblichen Warndreiecke, bei denen das Aufeinanderpressen der Druckknöpfe ein einziges Gefriemel ist und die spätestens beim Einklappen in ihre Einzelteile zerfallen.

Ganz spannend finde ich auch die Erfindung von Pero Vincetic: eine v-förmige Kunststoffschiene von etwa 50 Zentimetern Länge mit einer Magnetleiste an der Innenseite und mit Klettverschluss außen. Wozu man das braucht? Diese Schienen setzt du im Auto neben den Sitzen in die Zwischenräume, sodass du nichts mehr suchen musst, was dazwischenrutscht. Schlüssel und andere magnetische Dinge bleiben hängen.

Auch viele Frauen erfinden spannende Neuerungen.

Übrigens ist die Erfinderszene zwar überwiegend eine Männerdomäne, aber nicht nur: Sylvia Reiff-Wandrey hat eine zusätzliche Zwischenlage für Pferdesättel erfunden, die den Schweiß des Pferdes auffängt und viel einfacher in die Waschmaschine passt als die ganze Satteldecke. Oder nehmen wir Mechthild Leiwering-Hillers, die einen Wasserspender entwickelt hat, der dich daran erinnert, dass du mal wieder was trinken solltest.

Alles super Ideen! Und alle diese Kolleginnen und Kollegen eint eine Leidenschaft: Sie finden sich nicht mit einer unzulänglichen Welt ab, sondern wollen Probleme angehen. Alle gehen mit wachen Augen durchs Leben und erkennen Verbesserungsbedarf. Sie denken scharfsinnig nach, skizzieren, montieren und testen, und wenn es nicht auf Anhieb funktioniert, bleiben sie trotzdem dran.

Wir brauchen Erfindergeist

Seit 1989 bin ich im Deutschen Erfinderverband. Bei der iENA 2014 habe ich für die Abfluss-Fee Gold bekommen und für die Dusch-Fee Silber. Auch für den Rohrschneideradapter gab es Gold.

Der Universaldübel brachte mir im Jahr 2017 außerdem den »Bundespreis für hervorragende innovatorische Leistungen für das Handwerk« ein und ein Preisgeld von 5000 Euro – verliehen von der damaligen Bundeswirtschaftsministerin Brigitte Zypries (* 1953).

Diese Ehrungen waren es vermutlich, die mir den Weg in die Zentralen der wichtigen Unternehmen geebnet haben. Auch deswegen ist es wichtig, dass sich Erfinder zusammentun und dass Verbände Preise stiften. Wir müssen gute Ideen ehren.

Wobei mir noch eine Besonderheit wichtig ist: Oft entstehen Ideen und damit auch Erfindungen ungefähr gleichzeitig in verschiedenen Ecken der Welt. Kurz nachdem mir am Mercedes die Räder geklaut worden waren und ich ein Felgenschloss konstruiert hatte, kam das Felgenschloss als offizielles Produkt auf den Markt. Ich bin da nicht sauer, ich hatte die Erfindung ja sowieso nicht patentieren lassen – es war einfach nur gleichzeitig. Mag sein, dass damals der Raddiebstahl um sich griff, okay.

Erfindergeist gehört als Schulfach in die Schulen.

Aber vielleicht hat es ja auch etwas Telepathisches, wenn Ideen gleichzeitig an mehreren Orten entstehen. Ich jedenfalls kann mir so eine Gedankenübertragung trotz meines mathematischen Verstandes vorstellen. Warum auch nicht? Wenn du im Jahr 1900 erzählt hättest, dass die Leute einander mal schnurlos über Funk Textnachrichten, Fotos und Videos schicken und sogar miteinander telefonieren, hätte man dich als Okkultisten abgestempelt.

Jedenfalls wünsche ich mir, dass wir alle mehr miteinander arbeiten als gegeneinander. Es hat einfach keinen Sinn und bringt niemandem etwas, wenn sich Erfinder gegenseitig argwöhnisch beäugen. Wir sollten uns einander öffnen und uns als Sparringspartner nutzen.

Und ich will dich mit diesem Buch auch dazu anregen, mal über deinen eigenen Erfindergeist nachzudenken. Erfindergeist lernst du nicht in der Schule, in keiner Ausbildung und in keinem Studium. Was übrigens ein Skandal ist, wie ich finde: Erfindergeist gehört unbedingt in die Schulen! Und weißt du, was es im Umkehrschluss bedeutet, dass das Erfinden kein Ausbildungsbestandteil ist? Im Grunde braucht ein Erfinder gar keine Ausbildung. Er muss erst mal nichts nach herkömmlichem Verständnis gelernt haben.

Damit will ich nicht sagen, dass Elektrotechnik kein brauchbarer Ingenieurstudiengang ist, natürlich nicht. Auch ein Handwerksberuf ist von Vorteil, ebenso naturwissenschaftliche Bildung, wenn sie möglichst konkret und praxisbezogen ist. Ich sage nur: Um einen Bettbezug zu erfinden, an dem keine Katzenhaare hängen bleiben, brauchst du keine formellen Voraussetzungen zu erfüllen. Auch wenn ich als Sanitärmensch Bäder plane, liegt dem kein Architekturstudium zugrunde.

Viele Sanitärleute sind kreativ. Wenn ich eine Baustelle sehe, dann arbeitet es in meinem Kopf ohne Anstrengung, und irgendwann setze ich mich an den Zeichentisch und skizziere die Raumaufteilung. Weißt du, was ich meine? Es ist nicht mühevoll. Es läuft einfach. Es sind »Einfälle« im wahrsten Sinne des Wortes, es sind Ideen, die mir von außen »einfallen«.

So spiele ich seit einiger Zeit mit dem Gedanken einer antibakteriellen Wellnessdusche. Bei manchen Krankheitsbildern ist das eine gute Sache. Nach dem Duschen wirst du automatisch antibakteriell bedampft und durch Warmluft getrocknet. Ein Abzug zieht die Feuchtigkeit nach oben ab – wie in der Küche. Warum gibt es keine Abzüge bei Duschen? Ständig sind die Badezimmer nass, das Wasser fließt die Wände runter, die Leute öffnen Fenster.

Wie also wäre es, das Modell des Abzugs über dem Herd auf eine Dusche zu übertragen?

Oder: Warum kommt bei der Google-Suche »Selbstlöschender Panzer« kein Eintrag? Wieso lesen wir da nur was über selbstlöschende Papierkörbe? Bei Panzern ist die Rede von Bewaffnung, Panzerung und Antrieb. Aber den schlimmsten Fall, nämlich einen Abschuss, bei dem die Besatzung jämmerlich verbrennt, denken die Hersteller meines Wissens nicht zu Ende. Dabei ist der Ernstfall natürlich real – es ist nicht so, dass die Wahrscheinlichkeit null ist, dass ein Panzer in Brand gerät. Das passiert in Kriegen die ganze Zeit, schau dir einfach die vielen russischen Panzerwracks in der Ukraine an.

Oder: Warum haben die meisten Panzer weniger Rückwärtsgänge als Vorwärtsgänge? Wieso überhaupt gibt es beim Panzer »Vorne« und »Hinten«? Der Gedanke ist ja nun nicht so fernliegend, dass ein Panzer bei Beschuss abrupt kehrtmachen muss. Bisher ist das mit einem zeitraubenden Wendemanöver verbunden. Mein Vorbild sind hier die meisten heutigen Lokomotiven – die können nicht einfach wenden, weil sie eben auf Schienen stehen, und so lassen sie sich in beide Richtungen fahren. Es gibt dabei kein »Vorne« und »Hinten« mehr.

Wie wäre es mit einem Panzer, der sich selbst löschen kann?

Such mal bei Google »Tunnel-Retter mit E-Motor«, da findest du im »Feuerwehrmagazin« einen Doppel-Lkw auf Luftgummireifen, der in Katastrophentunnel reinfahren kann. Auch der hat kein Heck, sondern beide Seiten haben Fahrerhaus und Scheinwerfer wie bei einer Lok. Warum übrigens Elektromotor? Wer mitdenkt, weiß es sofort: Weil bei einem Brand im Tunnel das Feuer den Sauerstoff aus der Luft zieht – ein Verbrennungsmotor geht dann also mangels Sauerstoff aus. Da fährt nur noch ein Elektromotor.

Also: Ich denke, man könnte die Erfindung »Panzer« noch ein bisschen weiterdenken. Na gut, es gibt dem amphibischen Spähpanzer »Luchs«, der Platz für einen Rückwärtsfahrer hat. Aber warum ist das nicht bei allen Panzern so? Und warum können sich die Dinger vor allem nicht selbst löschen?

Es ist ein bisschen wie bei der Kreativität. Manchen Kindern fällt das Klavierspielen leicht, anderen nicht. Und es gibt auch echt schlechte Schauspieler. Die wollten halt unbedingt Schauspieler werden und haben das deswegen auch irgendwie geschafft. Jeder Weg, den wir einschlagen, führt irgendwohin – auch wenn er sinnlos oder sogar falsch ist.

Was mir aber wichtig ist, ist eine bestimmte Unterscheidung: Hast du Erfindergeist oder nicht? Es gibt jede Menge Elektriker, Juristen, Betriebswirtschaftler und Naturwissenschaftler ohne Fantasie und Vorstellungsvermögen. Es gibt sie in rauen Mengen, sie machen nur ihren Job.

Aber es gibt keine Erfinder ohne Fantasie und Vorstellungsvermögen. Es gibt Erfinder ohne Hochschulabschluss, auch ohne Abitur wie zum Beispiel mich, aber es gibt keine Erfinder ohne Erfindergeist. »Erfinder« ist keine formelle Qualifikation, sondern Erfinder wirst du, indem du etwas erfindest. Es ist keine Ehrung seitens einer Uni, sondern seitens der Wirklichkeit. Erfindergeist ist keine Qualifikation, sondern eine Kompetenz.

Weißt du, was ich meine? Bei der großen Frage, ob eher Talent oder beharrliches Training zum Erfolg führt, sind die Erfinder in meinen Augen klar auf der Talentseite. Und wenn wir in Deutschland und Europa den Erfindergeist voranbringen wollen, dann sind alle kreativen Menschen aufgerufen, einmal nach ihrem Erfindergeist zu fahnden und zu überlegen, ob sie kraft ihres Vorstellungsvermögen etwas dazu beitragen können, dass die Welt immer weiter immer besser wird. In kleinen Schritten oder großen Schritten, völlig egal. Es ist eine Entwicklung.

Wir müssen als westliche Gesellschaft aufpassen, dass uns der Erfindergeist nicht abhandenkommt. Die Gefahr ist groß: Die allermeisten jungen Leute sind heute auf Sicherheit gepolt, die suchen fast alle ein Anstellungsverhältnis. Ganz wenige haben Gründergeist. Und von denen mit Gründergeist sind viel zu viele aufs schnelle Geld aus. Sie wollen das eine Start-up gründen, das sie dann bald für Millionen verkaufen. Und dann wollen sie sich zur Ruhe setzen – Rente mit 35.

Ich finde das egoistisch. So viele kreative Leute mit guten Ideen denken nur an sich selbst. Erfinder dagegen denken nicht nur an sich selbst. Erfinder – und natürlich Erfinderinnen – bringen die Menschheit weiter. Das ist ihr Antrieb.

Also: Was kannst du und welche Probleme nerven dich? Als Erfinder brauchst du nicht einmal eine Werkstatt. Brauchst du nicht, wenn du Apps programmierst. Verstehst du, was ich meine? Ich will mich für diese Kompetenz einsetzen, die in unserer Gesellschaft viel zu oft belächelt wird von Leuten, die selbst keinerlei Vorstellungsvermögen haben und andererseits jede Menge Erfindungen ohne nachzudenken nutzen. Wir brauchen wirklich mehr Wertschätzung für die Erfinderinnen und Erfinder in unserem Land.

Wie Erfindungen und Patente funktionieren

Weißt du, was an Erfindungen besonders spannend ist? Sie sind gewerbesteuerfrei. Weil es um geistiges Eigentum geht. Erfinder sind steuerlich also wie Künstler zu betrachten. Wie Komponisten, Schriftsteller oder Maler.

Also: Wenn du deine Geschäftsidee auf deinem geistigen Eigentum aufbaust, ob das nun deine Bücher sind, deine selbst komponierte und selbst gespielte Musik oder eben deine Erfindungen, dann meldest du dein Unternehmen nur beim Finanzamt an, nicht beim Gewerbeamt. Dann bist du mehr oder weniger freiberuflich wie ein Journalist oder Anwalt.

Und wenn du in deiner GmbH zum Teil von eigenen Schöpfungen lebst und zum Teil von klassischem Gewerbebetrieb, dann ist eben der kreative Teil davon gewerbesteuerfrei. Und, ganz wichtig: Auch die Lizenzen, die du dafür kassierst, wenn du beispielsweise Verwertungsrechte verkaufst. Also dafür, dass jemand dein Buch verlegt oder eben dein Patent in ein Produkt verwandelt, das er verkauft. So bekommst du Prozente und bist eben damit nicht gewerbesteuerpflichtig. Einkommensteuerpflichtig natürlich schon, aber eben nicht gewerbesteuerpflichtig.

Wichtig ist, bei Erfindungen auch gleich die Vermarktung zu planen.

Das ist ein Zusammenhang, den viele nicht kapieren, vor allem Anfänger nicht. Ich glaube, auch viele Erfinder wissen das nicht.

Weiter hinten im Buch kommt ja noch, was ich heute anders machen würde, wenn ich noch mal gründen würde. Aber den Gedanken bringe ich jetzt schon mal: Gerade bei Erfindungen ist es wichtig, dass du dein Geschäft von Anfang an auf kluge Beine stellst.

Ganz viele Erfinder, die ihre Erfindungen gemeinsam mit Investoren vermarkten, setzen sich gleich zu Anfang ein richtiges Kuckucksei ins Nest: Sie gründen mit dem Investor eine GmbH und sind ebenso wie der Investor Gesellschafter. Und als Gesellschafter bringen sie ihr Patent in die GmbH ein. Wumms! Anfängerfehler. Schon ist das ganze Geschäft gewerbesteuerpflichtig.

Klüger wäre es, wenn der Erfinder der gemeinsamen GmbH eine Lizenz gibt oder das Patent als Leihgabe hineingibt. Dann sind die Einnahmen aus der Verwertung des geistigen Eigentums gewerbesteuerfrei. Vorher denken hilft manchmal.

Nicht ohne meinen Patentanwalt

Nicht nur wegen der Steuer sind Erfindungen eine tolle Sache. Es ist einfach großartig, wenn du von etwas lebst, was du selbst auf die Beine gestellt hast. Also ich sage mal so: Natürlich verdient jeder, der mit ehrlicher Arbeit sein Geld verdient, meinen Respekt. Jeder Elektriker, jeder TÜV-Gutachter. Aber mit eigenem Know-how zu arbeiten und mit eigenen Erfindungen, ist halt schon noch mal was anderes.

Der Punkt ist: Eine Erfindung auf die Beine zu stellen und dann noch auf den Markt zu bringen, ist saukompliziert. Es ist völlig anders, als es sich die meisten Leute vorstellen.

Der übliche Blick aufs Thema ist der: Ich denke mir was aus, was es noch nicht gibt. Und das reiche ich als Patent beim Patentamt ein nach dem Motto: »Das Leben ist bunt, die Welt ist groß.« Also erfinden wir doch mal schnell irgendwas, was uns bei der Gartenarbeit oder beim Heimwerken einfällt, und melden es beim Patentamt an, beim DPMA.

Und das ist eben nicht klug. Warum? Weil so eine Patentanmeldung mit Sicherheit schiefgeht. Und wieso das? Aus vielen Gründen.

Einmal sind Erfindungen und Patente wirklich Profi-Gebiet. Da muss man sich reinlesen, reindenken und verstehen, worauf es bei Patenten ankommt. Und es kommt echt auf eine ganze Menge Dinge an.

Das Wichtigste in meinen Augen: Ein Patent muss richtig durchdacht und ausgereift sein, bevor du es anmeldest. Ein Patent kann auch schnell wieder weg sein, wenn jemand anders die Idee in wesentlichen Teilen verbessert und die Weiterentwicklung zum Patent anmeldet.

Das wissen ganz wenige, die sich mit Technik befassen. Ist auch klar: Mir selber machen Rohre und Stutzen, Schrauben und Dübel auch mehr Spaß als juristische Vorgänge bei Behörden. Und genau weil das so ist, sollten sich Erfinder darauf konzentrieren, ihre Idee möglichst ausgereift auf die Beine zu stellen, sodass sie niemand so leicht verbessern kann. Denn wenn jemand deine Erfindung weiterentwickelt und wesentlich besser macht, hat er das Patent, nicht mehr du.

Auch deswegen solltest du bei der Patentanmeldung nichts ohne deinen Patentanwalt tun. Glaub mir das. Du kannst von Anwälten halten, was du willst, aber einen guten Patentanwalt brauchst du. Das Patentrecht ist ein völlig chaotisches Rechtsgebiet. Alleine um da den Überblick zu behalten, brauchst du einen Anwalt.

Alleine zu recherchieren, ob es eine ähnliche Erfindung schon gibt, solltest du einem Profi überlassen. Zwar prüft das Patentamt bei einer Patentanmeldung auch, aber du solltest dir eben möglichst keine Ablehnung deswegen einhandeln.

Ich erinnere mich an einen Kollegen, dessen Patent ich gerettet habe. Es ging um einen Hochdruckreiniger für die WC-Schüssel, der die Klobürste ersetzt. Jetzt stellst du dir wahrscheinlich eine riesige Sauerei im Badezimmer vor, wenn jemand mit einem Hochdruckreiniger die WC-Schüssel ausspült, aber tatsächlich reinigt dieser WC-Stab die Toilette punktgenau. Angeschlossen ist das Gerät an die Dusche oder einen Wasserhahn – je nach Bau des Bades oder der Toilette. Du legst einfach einen zweiten Wasseranschluss und klemmst da den WC-Stab dran, eingehängt in einer Halterung an der Wand.

Oft ist die Anmeldung als Gebrauchsmuster ein Fehler.

Es ist eine großartige Erfindung, ohne Frage – kein Schmutz mehr in der Bürste im Bürstenständer, du musst nicht mehr ständig neue Bürstenköpfe kaufen. Alles prima. Aber die Erfindung als Gebrauchsmuster anzumelden, das war eben ein Fehler. Klar ist der Schutz für ein Gebrauchsmuster schneller in deinen Akten dokumentiert als ein Patent, und die Anmeldung ist auch billiger.

Das Problem ist halt: Beim Gebrauchsmuster hast du ein reines »Registrierungsrecht«, und da wird nur formell geprüft, ob das Ganze überhaupt eine technische Angelegenheit ist. Ob es sich bei dem WC-Stab tatsächlich um eine Neuheit handelt, die den Begriff »Erfindung« verdient, prüft beim Gebrauchsmuster schlicht keiner. Entsprechend würde schon eine kleine Modifikation am WC-Stab genügen, um ihn als Patent anzumelden und damit das Gebrauchsmuster wegzufegen. Anders als wenn jemand dein Patent weiterentwickelt, genügt bei einem Gebrauchsmuster wirklich jede Kleinigkeit.

Also habe ich dem Kollegen geholfen, sein Gebrauchsmuster in ein Patent umzuwandeln, bevor das Gebrauchsmuster offengelegt wird. Weil es eilig war, haben wir das in drei Tagen hinbekommen.

Vieles geht plötzlich schnell, wenn es eilig ist.

Jedenfalls: Solche Dinge bedenken viele Erfinder nicht. Der Anspruch liegt dabei oft nicht in den Erfindungen selbst. Die Leute haben technisches Verständnis, aber das Wissen über die juristischen und ökonomischen Zusammenhänge fehlt.

Deswegen mein Tipp: Mach nichts ohne deinen Patentanwalt. Und auch neben den juristischen Aspekten brauchen Erfinder oft jede Menge Beratung, beispielsweise wenn es darum geht zu beurteilen, was es schon gibt und was nicht. Oder ob ein Patent überhaupt Marktpotenzial hat oder zum Ladenhüter wird.

Aus heutiger Sicht denke ich: Ein gutes Gespann besteht aus dem Erfinder, seinem Patentanwalt und jemandem für die Vermarktung. Damit meine ich nicht unbedingt Marketing, sondern ich meine jemanden, der das Produkt tatsächlich verfügbar und lieferbar macht, und der dafür sorgt, dass die Industriepartner das Ding kontinuierlich herstellen und lieferbar halten. Und das müssen halt gute Leute sein. Es bringt dir gar nichts, wenn sich dein Vermarkter irgendwann nach den ersten Erfolgen als Freund großer Strohfeuer entpuppt, mit einem Mal keine Lust mehr hat und den Verkauf schleifen lässt, weil er sich viel lieber auf ein völlig anderes Produkt eines ganz anderen Partners konzentriert. Und es bringt dir auch nichts, wenn dein Vermarkter das Produkt zwar verkaufen will, die Industrie aber nicht liefern kann.

Alles das sind Elemente, Teile eines Puzzles, die unbedingt zusammenspielen müssen. Das Stichwort dabei heißt Nachhaltigkeit, und damit meine ich nicht den Modebegriff: Der Erfolg muss einfach dauerhaft sein, dein Produkt sollte zum Longseller werden. Es geht um den fundierten Aufbau einer Marke und um eine wirklich solide Marktpräsenz.

Was das Patent selbst angeht, also dein exklusives Recht, diese Erfindung zu vermarkten, brauchst du auch eine Strategie. Die Schutzdauer beträgt wie gesagt maximal 20 Jahre, wobei der Schutz auch in dem Moment endet, in dem du deine jährliche Verlängerung nicht bezahlst. Nur wer bezahlt, spielt mit. Die Gebühren, die auf der Website des DPMA dargestellt sind, wirken überschaubar.[2] Aber lass dich deswegen nicht von deinem Glauben abbringen, dass das Leben am Ende kompliziert und teuer ist.

Du solltest unbedingt kalkulieren, wie du vorgehst. Den jährlichen Zahlungen für deine Patentrechte müssen unbedingt realistische Einnahmen gegenüberstehen. Es bringt dir nichts, wenn dein Patent nicht mal seine eigenen Kosten reinspielt. Darum solltest du dich unbedingt mit deinem Anwalt und deinem Vermarktungspartner zusammensetzen und eine Strategie festklopfen.

Vielleicht legst du das Patent ohnehin nur für drei Jahre an und gibst es dann frei? Oder du planst damit kontinuierliche Einnahmen über 10 bis 20 Jahre? Alles das verdient nähere Betrachtung. Auch ich habe schon viele Patente abgemeldet, weil ich die Erfindungen dahinter nicht weiterverfolgen wollte.

Noch einmal: Jeder eingeschlagene Weg führt irgendwohin. Jede Entscheidung, die wir treffen, hat Folgen. Manchmal ist es

---

[2] https://www.dpma.de/service/gebuehren/patente/index.html

besser, eine Entscheidung nicht einfach voller Begeisterung zu treffen, weil sie dich in dem jeweiligen Augenblick überzeugt, sondern vorher genau zu überlegen, was daraus folgt.

Kennst du das, wenn dir ein schönes Wortspiel einfällt und du denkst, du reservierst dazu gleich die passende Internet-Domain? Das kannst du machen – aber die Domain bringt dir nichts, solange du sie nicht mit einer Website bespielst. Und die Website bringt dir nichts, solange sie niemand kennt. Merkst du? Immer hängt ein Rattenschwanz von Notwendigkeiten hinter einer Entscheidung, und diese Notwendigkeiten bedeuten vor allem eins: Arbeit.

Überlege genau, was du tust, bevor du es tust.

Überlege also genau, was du tust, bevor du es tust. Das betrifft die gesamte Ausrichtung deiner Patentpolitik. Klar kannst du zehn Patente anmelden. Mach! Nur: Die solltest du auch bedienen. Wenn ich mir einfach nur die Gebühren anschaue, die ich für meine 25 Patente in der Vergangenheit bezahlt habe, wird das jährlich schnell fünfstellig. Grob überschlagen habe ich in meinem Leben bisher ungefähr 200.000 Euro für Patentgebühren ausgegeben.

Die Welt verbessern

Also klar ist es toll, wenn Erfinder an ihren Erfindungen arbeiten. Das ist das, was sie können und gerne tun, und darauf sollten sie sich konzentrieren. Von daher ist es auch völlig in Ordnung, die patentrechtliche Seite einem guten Anwalt zu überlassen. Und es ist wie gesagt wichtig, sich auch jemanden Kompetentes zur Vermarktung ins Boot zu holen.

Der Hauptantrieb von Erfindern ist für meine Begriffe tatsächlich, die Welt zu verbessern. Mich hat es immer aufgeregt, dass nagelneue Heizkörper wochenlang im Weg herumstehen. Also habe ich das erwähnte Heizkörpermodell aus Styropor erfunden.

Auch ungewöhnliche Denkweisen sind nötig. Damit meine ich nicht, dass Erfinder grundsätzlich abseits gewohnter Überlegungen denken, aber sie müssen eben vieles in Frage stellen. Es gibt Selbstverständlichkeiten, an die wir uns so gewöhnt haben, dass sie uns die Möglichkeiten rauben. Einmal habe ich in einem Dachgeschoss auf 2,5 Quadratmetern ein Bad gebaut und auf dieser Fläche Dusche, Waschbecken und Toilette untergebracht, und das barrierefrei.

Daran ist schon mal zu sehen, dass der reine Handwerkerlohn nach Stunden falsch gedacht ist: Kunden wollen in aller Regel nur die Zeit bezahlen, die du bei ihnen verbringst und konkret etwas schraubst oder baust. Dass du als kreativer Heizungs- und Badprofi vorher Stunden am Zeichentisch verbracht hast, sieht ein Laie nicht. Der Kostenpunkt lag dann bei 12.000 Euro plus Mehrwertsteuer.

Die Dinge hinterfragen – auch übliche Lösungen: Dazu sind Workarounds oft wichtig.

Dieses Bad war völlig verbalkt. Es war nach üblichen Maßstäben der meisten Handwerker unmöglich, eine Abwasserleitung zu legen. Und da muss man halt auch mal einen Balken ansägen oder ein Loch in einen Balken bohren, von dem andere sagen würden, da darfst du nicht drangehen. Sicher fälle ich keine statisch relevanten Träger, das weiß ich auch – nur: Die Allerwenigsten trauen sich überhaupt, mal ein Rohr auf einem unüblichen Weg zu verlegen und dann eine Stabilität durch einen schon erwähnten Workaround herzustellen, also durch die Umgehung eines Problems.

Mir fällt für »Workaround« kein treffendes deutsches Wort ein, aber es bezeichnet eben die Art des Denkens, die ich meine. Beim Oldtimer eines Freundes war mal der Gaszug kaputt, das Gaspedal ging nicht mehr zurück. Die Feder war nach 45 Jahren ausgelaugt – Materialermüdung. Da würden die meisten Leute schauen, wie sie die Feder ersetzen, und sich dann dumm und dämlich nach einem Ersatzteil suchen. Weißt du, was wir gemacht haben? Wir haben parallel eine zweite Feder eingesetzt, von einer Schreibtischlampe von Ikea. Die trägt jetzt die Last. Die alte Feder läuft daneben noch mit und kann sich ihres Ruhestandes erfreuen, ohne aus ihrer gewohnten Umgebung herausgenommen zu werden.

Viele Probleme sind nur auf den ersten Blick Probleme. Manchen kannst du einfach ausweichen. Denkst du also, du musst Rohre um einen Balken herum verlegen, wodurch die Strecke zu lang und das Gefälle zu klein wird, kannst du das Rohr vielleicht auch durch den Balken durchlegen.

Es hängt immer vom Einzelfall ab, weswegen sich bei der Bädergestaltung auch mehr Erfindergeist tummelt als zum Beispiel bei der Elektrik. Ein Elektriker findet natürlich auch mal eine geistreiche Lösung für eine knifflige Aufgabe – einen Fall kenne ich von einer defekten Klingelanlage in einem Hochhaus. Da war die einfache Lösung, nicht die gesamte Anlage zu erneuern, sondern für die einzige betroffene Wohnung einen neuen Schaltkreis zu legen.

Aber als Innenarchitekten werden vor allem Sanitärleute aktiv. Im Grunde dürfte die kreative Arbeit einer Badplanung insofern auch nicht der Gewerbesteuer unterliegen, weil es ja eine schöpferische Tätigkeit ist.

Vielleicht ist der grundlegende Gedanke das gestalterische und optische Verständnis. Ein Elektriker muss im Grunde nicht zeichnen können, um seine Ideen darzulegen. Einen Schaltkreis, auch einen komplizierten, bekommst du auch ohne jedes zeichnerische Talent aufs Papier. Auch Chemiker müssen nicht zeichnen können, wenn sie ein neues Gebräu für die Kosmetikindustrie zusammenmixen.

Ja, ein App-Programmierer braucht schon mal grafisches Talent, wenn er darstellen will, was seine App macht. Aber was mich interessiert, sind technische Erfindungen, vor allem aus der Mechanik. Lösungen für Probleme mit Wasser, Abwasser, Heizung, Mauerwerk. Und da solltest du eben ein räumliches Vorstellungsvermögen haben und deine Ausgestaltungen auch visualisieren können.

So wie ich meine Bäder skizziere, manchmal mit Kreide auf der Wand im Rohbau, damit der Elektriker weiß, welche Leitungen er wo entlang verlegen soll. Im Grunde ist das der Job des Architekten. Wenn du das nicht kannst, brauchst du einen Zeichner – den brauchst du spätestens zur Patentanmeldung sowieso. Ich habe das Glück, dass ich gut und schnell zeichnen kann und dass es mir auch richtig Spaß macht. Ich habe immer gerne und viel gezeichnet.

Zerstöre dein Patent

Insgesamt ist es wichtig, Erfindungen reifen zu lassen und sehr genau zu überlegen, welchen Schritt du nach welchem tust. Das betrifft auch die kreative Arbeit beim Patent: Wenn du denkst, du bist mit deinen Überlegungen fertig und die Erfindung als Konzept ist ausgereift, dann hör auf, darüber nachzudenken. Lass das Thema mal ein Vierteljahr liegen.

Wenn du denkst, du seist fertig, lass die Gedanken erst mal los.

Meine Erfahrung ist: Genau in der Zeit kommen die entscheidenden Ideen. Mit ein bisschen Abstand klärt sich der Blick, und plötzlich fällt dir ein, dass die Schraube aus Kunststoff sein sollte, nicht aus Metall. Oder dass ein Magnet an der richtigen Stelle die Revolution bedeutet. Mit Abstand fallen uns Sachen ein, die uns nicht einfallen, wenn wir zwanghaft darüber nachdenken.

Und versuch mal, dein Patent zu »zerstören«. Damit meine ich: Stell dir vor, du bist jemand anders, hast diese Idee vor dir und willst dir das Patent abluchsen. Was musst du daran ändern, damit die Erfindung so maßgeblich besser wird, dass sie eine eigene Innovation darstellt?

Oder: Manche Amateure melden Sachen zum Patent an, die es schon gibt. Früher gab es zum Beispiel mal Schwenkkannen. Also Teekannen, die nicht einfach auf einem Stövchen stehen und die du runternehmen musst, um dir Tee einzugießen, sondern die du einfach auf dem Stövchen kippen kannst. Dazu habe ich keine Patenteintragung gefunden. Kann ich das Ding jetzt also anmelden? Nein, weil es das eben schon gibt. Sonst könnten die Leute ja auch das Rad zum Patent anmelden. Nur weil du bei der Recherche kein Patent zu etwas findest, heißt das nicht, dass es neu ist. Und was sagen die Leute, die mit ihren Erfindungen berühmt werden wollen? »Das habe ich noch nirgendwo gesehen, also gibt es das noch nicht.« Ein Fehlschluss, würde ich sagen. Denn wer hat schon sämtliche Erfindungen dieser Welt gesehen?

Und glaub mir: Für doof verkaufen lässt sich das Patentamt nicht.

Oder: Die Leute sind so begeistert von ihrer Idee, dass sie sie herumerzählen. Im schlimmsten Fall gerät deine Idee so an die Konkurrenz – das Thema Industriespionage ist auch hier wirklich ernst zu nehmen, nicht nur im Zusammenhang mit China. Aber auch ohne kriminelle Energie ist dein Patent futsch, wenn das Patentamt erfährt, dass deine Erfindung in irgendeiner Weise öffentlich gemacht wurde. Ich erinnere mich an eine Aktion an einer Schule, bei der Schüler eine Erfindung vor der Patentanmeldung ausstellen wollten vor lauter Stolz. Das haben sie gemacht, und Pustekuchen war's mit der Patentanmeldung. Ist eine Idee mal bekannt, ist sie halt nicht mehr neu.

Ähnlich ist das, wenn du mit deiner Erfindung hausieren gehst, zum Beispiel um in der Industrie potenzielle Lizenznehmer ausfindig zu machen. Schwierige Kiste, sage ich dir. Da ist die Gefahr groß, dass die Firmen die Idee selbst umsetzen. Dann weis mal nach, dass die Idee von dir ist! Mein Tipp an der Stelle: Du hinterlegst die Idee gut beschrieben bei einem Notar in einem versiegelten Umschlag, und der Notar beurkundet das Datum, an dem du den Umschlag bei ihm eingereicht hast. Wenn dann später jemand mit deiner Idee auf den Markt geht, kannst du den Umschlag vom Richter öffnen lassen und damit beweisen, dass die Idee von dir ist. Aber erst vor Gericht. Nicht vorher.

Merkst du, wie fuchsig das Thema ist? Es ist Unsinn, etwas zum Patent anzumelden, nur weil es eine gute Idee ist. Durchdacht muss es sein, marktfähig auch. Also stell dir vor, du erfindest das Automobil und sorgst dann nicht dafür, dass es jemand herstellt. Und wenn du dein Patent selbst nicht in Serie herstellen kannst oder willst, dann brauchst du eben Partner. Wann holst du die an Bord? In meinen Augen wirklich erst dann, wenn du die Patentschrift in Händen hältst.

Beim Patentrecht geht es nicht darum, gute Leute draußen zu halten, indem man ihnen möglichst viele Hürden in den Weg legt, sondern darum, die Qualität zu sichern. Das Patentrecht stellt wirklich sicher, dass kein Blödsinn angemeldet wird.

Ehrgeiz, Leidenschaft und Eigensinn

Wer tut sich den ganzen bürokratischen Wahnsinn an, fragst du dich vielleicht. Womit wir bei einer Fähigkeit sind, die Erfinder einerseits mitbringen, aber andererseits oft nicht nutzen: die Beharrlichkeit, der Ehrgeiz. Das ist die Begeisterung, die dich antreibt, bis nach Mitternacht mit dem 3-D-Drucker an einem Prototypen aus Plastik zu arbeiten.

Und diese Beharrlichkeit brauchst du als Erfinder oder Selbstständiger im Grunde in allen Lebensbereichen. Weißt du, was das Problem ist? Beim Tüfteln merken viele gute Leute nicht, wie die Zeit vergeht, aber bei der Vermarktung geben sie viel zu schnell auf. Schade!

Wann zeigen wir Ehrgeiz? Wenn wir leidenschaftlich sind. Und es ist völlig richtig, dass wir das tun, wozu uns die Leidenschaft antreibt. Wobei bist du leidenschaftlich? Jetzt mal abgesehen vom Sex? Das solltest du zum Beruf machen. Mal ganz grob gesagt.

Die besten Musiker sind die besten Musiker, weil sie die Musik leidenschaftlich lieben. Glaubst du, die Rolling Stones haben beim Proben auf die Uhr gesehen und gesagt: Es ist jetzt Freitag 17 Uhr, wir haben Feierabend und außerdem noch Wochenende? Und Keith Richards (* 1943) lässt die Gitarre fallen und sagt Montagfrüh missmutig: »Wir müssen wieder proben, weil Montag ist?«

Nein. Die wirklich guten Leute zwingen sich nicht montags zur Arbeit. Die wirklich guten Leute, die leidenschaftlich sind, sind von innen angetrieben. Keith Richards ist jetzt 80 Jahre alt und macht immer noch Musik. Sein Projekt mit Mick Jagger (* 1943) heißt »Hall of Fame«. Die interessieren sich nicht für die Rente mit 67 oder 70.

Welcher Denker hört mit dem Renteneintritt auf zu denken?

Gute Erfinder übrigens auch nicht. Warum bitte sollte ich aufhören zu denken? Wieso sollte ein Komponist aufhören zu komponieren? Und das ist es halt: So, wie ein Musiker ständig in Rhythmus, Melodien und Harmonien denkt, denke ich eben in Dübeln und Rohren. Es macht mir Spaß, mir Konstruktionen anzuschauen und zu überlegen, warum das Fallrohr bei den Nachbarn um eine Ecke geht.

Und ständig ist eben der Gedanke dabei: Wie ist das gedacht? Was ist der Sinn dahinter? Was ist – abgesehen von der konkreten Lösung, der Konstruktion – der technische Anspruch? Zum Erfindergeist gehört es, ständig alles in Frage zu stellen. Erfinder marschieren eben nicht gedankenlos an allem vorbei, was sie verbessern könnten, sondern sie denken die ganze Zeit an die Verbesserung der Welt. Kein guter Erfinder denkt, es gibt schon alles. Und wer wirklich gut ist, kann eben auch bestehende Patente verbessern, also Erfindungen, von denen der Erfinder schon gedacht hat, es geht nicht mehr besser, und die das Patentamt als technische Neuerungen akzeptiert.

Nein, ein kreatives Gehirn hört nicht auf zu denken, nur weil es 65 wird. Gute Leute denken und arbeiten immer weiter. Wenn ich mich mit 67 Jahren frage, warum sie dir im Krankenhaus einen Knochenbruch in schweren Gips packen statt in leichten Bauschaum aus biologisch abbaubarem Mais – weshalb sollte ich mir diese Gedanken nicht machen?

Es geht ohnehin darum, vorausschauend zu denken. Gute Erfinder sind in meinen Augen auch gute Autofahrer und gute Schachspieler. Sie haben ständig im Blick, welche neuen Informationen und Veränderungen in der Umgebung es gibt und was sie bedeuten. Was folgt daraus? Was muss ich angesichts der neuen Lage jetzt tun? Das Vorausdenken gehört unbedingt dazu. So fährst du nicht stumpf zum Kunden und wieder zurück, sondern schaust, was du mit der Fahrt clever verbinden kannst.

Und solche Visionäre brauchen wir. Ich widerspreche dem Spruch von Helmut Schmidt (1918–2015), der gesagt haben soll, wer Visionen habe, solle zum Arzt gehen. Visionen, also Vorstellungen davon, wie die Welt sein könnte oder sollte, sind wichtig! Und wenn es ganz kleine Visionen sind wie die, dass der Abfluss nicht mehr verstopft ist. In der Summe tragen auch kleine Visionen zu einer besseren Welt bei, wenn Erfinder die Möglichkeit haben, sie in die Tat umzusetzen und ihre Erfindungen zur Serienreife zu bringen.

Die Wahl der richtigen Geschäftspartner

Eine Sache hat mich wirklich frustriert: An dem Tag, an dem Ralf Dümmel mir die Goldene Abfluss-Fee gebracht hat – das bedeutet 1 Million verkaufte Abfluss-Feen –, kam ein Kunde zu mir nach Nidderau und wollte unbedingt eine Abfluss-Fee haben. Natürlich habe ich ihm eine geschenkt. Der Punkt ist nur: Das Produkt war nirgendwo mehr zu haben.

Und das ist wirklich wichtig, gerade wenn du Erfindungen machst oder sonst mit geistigem Eigentum arbeitest: Du musst sicherstellen, dass das Produkt auch Umsatz macht, wenn es gut ist. Es hat wenig Sinn, ein Produkt nicht mehr zu produzieren, obwohl es die Leute wollen.

An solche Dinge denken Erfinder meistens nicht – und auch viele Gründer insgesamt nicht. Die Leute sind meistens jung und motiviert, aber ihnen fehlt der langfristige Fokus. Klar ist es nett, auf einen Schwung mal durch eine gewisse Marketingwucht 200.000 Euro Umsatz zu machen, aber dann geht es eben ums Dranbleiben. Mir ist auch klar, dass sich jeder um seine eigene Nachhaltigkeit kümmert und um seinen eigenen langfristigen Geschäftserfolg. Nur gilt das eben auch für uns Geschäftsleute, also für Erfinder und Gründer. Wir müssen langfristig unsere Marken aufbauen und die möglichst lange am Markt halten.

Wer hat wirklich das Zeug, um dein Produkt erfolgreich zu verkaufen?

Und das muss natürlich auch realistisch funktionieren. Also: Lässt sich das Produkt überhaupt vermarkten? Bei der Abfluss-Fee war mir sofort klar, dass sie ein Erfolg werden würde. Denn alle brauchen das Ding. Nicht alle wissen es, aber alle brauchen es. Und darum genügt es eben nicht, Erfinder zu sein – du musst auch Unternehmer sein. Du musst Wege finden, damit die Menschheit von deiner Erfindung erfährt. Und dann muss das Produkt natürlich auch lieferbar sein.

Stell dir vor, du präsentierst ein Patent wie den Prüffix der Industrie. Du hast konkret mit einzelnen Unternehmen zu tun, und in Deutschland sind das in aller Regel Mittelständler. Die erkennst du daran, dass sie im Eigentum von Menschen sind, nicht von anderen Unternehmen. Die Rechtsform ist meistens eine

GmbH oder eine GmbH & Co. KG. Und dann gibt es eben noch die Welt der Konzerne, meistens an der Rechtsform »AG« zu erkennen, also Aktiengesellschaft.

Bei uns in Deutschland jedenfalls liegt der Reiz in den vielen »hidden champions«, also den unsichtbaren Helden beispielsweise im Maschinenbau oder in der Automobilzulieferindustrie. Da hast du einfach ein paar Betonklötze mit Montagehalle und Bürogebäuden irgendwo auf dem platten Land, ein paar tausend Mitarbeiter, der Chef ein alter Unternehmertyp, der bald einen Nachfolger sucht – und das Unternehmen mit seinen Produkten ein Global Player mit Milliardenumsätzen, sodass sich die Kommune dank Gewerbesteuereinnahmen Zebrastreifen aus Marmor und Parkuhren von Rolex leisten könnte. Diese Partner sind interessant, wenn du an Innovationen tüftelst. Und du triffst diese Partner vor allem auf den einschlägigen Messen.

Eins aber ist wichtig zum Verständnis: Je größer ein Unternehmen, desto komplizierter die Abläufe. Und gehört ein Unternehmen gar nicht mehr einem Menschen, der ja was entscheiden könnte, sondern einer Struktur, dann haben die Menschen darin oft richtige Angst, etwas zu entscheiden. Entsprechend lang dauert es, bis sich so ein Unternehmen eine Meinung gebildet hat und tatsächlich sagt: Ja, wir vermarkten dein Patent. Und wenn sie sich entscheiden, merkst du bald, dass die Leute in diesem Unternehmen in absurden Unternehmensabläufen ersaufen.

Über die Vorstellung meines Prüffix hatte ich ja schon geschrieben – das Erlebnis, bei dem der Geschäftsführerwechsel die Zusammenarbeit verhagelt hat. So sind Entscheidungen in großen Unternehmen oft getrieben. Und wenn in einem inhabergeführten Unternehmen der Chef nicht selbst mit am Tisch sitzt, sprichst du am Ende nur mit Stellvertretern.

Eine Firma, bei der ich die Abfluss-Fee vorgestellt habe, saß in einer größeren Stadt in Nordrhein-Westfalen. Weltkonzern. Dort kam ich durch einen guten Kontakt aus dem Deutschen Erfinder-

Verband rein, das heißt: Die Tür war offen. Der Chef-Ingenieur ist gebrieft und weiß: Da kommt einer mit einer guten Idee. Kein Spinner. Es ist keine Zeitverschwendung. Und der Chef-Ingenieur war auch schon von der Abfluss-Fee überzeugt. Er hat ein paar Kollegen dazugeholt – und die waren begeistert.

Du kennst deine Erfindung am besten. Also solltest auch du sie präsentieren.

Nun kann der Chef-Ingenieur in diesem Unternehmen nicht einfach verfügen, dass die Abfluss-Fee ins Programm kommt. Sondern es gibt ein Gremium, das über solche Dinge entscheidet.

Und weißt du, was der Fehler dabei ist? Bei dieser Runde bist du nicht dabei. Das heißt, da hat jemand meine Abfluss-Fee präsentiert. Und das geht halt schief. Einige im Gremium, die zum ersten Mal von der Abfluss-Fee gehört haben, haben gefragt, ob die Abfluss-Fee bei ihnen zu Hause überhaupt in den Waschbeckenabfluss passt, und der Präsentator konnte die Frage nicht beantworten. Natürlich passt sie! Es gibt eine Rasterfunktion, mit der sich die Abfluss-Fee an so gut wie jede übliche Größe anpasst. Aber das weiß eben nur ich, weil nur ich das Produkt wirklich vollständig kenne, und ich war nicht eingeladen.

Sehr viele Absurditäten des deutschen Konzernalltags erklären sich durch solche merkwürdigen Abläufe. Interne Präsentationen mit viel PowerPoint und wenig Verstand lähmen zahlreiche Unternehmen und halten sie von dem ab, worum es eigentlich geht. Am Schluss hat die Abfluss-Fee einen Handelsumsatz von 20 Millionen Euro generiert – aber dieser nordrhein-westfälische Konzern hat nichts davon gehabt wegen seiner Strukturen, durch die er gute Ideen systemisch missversteht. Der Konzern, der jede Menge Fernsehwerbung für alle möglichen Produkte schaltet, hätte seinen Umsatz noch deutlich steigern können.

Vielleicht erkennst du in diesen Geschichten das eine oder andere wichtige Prinzip. Eines ist: Wer dein Produkt nicht kennt, kauft es nicht. Wer es kennt, aber nicht versteht, kauft es auch nicht. Und deshalb ist die Kommunikation so ziemlich das Wichtigste in der Vermarktung guter Idee und von Produkten. Und: Vielen Leuten ist dein Produkt auch völlig egal. Sie vermarkten es deswegen nicht, weil es ein Vorschlag vom Vorgänger ist.

Selber denken

Wenn ich früher auf Partys war, galt ich bei vielen als »Daniel Düsentrieb«, den du vielleicht aus den Donald-Duck-Heften kennst. Daniel Düsentrieb ist der Erfinder, »Helferlein« sein kleiner Roboter, der ihm zur Hand geht.

Ganz viele haben nicht geglaubt, dass die Erfinderei tatsächlich zu etwas Sinnvollem führen kann. Und damit gehen viele halt nicht gut um: Als Erfinder brauchst du Eigensinn. Es muss dir völlig egal sein, was andere über dich sagen oder von dir denken. Ob sie an dich glauben oder nicht, spielt überhaupt keine Rolle. Du musst selber denken und mit der Zeit ein Gespür dafür entwickeln, wie gut du dich auf deine Gedanken verlassen kannst. Du musst lernen, deine eigenen Gedanken und die deiner Mitmenschen zuverlässig einzuschätzen.

Merkst du etwas? Diese Fähigkeit haben nur ganz wenige Menschen. Die Mehrheit lässt sich beeinflussen von dem, was andere denken. Und ganz viele Menschen erzählen auch einfach von morgens bis abends Müll. Das solltest du erkennen. Denn wenn dich jemand die ganze Zeit mit unwichtigen, unsinnigen und undurchdachten Kommentaren zu deiner Arbeit eindeckt, kannst du dich kaum noch auf das Wesentliche konzentrieren.

Und gerade wenn du an einer Idee brütest, solltest du – das ist jedenfalls mein Tipp – die ganzen Schwätzer draußenhalten. Es ist egal, was die sagen.

Erfinder erleben so viele Niederschläge und bekommen so oft in die Fresse, dass nur die wenigsten immer wieder aufstehen und weitermachen. »Karl, hör auf, komm«, hieß es bei mir, oder: »Ist ja gut, du Fantast!«, oder: »Zeig erst mal, was du kannst!«, oder: »Komm wieder, wenn du reich geworden bist.«

Das sind die Sprüche, die mir so begegnet sind. Die Leute haben mich belächelt. Ich habe erst lernen müssen, mich davon nicht runterziehen zu lassen. Natürlich habe ich auch gelernt, nicht gleich alles zu erzählen, worauf ich stolz war, und tatsächlich erst mal zu zeigen, was ich kann. Und das erst dann, wenn das Patent angemeldet war.

Es ist egal, was die anderen sagen, solange sie von deiner Branche nichts wissen.

Das ist für Erfinder oft nicht einfach: Stell dir vor, du hast einen Durchbruch und wirklich eine tolle technische Lösung für ein häufiges Problem unserer Gegenwart gefunden. Erst mal nur auf dem Papier. Dann lern mal, dass du die Klappe hältst. Und wenn die Lösung als Prototyp existiert, musst du wieder die Klappe halten. Dabei willst du der Menschheit doch etwas geben, was sie weiterbringt.

Also stellen wir uns vor, du bist der Erfinder von »LittyCat«, dem Katzenstreu-Entsorgungseimer. Und dein Produkt ist noch nicht fertig entwickelt und also auch noch nicht auf dem Markt. Deine Idee entspringt einem Ärgernis: Wenn du das Katzenklo saubermachst, musst du jedes Mal den Müll gleich runter in den Hof bringen, weil es sonst irgendwo in der Wohnung stinkt.

Also denkst du dir: Wie wäre ein Eimer für das benutzte Streu, der geruchsdicht ist? Wo du im wahrsten Sinne des Wortes den Katzendreck zwischenlagern kannst? Und dann fängst du an nachzudenken. Du brauchst irgendeine Form von Plastiksack, einen einfach bedienbaren Verschluss … – und so wächst langsam deine Erfindung.

Am Ende hast du einen Eimer, in dem unter dem Deckel ein Plastiksack hängt, den oben eine Klammer zuhält. Auf Knopfdruck öffnet sich die Klammer und du kannst das Zeug auf deiner

Schaufel reinkippen. Dann lässt du den Knopf wieder los und die Klammer schließt sich. Sie drückt den Plastiksack oben zwischen zwei Schienen zusammen. So füllst du den Eimer, bis der Plastiksack voll ist. Dann holst du den Sack raus, knotest ihn oben zu und stellst ihn an die Wohnungstür. Da stinkt nichts.

Und aus der Nachfüllkassette holst du wieder ein Stück Plastikschlauch (»luftundurchlässige Mehrschichtfolientechnologie«), machst unten einen Knoten rein und hast den nächsten Sack, in dem am Ende das Katzenfutter für deine Katze nach einigen Umwegen durch die Katze hindurch landet. Und die laktosefreie Milch, die du ihr gibst.

Also wenn wir hier Katzen hätten und nicht unsere Leonbergerin Klara, die so einen Eimer in einem Schwung vollmachen würde, hätten wir hier so ein Ding. Und wenn ich mir so eine Konstruktion anschaue, dann stelle ich mir die eine Frage, die sich viele Erfinder immer wieder stellen: Warum, zum Seesack, habe ich das nicht erfunden? So eine einfache Idee! Wie kann ich so blind sein und das Problem nicht sehen? Und auch die Lösung nicht?

Und wenn du weißt, dass deine Erfindung ein solcher Erfolg wird, dann musst du eben die Klappe halten. Du darfst nicht darüber sprechen. Nicht nur, weil es ein ungelegtes Ei ist, sondern vor allem aus patentrechtlichen Gründen.

Und das geht vielen kreativen Geistern so. Welcher Komponist zum Beispiel veröffentlicht unfertige Stücke? Oder spielt auf einer Party Fragmente davon auf dem Klavier vor? Welcher Schriftsteller zeigt Freunden sein unfertiges Manuskript? Das geht wirklich nur unter Kollegen, die dich fair und wertschätzend behandeln. Und in einem normalen Freundeskreis sind eben meistens keine Fachleute. Da springen Leute rum, ähnlich wie in einem Familienumfeld, die nicht einschätzen können, was du machst. Und erst wenn du wirklich erfolgreich bist, haben sie es schon immer gewusst.

Insofern ist es schon auch wichtig, ein Kämpfer zu sein. Ob du technische Innovationen erfinden oder ein Unternehmen aufbauen willst: Du musst bereit sein, dich durchzubeißen und dich eben nicht von anderen irre machen zu lassen.

Augen auf! Ohren auf!

Und du solltest Augen und Ohren offenhalten und mitbekommen, was auf der Welt so geschieht. Das beste Beispiel dafür ist die Mobilität. Als Elon Musk (* 1971) im Jahr 2003 die Firma Tesla gründete, traf er damit genau den Trend, dass wir alle Anwender von Apps sind. Eine Art iPad als Konsole, das Auto übers Internet so vernetzt, dass du auch von zu Hause aus sehen kannst, wo es gerade ist. Die Entwicklung war revolutionär, weil sie den grundlegenden Gedanken der Automobilindustrie angriff, Motoren durch fossile Brennstoffe anzutreiben. So, wie Apple-Gründer Steve Jobs (* 1955) mit iTunes das Musikalbum aufgelöst und damit die Musikindustrie durcheinandergewirbelt hat, hat Musk den Automobilmarkt aufgemischt.

In Europa war der Glaube an den Verbrenner nahezu unverrückbar, der Gedanke an Elektroautos war weit entfernt, bis im Jahr 2015 der Dieselskandal die Industrie erschütterte. Du erinnerst dich: Manche Fahrzeughersteller standen plötzlich im Fokus, weil sie die Schadstoffwerte von Dieselfahrzeugen per Software manipuliert haben. Warum haben sie das gemacht? Weil es mit lauteren technischen Methoden offenbar nicht möglich war, die Werte unten zu halten. Die Autos waren also größere Dreckschleudern als angegeben. Und von dieser Erkenntnis hat sich der Verbrennermarkt im Grunde bis heute nicht erholt. Nicht unbedingt weil die Kunden sich für dumm verkauft gefühlt haben, sondern vor allem weil klar wurde, dass der Diesel auf Dauer nicht als saubere Technologie denkbar ist.

In der Folge schwenkte die Industrie um auf E-Autos – heute fährt DHL mit Elektroautos rum. Marke Eigenbau. Und nach der jüngsten politischen Entwicklung schwenkt der Markt nun doch auch noch auf E-Fuels um.

Wer hätte vor zehn Jahren gedacht, dass heute so viele Elektroautos herumfahren?

Blödes Technik-Deutsch, findest du auch? Also. »E-Fuels«. »Fuel« ist Englisch und heißt Brennstoff. »E«, weil aus Strom hergestellt. Du stellst also mithilfe von Strom synthetischen Sprit her, und zwar aus Wasser und Kohlendioxid (CO_2). Die Energie aus dem Strom wandert in den Kraftstoff und bleibt da gespeichert. Das Auto holt sich die Energie dann aus dem E-Sprit, wandelt sie in Bewegungsenergie um und stößt das CO_2wieder aus. Du hast also einen CO_2-Ausstoß, aber der ist rechnerisch null, weil du ja vorher die gleiche Menge CO_2 in den Kraftstoff reingesteckt hast. Ein Kreislauf.

Solche Dinge zu entwickeln, ist spannend. Und wenn die Politik nun entscheidet, dass sie auf E-Fuels setzt, dann kannst du dich als Chemiker, Physiker, Techniker oder auch als Programmierer ransetzen und überlegen, wie du an der Entwicklung teilhaben kannst. Das kannst du als angestellte Expertin oder angestellter Experte in einem Konzern nur dann, wenn dir jemand zuhört mit deinen Ideen, und auch dann ist noch lange nicht geklärt, wie der Konzern deine »Arbeitnehmererfindung« bezahlt. Oder du kannst es in der Selbstständigkeit tun, auf eigene Faust. Eigene Faust, eigener Kopf, eigene Kasse.

Was mich bei den aktuellen Entwicklungen in Sachen Mobilität und Klimaschutz immer wieder erstaunt, ist, wie wenig technisches Verständnis die Öffentlichkeit hat. Also stell dir Biokraftstoff vor, theoretisch reines Rapsöl. Ich weiß, es ist technisch komplizierter, aber nehmen wir das mal als Beispiel. Stell dir vor, du tankst ein Auto mit reinem Rapsöl und fährst damit durch die Gegend. Mit welcher Energie bewegt sich dein Auto letzten Endes?

Die Frage können ganz viele Leute nicht beantworten. Dabei ist die Lösung einfach: mit Sonnenenergie! Die Rapspflanze baut mithilfe von Sonne und Wasser ihre Strukturen auf, die vorrangig aus Kohlenstoff bestehen. Verbrennt das Öl der Pflanze nun in den Zylindern deines Motors, verbindet die Verbrennung den Kohlenstoff aus dem Öl mit Sauerstoff aus der Luft zu CO_2. Dieses CO_2 wandert letztlich wieder ins Rapsfeld, und neue Pflanzen wachsen.

Mal abgesehen von der Frage, was der massenhafte Anbau von Raps und Mais für unsere Landwirtschaft und die Böden bedeutet: Jede technische Neuerung bietet unfassbar viele Chancen für weitere Entwicklungen. Und wenn es dabei darum geht, Böden bei Monokulturen zu retten. Ich weiß nicht, ob das möglich ist, weil ich Bäder und Abflüsse mache, aber vielleicht weißt du es ja. Gerade diejenigen, die technisches Verständnis haben, die vielen Nerds und Tekkies, die im karierten Hemd, die brauchen wir heute, um die Probleme der Menschheit zu lösen und vielleicht tatsächlich in ein paar Jahrzehnten eine klimaneutrale Weltwirtschaft zu haben.

Oder schöne Gewürzmischungen.

Ja, warum auch nicht? Die Gründer von »Ankerkraut« haben einfach mal Gewürzmischungen hergestellt, die es in dieser feinen Austariertheit jedenfalls nach meinem Wissen vorher nicht gab. Klar gab es Gewürzmischungen. Aber die Mischungen von Ankerkraut sind einfach besonders gut: Die Gründer haben immer wieder getestet und ihre Erfindungen immer wieder verbessert. Dazu kommt die wundervolle Verpackung in schönen Glasflaschen mit Korkstopfen. Der VOX-Löwe Frank Thelen (* 1975) hat in »Ankerkraut« investiert. Inzwischen gehört die Firma zum Nestlé-Konzern, was bei den Fans zu einigem – sagen wir mal vorsichtig – Unmut geführt hat. Aber wir haben sie immer noch zu Hause. Ich gebe hier gerne einen Disclaimer ab und sage: »Vorsicht, Werbung!«, obwohl ich keinen Cent dafür bekomme.

Und da soll mal jemand sagen, es gibt nichts Neues mehr unter der Sonne! Ich selber kann vielleicht kein Ankerkraut-Gewürz verbessern, und darum frage ich noch mal: Vielleicht kannst du es? Es ist egal, ob wir es mit Elektromobilität zu tun haben oder mit gutem Essen. Überleg mal, was du kannst und gerne tust – und in welchem Bereich du mit deiner Expertise und Leidenschaft etwas zu einer besseren Welt beitragen kannst.

Dazu will ich dich ausdrücklich ermuntern. Schmöker doch einfach mal auf der Website des DPMA, dort gibt es einen Eintrag über besondere Erfinder.[3] Wusstest du zum Beispiel, dass der erste Kanzler der Bundesrepublik Deutschland Konrad Adenauer (1876–1967) die Veggie-Wurst erfunden hat? Nach dem Zweiten Weltkrieg war Fleisch Mangelware, und Adenauer experimentierte mit Sojabohnen. Und schon 1915 erhielt er ein Patent über ein Maisbrot, bei dem der Mais erst geschält und getrocknet und dann zu Mehl verarbeitet wird.

Konrad Adenauer hat die Veggie-Wurst erfunden.

Oder nimm Albert Einstein (1879–1955). Heute kennen wir ihn für seine Relativitätstheorie, doch außerdem arbeitete er als Patentprüfer im Berner Patentamt. Nebenher entwickelte er auch selbst zahlreiche Patente – beispielsweise gemeinsam mit dem ungarischen Physiker und Molekularbiologen Léo Szilárd (1898–1964) für einen Kühlschrank mit elektromagnetischer Pumpe ohne Ventil.

Selbst wenn die Industrie das Prinzip nicht nutzte, weil irgendwann Fluorchlorkohlenwasserstoffe für die Kühlung entdeckt worden waren: Das schwedische Unternehmen Elektrolux hatte immerhin zwei Patente gekauft. Und im Dezember 1933, nachdem Einstein längst in die USA ausgewandert war, erhielt er

[3] https://www.dpma.de/dpma/veroeffentlichungen/meilensteine/besondereerfinderinnen/index.html

vom deutschen Reichspatentamt das Patent für ein Knochenleit-Hörgerät.

Oder der erwähnte Isaac Newton. Neben der vielen Theorie hat er der Menschheit eine ganz geniale Erfindung geschenkt: die Katzenklappe.

So läuft das Business

Manchmal sitze ich am Rechner und lasse meine Gedanken wandern. Wenn ich so nachdenke, spiele ich mit der Maus am Rechner und denke über die Kugel nach, die Computer-Mäuse früher hatten, vor der Rotlichtlösung. Meine Gedanken gehen zu einem Freund, der früher beim Bund in der Luftraumüberwachung einen »Tag-Ball« im Tower an der Radarkonsole hatte. Das war 1970, ein Vorläufer der Maus.

Sogar nachts, wenn ich schlafe, träume ich immer wieder von Technik und von Erfindungen. Und wo andere zum Einschlafen Schafe zählen, zähle ich Thermostate. Auf meinem Nachttisch liegt immer was zum Schreiben. Du kennst das vielleicht: Im Halbschlaf sagst du dir, es ist zu mühsam aufzustehen, und du merkst dir deinen Einfall bestimmt. Wenn du am nächsten Tag aufwachst, weißt du nur noch, dass du einen Einfall hattest. Aber welchen?

Ich glaube, ich sollte ein Diktiergerät erfinden. Damit ich jedes Mal, wenn ich nachts eine Idee habe, gar nicht erst das Licht anschalten muss, um die Idee zu konservieren. Warum auch schreiben? Wieso nicht sprechen? Wie also wäre es mit einem Gerät, das auf Knopfdruck meine Stimme als Tonspur aufzeichnet? Das wäre doch revolutionär!

Wenn ich dann aufwache, holt mich die Realität ein. Ich erwache aus meinen Träumen und stelle fest: Das Diktiergerät ist längst erfunden. Und die Buchhaltung für den vorletzten Monat muss zum Steuerberater. Die Umsatzsteuervoranmeldung muss zum Zehnten raus, heute ist der Achte. Eigentlich will der Steuerberater die Oktober-Belege spätestens am 20. November von mir haben, sonst kommt er in Stress. Und was bringt unsere Fristverlängerung beim Finanzamt, wenn man die Zeit nicht zum Zusammenstellen der Zahlen nutzt, sondern sich nur auf seine Baustellen konzentriert? Dabei ist der Sinn einer Fristverlängerung, dass du in Ruhe deine Belege zusammenstellen kannst und eben keinen Zeitdruck hast.

Insofern ist das Geschäftsleben dann doch sehr, sehr konkret. Von meinen Träumen ist es weit entfernt.

Weiter vorne habe ich gesagt, als Erfinder brauchst du einen guten Patentanwalt und jemanden, der deine Erfindung langfristig vermarktet. Das stimmt auch. Aber du brauchst auch jemanden, der dein Geschäft verwaltet. Damit du dich auf das konzentrieren kannst, wovon du wirklich was verstehst.

Wer einen freien Kopf braucht, braucht Rückendeckung durch gute Leute.

In meinem Leben war das Sonja. Sonja hatte Mehreres, was fürs Geschäft unerlässlich ist: einen klaren Blick auf die Dinge, einen Sinn für Struktur und vor allem die Fähigkeit, zwischen Wichtig und Unwichtig zu unterscheiden. Was tust du, was lässt du bleiben? Was brennt, was räumst du zuerst weg – und was hat Zeit und darf noch eine Weile liegenbleiben? Ist der Brief von der Behörde wirklich relevant, oder ist es nur was zum Abheften? Müssen wir auf etwas reagieren? Wann? Und: Wo sind die Belege? Wir wollen dem Steuerberater ab sofort wirklich alle Oktober-Belege spätestens am 20. November bereitstellen. Also her mit den Belegen!

Diese Rückendeckung war enorm wichtig für meine Geschäfte. Ohne Sonja hätte ich das alles niemals geschafft. Sie hat mir den Rücken freigehalten, sodass ich mich auf meine Entwicklungen und Baustellen konzentrieren konnte. Wenn etwas wichtig wurde, hat sie mich angestupst. Während ich mich auf meine technischen Sachen konzentriert habe, kamen von Sonja immer wieder Hinweise aus dem Hintergrund – wenn sie einen Beleg brauchte, den ich noch im Geldbeutel hatte, wenn ein Geschäftspartner eine spezifische Frage zu einer Anwendung hatte, wenn die Hauptuntersuchung eines Autos fällig wurde. Du brauchst jemanden, der diese kleinen, aber wichtigen Dinge im Blick hat.

Und wenn du zu der Generation gehörst, die denkt, das alles könnte man durch IT automatisieren und dein Google-Kalender wird dich schon wachklingeln – aus meiner Erfahrung ist das Unfug. Am Ende schauen viele halt gar nicht in ihren Kalender rein.

Und da will ich noch mal an Sonja erinnern, die einfach eine riesige Hilfe war. Sie hat einfach ein gutes Auge gehabt und Dinge gesehen, die andere nicht sehen. Ein Großhändler wollte von mir per Rechnung einmal für eine 100er-Packung Schrauben 1750 Euro haben – Sonja sah sofort, dass hier zwei Zehnerstellen falsch waren und tatsächlich 17,50 Euro gemeint waren.

Wie ich heute gründen würde

Um es gleich vorwegzunehmen: Wenn ich mit meinen ganzen Erfahrungen heute wieder ein Unternehmen gründen würde, würde ich das ganz anders machen als damals.

Das Einzige, was ich wahrscheinlich genauso entscheiden würde wie 1982, wären die Branche und der Standort. Ich würde wieder Wasser und Heizung machen, und das Ganze wieder in Deutschland. Die Branche ist das, worin ich mich auskenne.

Und Deutschland – na ja, die Leute hier schätzen eben Qualität. Hier kannst du nicht irgendwelche Rohre und Manschetten zusammendengeln wie in Takatukaland, sondern hier ist Handwerk noch Handwerk. Deutsche Erfindungen sind außerdem meistens nicht ganz so anspruchslos: Ein bisschen Grips gehört zum Verstehen dazu. Ganz zu Recht genießt das deutsche Handwerk weltweit einen hervorragenden Ruf.

Bevor ich zu den Dingen komme, die ich bei einer Gründung anders machen würde: Gerade heute, wo die Leute nur noch ganz schwer Handwerkertermine bekommen, ist das Handwerk eine

Goldgrube. Wenn du ein Handwerk beherrschst und ein gutes Auge für den richtigen Standort hast, wirst du dich vor Aufträgen gar nicht retten können. Wenn du dann noch fleißig bist, also keine Angst vor Arbeit hast, bist du quasi konkurrenzlos. Denn seien wir ehrlich: Wer ist heutzutage noch wirklich fleißig?

Also: Der Qualitätsniedergang, der Fachkräftemangel und die zunehmenden Schluffis an jeder Ecke – das alles ist super für die, die in die Hände spucken können.

Jetzt aber zu den Dingen, die ich anders machen würde.

Als Erstes würde ich viel mehr recherchieren. Vor der Gründung. Ich würde viel genauer schauen, wer wo am Markt ist, wie die Qualität der Betriebe ist, wie die Chefs drauf sind. Wo es gute Leute gibt und wo nicht. Wo du dich vom Quadratmeterpreis her einigermaßen preiswert niederlassen kannst und wo nicht. Wo die Gewerbesteuer hoch ist und wo eher niedrig: Bei uns in Nidderau liegt der Hebesatz bei 620 Prozent, das ist mehr als in Frankfurt. Also sind wir nach Altenstadt gezogen, wo es nur 400 Prozent sind. Wie wichtig Branchen- und Marktkenntnis sind, habe ich echt unterschätzt.

Und dann würde ich möglichst schnell eine GmbH gründen, damit das Geschäft vom Privatleben getrennt ist. Wenn du ein Einzelunternehmen bist, wie das viele Handwerker machen, dann haftest du mit deinem Privatvermögen. Das hast du bestimmt schon tausend Mal gehört, und es klingt immer so nebensächlich und nach »Wird schon nicht passieren«. Aber glaub mir: Ich weiß genau, wovon ich rede. Ich habe den Fehler auch gemacht. Und das war dann auch der Grund für meine Pleite.

Die Katastrophe

Ich will nicht sagen, dass andere schuld daran sind, wenn ich mein Geschäft in den Sand setze. Zwar bin ich der Meinung, dass das Finanzamt bei der Geschichte eine maßgebliche Rolle gespielt hat, aber am Ende wäre es anders gelaufen, wenn ich mein Geschäft von Anfang an auf GmbH-Beine gestellt hätte. Dann nämlich wäre ich weder auf die Idee gekommen, dem verlorenen Geld noch gutes privates Geld hinterherzuwerfen, noch hätte das Finanzamt auf meine private Kohle zugegriffen.

Gegenüber dem Finanzamt herrschen jede Menge Vorurteile. Die Leute dort würden keine Rücksicht auf Selbstständige nehmen, heißt es immer wieder, und sie mit ihren absurden Vorauszahlungen auf die Einkommensteuer in den Ruin treiben. Wenn nicht durch die Vorauszahlungen, ruinieren sie dich durch irgendwas anderes.

Viele Leute haben Vorurteile gegenüber dem Finanzamt. Ich habe Erfahrungen.

Diese Vorurteile gegenüber dem Finanzamt teile ich nicht. Denn mit dem Finanzamt bin ich eigentlich immer ganz zufrieden gewesen. Bis auf diese eine kleine Geschichte, durch die mich das Finanzamt in den Ruin trieb.

Aber der Reihe nach.

Im Jahr 1982 habe ich meinen Meistertitel gemacht, und in der Folge war ich selbstständiger Einzelunternehmer. Eine GmbH-Konstruktion ist da klüger, weil eine GmbH tatsächlich eine andere Rechtsperson ist als du. Auch wenn dir die GmbH gehört. Sicher musst du als Geschäftsführer deiner GmbH sauber trennen zwischen Firmen- und Privatangelegenheiten, aber das ist durchaus machbar.

Jedenfalls hatten wir – meine Frau Sonja und ich – einen ganz normalen Handwerksbetrieb laufen, in dem ich der Handwerker war und Sonja die Buchhalterin. Hatten wir im ersten Jahr noch 60.000 Mark Umsatz, waren es im zweiten Jahr schon 400.000 Mark. Und nach ungefähr zwölf Jahren Tätigkeit hatten wir dann im Jahr 1994 unsere erste Betriebsprüfung.

Da kam also einer vom Finanzamt ins Haus und hat sich alle Unterlagen angesehen. Alles auf Papier, sauber abgeheftet in Leitz-Ordnern. Normalerweise haben Selbstständige einen Riesenrespekt vor einer Betriebsprüfung, und auch uns flatterten nach der Ankündigung erst mal die Hosen.

Was dann geschah, hat uns wirklich positiv überrascht und mich meine Haltung zum Finanzamt grundlegend überdenken lassen: Der Finanzbeamte fand sicher den einen oder anderen kleineren Fehler – aber vor allem fand er jede Menge Belege dafür, dass wir dem Staat viel zu viel Geld schenkten. Es war tatsächlich ein Steuerprüfer, der uns im Termin auf so manche Möglichkeit hinwies, was wir von der Steuer absetzen können und was wir bis dahin übersehen hatten. Und das waren keine windigen Steuertricks, sondern ganz banale Dinge wie geschäftlich genutzte Privatautos und die 3-Prozent-Regelung und solche Dinge. Oder Zulagen für Leute, die mehr als 12 Stunden arbeiten.

Daran hatten wir einfach nicht gedacht.

Fröhlich lebten wir dahin, arglos in dem Glauben, das Finanzamt sei unser Freund. Bis dann im Jahr 1998 die Katastrophe über uns hereinbrach.

Als Heizungsbauer will man möglichst viele Heizungen bauen. Einen Auftrag für ein Boardinghouse mit 110 Wohnungen will man als Heizungsbauer also haben. Ein Boardinghouse ist im Grunde ein Mietshaus mit Service wie in einem Hotel. Gerade in Großstädten lieben das viele Leute, die wochenweise pendeln und in einer anderen Stadt ihr Zuhause haben.

Und darum ging es bei diesem Projekt in einem Industriegebiet in Leimen. Ja, genau, Leimen bei Heidelberg, Geburtsort von Boris Becker (* 1967). Ich habe den Auftrag bekommen, in diesem Boardinghouse die Heizungen zu verlegen, was ein riesiger Erfolg war. Wir sprechen hier über ein Volumen von ungefähr einer halben Million Mark. Mit der ganzen Mannschaft haben wir geackert und in allen 110 Boardinghouse-Wohnungen die Heizungen verlegt: Vorlauf, Heizkörper, Rücklauf und ein Heizkessel im Keller.

Wir waren jeden Morgen um 7 Uhr mit acht Mann da und haben losgelegt. Ich habe teilweise mitgearbeitet – im Nachhinein ein Fehler, denn als Chef solltest du dich nie so tief ins Tagesgeschäft verkriechen, du brauchst besser den Überblick. Als Chef solltest du alles von außen betrachten und schauen, ob das große Ganze in die richtige Richtung läuft, statt dich in den Details zu vertiefen.

Ich habe auf 248.000 Mark gewartet und trotzdem alle Löhne und das Material bezahlt.

Aber viele Handwerkschefs vertiefen sich in die Details, sie brennen schließlich dafür.

Pünktlich zum Urlaub waren wir mit allem durch. Alle Heizungen waren verlegt und haben funktioniert. Frohen Mutes und mit zuversichtlichem Blick auf die anstehende Zahlung von 248.000 Mark bezahlte ich meinen Leuten die Löhne und den Lieferanten ihr Material. Auch das sollte sich als Fehler erweisen: Gib niemals Geld aus, das du (noch) nicht hast.

Aber es lief eben alles wie am Schnürchen. Es war eine Traumbaustelle, alles hat geklappt. Die Schlussmontage sollte im Urlaub stattfinden. Und weil ich das in guten Händen wusste, flog ich bereits in den Urlaub in die USA.

Dort klingelte nach wenigen Tagen das Telefon – meine Tochter war dran. Die Bank hatte das Konto gesperrt.

Wenn der Geldeingang platzt …

Das sind so Momente, in denen du nicht sicher bist, ob du noch du bist.

Von der Hotelrezeption aus rief ich meinen Banker an und erfuhr: Der Auftraggeber hat Konkurs angemeldet. Zum Mitschreiben: Der Bauherr, von dem ich eine Zahlung von 248.000 Mark erwartete, hat gegenüber dem Staat seine Zahlungsunfähigkeit erklärt.

Also noch mal: Die Baustelle war fertig, die Heizungen liefen, das Boardinghouse war bezugsbereit. Wir haben getan, wozu wir beauftragt waren. Ich habe das ganze Material, das ich für die Baustelle eingekauft hatte, bezahlt. Und auch die Leute, die für mich gearbeitet haben, haben ihr Geld bekommen. Von mir.

Aber was war mit mir? Was war mit den 248.000 Mark aus meiner offenen Rechnung an den Bauherrn?

Es war Essig mit dem ersehnten Geld. Und weil meine Bank wusste, dass die Kontodeckung von der Zahlung eines insolventen Unternehmens abhing, hat die Bank eben getan, was eine Bank in so einer Situation tut: Sie zieht die Notbremse.

Bis du so etwas begriffen hast, kann durchaus eine gewisse Zeit vergehen. Aber dann bleibt alles stehen. Das Herz, das Denken, alles. Du sitzt in Amerika und bist nicht bei Sinnen. Plötzlich willst du weder von Cheeseburger noch von Cola noch von Frank Sinatra noch von Walt Disney und Donald Duck was wissen.

Und vor allem: In so einer Situation, die du erst im Nachhinein als existenzielle Extremsituation erkennst, denkst du nicht klar. Weil das Firmenkonto quasi platt war, habe ich von meinem Festgeldkonto 50.000 Mark in die Firma gesteckt. DAs war das Privatgeld, mit dem ich mir ursprünglich in Amerika einen dreiachsigen Pick-up kaufen wollte. Aber ich habe das Geld aufs gesperrte Konto überwiesen. Einfach nur, damit es weiterging. Aber es ging nicht weiter. Klüger wäre es vermutlich gewesen, den Pick-up zu kaufen und erst mal in Amerika unterzustellen. Und sowieso in Deutschland ebenfalls sofort Insolvenz anzumelden.

Zurück in Deutschland, riet mir mein Anwalt, den Auftraggeber nicht auf die offene Summe zu verklagen. Und das war der nächste Fehler. Aber es klang plausibel. »Da ist ja nichts zu holen«, sagte der Anwalt. »Und dann bringt dir ein Vollstreckungstitel gar nichts. Der Spaß kostet 20.000 Mark ohne Aussicht auf Erfolg.« So argumentierte der Anwalt und riet mir: »Lass es.«

Auch mein Steuerberater sagte mir, ich bräuchte keine Mahnung über die 248.000 Mark zu schicken. Wozu auch? Da kam doch sowieso nichts.

Und ich folgte dem Rat. Ich habe den Anspruch nicht weiterverfolgt. Heute fasse ich mir deswegen an die Stirn. Heute weiß ich, dass ich den Anspruch unbedingt dem Konkursverwalter hätte melden müssen. Aber damals, in der heftigen Situation, war es für mich einfach naheliegend: Weshalb sollte ich schlechtem Geld noch gutes hinterherwerfen? Es war eine Entscheidung, die sich in der konkreten Situation gut anfühlte und die sinnvoll schien, die mir aber später auf die Füße fiel. Ich hätte meine Forderung gerichtlich geltend machen müssen.

Nur einmal nebenbei angemerkt: Seine Pleite in Deutschland hat meinen Auftraggeber nicht davon abgehalten, wenige Wochen später 600.000 Mark in die Hand zu nehmen und in Luxemburg die nächste Baubude aufzumachen. Es gab und gibt viele solche windigen Typen auf dem Bau. Die prellen dich um dein Geld, melden Insolvenz an, aber weil nur die GmbH insolvent ist und nicht der Typ, eröffnet der Typ die nächste GmbH und macht weiter mit seinem Spiel. Wer leidet, sind die Handwerker und oft genug auch die eigenen Mitarbeiter.

… und du das Geld trotzdem versteuern sollst

Wenn du jetzt denkst, dass das die Katastrophe war, dann darf ich dich enttäuschen. Das war nur der Tragödie erster Teil, der zweite folgte auf dem Fuß. Die zweite Katastrophe war: Das Finanzamt unterstellte mir, ich würde auf die fraglichen 248.000 Mark gar nicht warten, sondern hätte sie bekommen. Schließlich hatte ich die Forderung nicht geltend gemacht. Die Beamten gingen davon aus, dass das Geld nicht aufs Konto überwiesen wurde, sondern bar geflossen sei.

Und darum betrachtete das Finanzamt die 248.000 Mark als Einnahmen und sah für die Kommune schon alleine aus dieser Zahlung 63.000 Mark Gewerbesteuer fließen. Das heißt, ich sollte Geld versteuern, das gar nicht eingegangen war.

Bargeldgeschäfte gab es damals jede Menge. Auto kaufen, manchmal auch Häuser – selbst wenn Notare im Spiel waren, waren Geldkoffer oft üblich. Vielleicht kennst du den Film »Schtonk« von Helmut Dietl (1944–2015) über die gefälschten Hitler-Tagebücher beim »Stern«. Da rückt der Kassenmann des Verlages immer wieder Bargeld raus, Hunderttausende, immer schön in Tausend-Mark-Scheinen. So war das damals. Nicht nur bei der Zeitschrift, um die es in »Schtonk« geht, sondern auch auf dem Bau.

Und Bargeld heißt ja nun nicht unbedingt Schwarzgeld: Natürlich lief und läuft auf dem Bau viel in bar, aber sobald es da eine Quittung gibt oder einen anderen Beleg, ist das höchst offiziell. Und das Geldwäschegesetz von 1993 war in seiner ersten Fassung relativ lasch. Erst durch seine Novellen 2008 und 2011 wurde der Umgang mit Bargeld insofern verschärft, als du die legale Herkunft von Beträgen einer gewissen Höhe nachweisen musst.

Wenn ich das Geld tatsächlich nicht bekommen habe – wieso habe ich dann kein Mahnverfahren angestrebt?

Zugleich kann natürlich jeder, der aus einem ehrlichen Geschäft 248.000 Mark oder meinetwegen Euro hat, dieses ehrliche Geschäft nachweisen. Das Geldwäschegesetz beeinträchtigt den ehrlichen Bürger also gar nicht.

Jedenfalls: Damals war das Jonglieren mit Bargeld viel normaler als heute. Auch in meinem Geschäft lief viel in bar. Du kannst auch Bargeld ordentlich verbuchen – das musst du auch, weil sonst nicht klar ist, wie du bestimmte Leistungen honoriert bekommst. Schon damals ließ sich mit Bargeld jede Menge Schindluder treiben, so wie auch heute noch zum Teil. Und das Finanzamt ging einfach davon aus, dass ich dieses Geld bekommen hatte. Nur hätte ich es angeblich nicht verbucht.

Tja, was soll ich sagen? Hätte ich das Geld bekommen, hätte ich es auch verbucht. Andererseits konnte ich das Finanzamt schon verstehen: Würde ich auf das Geld tatsächlich noch warten – weshalb habe ich denn dann nicht versucht, bei Gericht wenigstens einen Vollstreckungstitel zu erwirken?

Das Versäumnis, zu dem mir Rechtsanwalt und Steuerberater geraten hatten, sprach nun ganz klar gegen mich: Aus Sicht des Finanzamts hatte ich das Geld bar eingesteckt und nicht verbucht. Im Unterschied zu vielen anderen Bareinnahmen in der Vergangenheit. Weil auch manche Zahlung meines Auftraggebers auf diese Weise bar geflossen war, folgerte das Finanzamt, auch das Geschäft kurz vor der Pleite sei ein Bargeschäft gewesen und außerdem schwarz wie die Nacht. Als Finanzbeamter hätte ich möglicherweise ganz genauso gedacht.

»Sie haben doch sicher irgendwo eine Schublade«

Zu Schulden gibt es diesen schönen Satz: »Schulden sind Geld, das du nicht einmal hättest, wenn du es hättest.« Das heißt: Wenn du mit 10.000 Euro in der Kreide stehst und 10.000 Euro bekommst, hast du keine 10.000 Euro, sondern bist bei null. Und so ungefähr war das bei mir: Ich hatte nicht nur mein Geld nicht bekommen, sondern ich sollte es auch noch versteuern. Und das war dann das Aus für mich und meine kleine Firma.

Sicher geht das alles nicht so schnell, und sicher gibt es da eine Menge Kommunikation mit dem Finanzamt. Es gab ein Treffen dort, und jemand sagte: »Jetzt zahlen Sie halt erst mal was ein.« Er meinte, dass ich guten Willen zeigen sollte. Ein anderer unterstellte mir: »Sie als Handwerker werden doch irgendwo eine Schublade haben.« 1999 flog Helmut Kohl (1930–2017) und Wolfgang Schäuble (* 1942) die Spendenaffäre um die Ohren, und ich antwortete: »Ich habe keine schwarzen Kassen, ich bin doch nicht in der CDU.«

Im Rückblick wünsche ich mir, ich hätte damals nicht die Fassung verloren. Tatsächlich habe ich die Damen und Herren vom Finanzamt grob beleidigt und bedroht – das tut mir im Nachhinein leid und war auch wieder ein Fehler. Gerade wenn die Hütte brennt und du vor so einem Gremium um dein Leben kämpfst, solltest du kühlen Kopf bewahren und möglicherweise die eine Frage finden, die die Situation retten kann. Zum Beispiel: »Wenn der Bauunternehmer ohnehin vorhat, in die Insolvenz zu gehen, weshalb sollte er dann noch ohne Beleg in der Buchhaltung 248.000 Mark in bar zum Fenster rauswerfen, obwohl er dieses Geld schwarz dazu verwenden könnte, seinen künftigen Lebensunterhalt zu sichern? Wenn er schon die Rechnungen der anderen Handwerker nicht bezahlt – wieso dann meine?«

Ebenfalls im Rückblick war es ein grober Fehler, diesen offenen Betrag nicht anzumahnen. Hatte ich versprochen, über Rechtsanwälte und Steuerberater zu schreiben? Natürlich hätte ich mahnen und klagen müssen, weil sich die Sachlage fiskalisch sonst so darstellt, als hätte ich mein Geld bekommen.

Ein weiterer Fehler war, dass ich selbst mit meiner Insolvenz viel zu lange gewartet habe. Mal abgesehen davon, dass irgendwann auch der Vorwurf der Konkursverschleppung droht: Wenn du merkst, dass dir die Luft ausgeht, dann heb die Hände. Das ist auch fairer gegenüber deinen Mitarbeitern, die möglichst früh wissen wollen, woran sie sind.

Im Rückblick, im Nachhinein – ich weiß. Das ist alles zu spät jetzt. Nur bist du halt in so einer heftigen Situation nicht du selbst. Da denken viele Menschen nicht klar, und zum einen Fehler kommt der nächste. Es ist leicht gesagt, ruhig Blut zu bewahren, wenn dir deine Existenz unter dem Hintern wegkracht. Aber genau dann, gerade in so einer existenziellen Krise, ist es umso wichtiger, nicht aus der Hüfte zu schießen, sondern wohlüberlegt das Richtige zu tun und das Falsche bleibenzulassen.

Die Holding

Wenn du klug bist, stellst du die wichtigen Weichen am Anfang. Ich habe mal einen guten Spruch gehört: Fehler im Leben sind wie ein falsch zugeknöpftes Hemd. Dass du falsch angefangen hast, merkst du erst am Ende.

Da steckt eine Menge Wahrheit drin. Welche Weichen wir zu Beginn unserer Laufbahn wie stellen sollten, das wissen viele Anfänger halt nicht. Niemand verrät einem das – die Schule nicht, viele Lehrmeister nicht, auch das Finanzamt nicht. Irgendwie gehen alle davon aus, dass alle alles wissen. Tatsächlich musst du dir deine Weisheit selbst zusammensuchen und selbst alle möglichen Erfahrungen machen, die andere schon gemacht haben.

Dazu gehört so etwas wie finanzielle Kompetenz. Die Leute haben Fachkompetenz, Kommunikationskompetenz, Sozialkompetenz – aber hast du auch Geldkompetenz? Ich will dir dazu keine Lehrstunde halten, aber machst du dir wirklich Gedanken darüber, dass du das Geld auch behältst, das du einnimmst? Und dass es dir nicht zwischen den Fingern zerrinnt, weil du vor lauter Ausgaben und Steuern gar keine Rücklagen mehr bilden kannst, da du ja auch noch von etwas leben musst?

Das ist der Fehler, den die meisten machen, gerade wenn sie als Gründer mit einem Einzelunternehmen starten, bei dem du ja mit deinem Unternehmen identisch bist – im Grunde die einfachste Daseinsform, du machst als Mensch in eigener Verantwortung und auf eigene Rechnung Geschäfte. Für den Anfang ist das vielleicht gut, weil es einfach ist, aber wann firmierst du um und lässt deine Geschäfte über eine GmbH oder GmbH & Co. KG laufen? Einfach damit die Haftung begrenzt ist und niemand auf dein Privatvermögen zugreift, wenn die Hütte brennt?

Oder: Wie gut hast du dein Vermögen verteilt? Wenn die eine Option platzt, hast du dann noch andere? Hast du ein Sicherheitspolster?

Heute würde ich als Anfänger eine Holding gründen.

Eine gute Konstruktion, um solche Dinge zu gewährleisten, ist eine Holding. Viele wissen nicht, was das ist. Kurz: Eine Holding ist eine Gesellschaft, zum Beispiel eine GmbH, die nur dafür da ist, weitere Gesellschaften zu besitzen.

Also: Dir gehört die Holding, und die GmbH, über die du deinen Beruf ausübst, gehört der Holding. Das hat nicht nur den Vorteil, dass du dein Privatvermögen vom Geschäftlichen getrennt hast, sondern du bezahlst auch weniger Steuern. Einfach weil der Transfer von Geld zwischen den verschiedenen Firmen weniger kostet. Und: Geht eine der beteiligten Firmen pleite, bleibt trotzdem die Konstruktion stehen. Die Holding selbst kann – wenn du keine wirklich groben Fehler machst – nicht pleite gehen, denn die betreibt ja gar kein konkretes Geschäft. Insofern kann sie zum Beispiel auch keine Vermögensschäden bei Dritten verursachen.

Eine Holdingstruktur wäre für mich als Gründer heute das erste Ziel. Als Erstes würde ich eine GmbH gründen – natürlich erst dann, wenn das anhand der Umsätze des Einzelunternehmens klug ist – und dann würde ich der Reihe nach eine Tochtergesellschaft nach der anderen daruntersetzen.

Viele Handwerker sind von der GmbH-Gründung schon deshalb abgeschreckt, weil sie denken, das kostet 25.000 Euro, und das Startkapital sei dann weg. Dabei kannst du diese 25.000 Euro auch leihen. Also: Du machst mit irgendjemandem klar, dass er dir 25.000 Euro leiht und du sie ihm in 25 Monatsraten à 1000 Euro zurückzahlst. Du gehst zum Notar und gründest deine GmbH. Dann hast du eine GmbH i.G. (»in Gründung«). Jetzt gehst du mit deinen Unterlagen zur Bank und eröffnest ein Konto für diese GmbH. Und dann schiebst du die geliehenen 25.000 Tacken auf dieses Konto. Dann ist das »i.G.« weg und du kannst innerhalb der GmbH loslegen.

Die 25.000 Euro sind nach wie vor da, nur liegen sie nicht mehr auf deinem Privatkonto, sondern gehören deiner GmbH. Das heißt natürlich, du kannst dir das Geld jetzt nicht einfach auszahlen. Aber du kannst dir zum Beispiel ein monatliches Gehalt bezahlen, wobei du natürlich mit den 25.000 Euro Startkapital sehr sorgfältig arbeiten solltest. Also: Du musst das Geld und deine Arbeitskraft so einsetzen, dass deine GmbH damit Geld verdient und dir dein Geschäftsführergehalt auszahlen kann. Und damit bezahlst du dann die Raten für deinen Kredit.

Es gibt auch eine Menge Möglichkeiten, wie du selbst mit deiner GmbH Geschäfte machen kannst. Wenn du zum Beispiel als früherer Einzelunternehmer eine komplette Büroausstattung hast, aber fortan für deine GmbH arbeitest, dann kannst du das Inventar an die GmbH verkaufen oder vermieten.

Alles das, was du als Einzelunternehmer mit privater Haftung auch zum Arbeiten gebraucht hast, brauchst du selbst ja jetzt nicht mehr als Einzelunternehmer, und auf der anderen Seite hat deine frisch gegründete GmbH noch nicht einmal einen Schreibtisch. Und deine Besprechungsecke aus feinstem Leder mit dem schicken Glastisch – so etwas brauchst du doch privat gar nicht. Oder dein Glaskühlschrank, die Metaplanwände, die Aktenschränke und der Ventilator. Brauchst du nicht mehr. Aber deine GmbH braucht sowas.

Und weil deine GmbH juristisch betrachtet eine eigenständige Person ist und nicht identisch mit dir, wäre es von dir doch eine Wohltat im Dienste der Menschlichkeit, der bisher noch nackten GmbH den ganzen Krempel zu verkaufen.

Oder du verkaufst der GmbH dein Auto, dann hast du deinen Kredit von 25.000 Euro auch recht bald abbezahlt – je nach Auto. Oder du machst einen Mietvertrag mit deiner GmbH für deine bisherigen Geschäftsräume als Einzelunternehmer bei dir zu Hause. Deine GmbH kann sogar die Bilder an der Wand leasen oder die Gründerzeitkommode.

Wichtig ist, dass das Ganze halt »normal« ist, sage ich mal. Die GmbH darf dir für deine Sachen oder Leistungen nicht mehr bezahlen als irgendwem sonst, denn sonst bist du schnell dran wegen Untreue, und zwar gegenüber deiner GmbH, die du übervorteilst. Denn die ist ja wie gesagt jemand anders als du.

Zu billig sollte es auch nicht sein, denn sonst ist da irgendwo ein geldwerter Vorteil zu finden. Verstehst du das Prinzip? Das sind alles ganz legale Dinge und in der GmbH-Welt auch ziemlich üblich. Sicher gibt es da auch Tipps, bei denen du auf einer Rasierklinge reitest und die halbseiden sind, aber die musst du ja nicht umsetzen. In jedem Fall aber ist der Gedanke falsch, dass du keine GmbH gründen kannst, weil dann 25.000 Euro weg wären.

Also ich habe das bei meiner Gründung alles versäumt. Heute würde ich mein Geschäft in diesen Punkten ein bisschen besser durchdenken und anders zusammenbauen. Aber tja nun. Ich komme vom Wohnwagenplatz. Ich wollte arbeiten. Ich habe mich auf mein Handwerk konzentriert und rangeklotzt. Als Erfinder habe ich tolle Sachen gebaut, aber mein eigenes Geschäft habe ich – ganz ehrlich gesagt – am Anfang nicht sehr klug konstruiert.

Wie gesagt ist ein Geschäftsmodell ein Puzzle, bei dem du die richtigen Elemente richtig miteinander kombinieren musst. Oder vergleich es mit dem Jonglieren, bei dem du eine bestimmte Menge von Kettensägen in der Luft hältst.

Und das ist gar nicht so anders, als wenn du in deinem Handwerk, in deiner Kernkompetenz verschiedene Fäden zusammenbringst. Es ist halt abstrakter und absolut nicht anspruchslos. Aber dafür hast du dann möglichst früh in deiner Laufbahn Privates und Geschäftliches voneinander getrennt, sodass dich geschäftliche Katastrophen privat nicht mehr so stark treffen wie mich damals.

Und jetzt noch mal die Überlegung der Holding: Stell dir vor, dir gehört nur eine GmbH, nämlich deine Vermögens-GmbH. Und diese Vermögens-GmbH hat Töchter. Also mindestens eine weitere GmbH. Du bist also als Eigentümer der Vermögens-GmbH, sozusagen der Opa der zweiten GmbH. Während die Vermögens-GmbH strategisch ausgerichtet ist, sind die Firmen darunter operativ ausgerichtet. Den Unterschied zwischen »strategisch« und »operativ« kennst du? Strategisch ist alles, was du auf lange Sicht entscheidest; operativ ist alles, was du konkret im Alltag entscheidest. Manche sagen auch, operativ sei es, »im« Unternehmen zu arbeiten, und strategisch sei es, »am« Unternehmen zu arbeiten.

Ein Geschäftsmodell ist wie ein Puzzle: Nur wenn du es richtig zusammensetzt, geht es auf.

Das heißt, in den operativen Unternehmen entsteht die Wertschöpfung, hier finden die Umsätze statt. Weil nun die strategische Vermögens-GmbH die Mutter der arbeitenden GmbHen ist, darf sie die Gewinne einheimsen und bezahlt dafür so gut wie keine Steuern. Die Vermögens-GmbH selbst erwirtschaftet nichts. Und du kannst von den Einnahmen deiner Vermögens-GmbH leben.

Nimm einfach mich als Beispiel: Ich könnte Eigentümer einer einzigen GmbH sein, nämlich meiner Vermögens-GmbH. Und diese Vermögens-GmbH hat dann eine Sanitär-GmbH als Tochter und außerdem noch eine Immobilien-GmbH und eine Erfindungs-GmbH. So sind die Geschäfte getrennt. Wobei natürlich auch die Firmen untereinander Geschäfte machen können, indem sie sich zum Beispiel gegenseitig Autos verkaufen und Möbel verleasen.

Überhaupt wäre es klug gewesen, wenn ich die Immobilien von Anfang an in eine Holding gesteckt hätte und den Privatbesitz möglichst geringgehalten hätte. Denn einem armen Mann kannst du auch nichts wegnehmen. Wenn du deine Immobilien in der GmbH unterbringst, kannst du sie nach fünf Jahren auch besser verkaufen, als wenn sie dir gehören: Die Holding bezahlt dabei 1,5 Prozent Steuern, die GmbH 5 Prozent.

Ich könnte auch für jede Erfindung eine eigene GmbH gründen, um das Risiko zu minimieren. Mit Risiko meine ich die Gefahr, dass deine gesamte, einzige Firma zusammenbricht, weil ein einzelnes Produkt floppt. So etwas passiert, das ist alles andere als unrealistisch. Also ist es klug, die verschiedenen Risiken deiner Geschäftstätigkeit möglichst breit zu streuen. Das Prinzip lautet wie das Sprichwort: »Lege nicht alle Äpfel in einen Korb.« Wenn einer anfängt zu schimmeln, soll er die anderen nicht anstecken.

Was auf den ersten Blick kompliziert klingt, ist es natürlich auch in gewisser Weise, aber erstens gewöhnst du dich dran und zweitens hat es Sinn: Wenn dir eines von mehreren Geschäften abschmiert, dann schadet das den anderen Geschäften nicht. Wenn also auf dem Konto der einen GmbH 500.000 Euro liegen und eine andere GmbH geht pleite, weil der Auftraggeber nicht zahlt, dann infiziert die Pleite-GmbH die gesunde GmbH nicht.

Holdingstrukturen sind in der Businesswelt normal.

Die Gläubiger der Pleite-GmbH können sich nichts von der gesunden GmbH holen, weil diese GmbHen ja nun einmal verschiedene juristische Personen sind. Und du als Eigentümer der Vermögens-GmbH hast dein Vermögen im Trockenen. Jedenfalls solange du ordentlich arbeitest und sauber zwischen den einzelnen Geschäftsbereichen trennst.

Kurz: Eine Holdingstruktur ist ein guter Weg, um möglichst viele und stabile Rücklagen zu bilden und um so gut wie keine Steuern zu zahlen.

Das nennen manche Leute ein Steuervermeidungsmodell, aber es ist überhaupt nichts Anrüchiges daran. Es ist legal und damit vom Gesetzgeber gewollt. Jede Menge Unternehmen arbeiten so. Warum also nicht auch du?

Adieu, Banken!

Das nächste Ziel, wenn ich mich als junger Mensch heute aufstellen würde, wäre, von Banken möglichst schnell unabhängig zu sein.

Nach dem ganzen Auf und Ab in meiner sogenannten »Erwerbsbiografie« kann ich sagen, dass ich heute zum Glück keine Bankkredite mehr brauche. Ich habe auch nie Fördergelder beantragt.

Also ich mag Banken insofern, als ich dort zum Geldautomaten gehen und Bargeld vom Konto abheben kann. Dass sie mein Geld aufbewahren, finde ich gut – da ist es sicherer als unter dem Kopfkissen. Auch dass die Banken den Zahlungsverkehr abwickeln, finde ich gut. Eine Überweisung per Onlinebanking ist einfach eleganter, als in einer Pizzeria im Bahnhofsviertel einen Koffer voller Geld zu übergeben.

Aber sonst? Was machen Banken sonst noch Sinnvolles?

Klar: Sie geben uns Kredite. Sie leihen uns Geld. Also wenn du ein Häusle bauen willst oder Material einkaufen musst für ein Bauvorhaben, das der Auftraggeber erst später bezahlt.

Aber wie ärgerlich ist es, um Geld bitten zu müssen! Besser ist es natürlich, das Geld zu haben. Sicher: Wenn du als junger Handwerker einen Großauftrag bekommst und in Vorleistung gehen musst, dann brauchst du Liquidität – also entweder einen Kredit oder Fremdkapital, das heißt, jemand mit Geld steigt als Teilhaber in deine Firma ein.

Wenn du als Einzelunternehmen versuchst, dich von Banken unabhängig zu machen, kann das Jahrzehnte dauern, sofern es überhaupt klappt. Mit einer Holdingstruktur dagegen erreichst du das Ziel früher, weil du schneller Kapital aufbaust. Wie? Na, indem du weniger Steuern bezahlst.

Und jetzt pass auf: Wenn eine deiner GmbHen Geld für einen Großauftrag braucht, weil sie in Vorleistung gehen muss, dann kann sie sich das Geld bei einer anderen GmbH aus deiner Holdingstruktur leihen. Auch das ist legal. Frag dich einfach: Zahlst du lieber 7 Prozent Zinsen an die Bank, die dir nicht gehört, oder zahlst du lieber 2 Prozent Zinsen an die Holding, die dir gehört?

Kredite bei einer Bank sind einfach Mist. An deiner Stelle würde ich versuchen, möglichst schnell aus dieser Zwickmühle rauszukommen. Und ach ja: Einen Kredit auf einmal zu tilgen, weil du gerade flüssig bist, ist grundsätzlich eine gute Idee. Nur wollen Banken dann gerne mal eine Vorfälligkeitsentschädigung, also eine Entschädigung für die entgangenen Zinszahlungen.

Da solltest du rechnen: Die Zinsen zahlst du also mehr oder weniger sowieso. Die sind verloren. Warum gibst du dann der Bank das Geld auf einmal zurück und parkst nicht die offene Kreditsumme auf einem eigenen Konto und bezahlst von dort aus per Dauerauftrag die Raten weiter? Für Geld auf dem Tagesgeldkonto bekommst du Zinsen, und damit reduzierst du deine Zinsenlast beim Kredit.

Meine Bankengeschichte ist, wie du dir denken kannst, sehr bewegt. Mein erstes Geschäftskonto habe ich mit 24 Jahren als junger Meister eröffnet. Ich habe mit einem Einzelunternehmen angefangen, als Ein-Mann-Betrieb. Mein Auto war ein 10 Jahre alter VW-Bus. Mein erstes Werkzeug habe ich auf Raten gekauft, damit ich keinen Kredit aufnehmen musste.

Im ersten Jahr – 1982 – habe ich 80.000 Mark Umsatz gemacht, und 1984 hatte ich bereits einen Monteur angestellt. Der Umsatz lag bei 420.000 Mark. Da habe ich dann meinen ersten Kredit aufgenommen: 100.000 Euro, um Autos und Maschinen zu kaufen. Meine Firma hieß »Das kleine Bad« – damit habe ich mich auf kleine, barrierefreie Luxusbäder spezialisiert.

Positioniere dich!

Ich erzähle dir das, weil Positionierung wichtig ist. Positionierung heißt, dass die Leute wissen, wofür du stehst. Stehst du als Elektriker für Sicherheitstechnik in Geschäftsimmobilien oder machst du alles, wofür man einen Elektriker brauchen kann? Du wirst sehen: Mit einer guten Positionierung, spezialisiert auf ein ganz besonders Fachgebiet oder eine ganz besondere Zielgruppe, verdienst du mehr Geld als ohne. Je klarer du dich positionierst, desto mehr Geld sind die Leute bereit zu bezahlen. Und wenn du dich wie ich damals auf Luxusbäder spezialisierst, bekommst du schon durch das exquisite Publikum mehr Trinkgeld.

Also, um es böse zu sagen: Ich habe zwar auch schon Bäder im sozialen Wohnungsbau saniert, aber ich würde niemals mit einer Positionierung rausgehen, die mich darauf festnagelt. Wenn die Leute dich kennen als den, der Hartz-IV-Wohnungen oder meinetwegen Bürgergeld-Wohnungen macht, kommst du aus der Armutsecke kaum noch raus.

Vorsicht vor zu großem Verfügungsrahmen.

Es lief also, und die Banken haben mir großzügige Verfügungsrahmen eingeräumt. Also Dispo. Überziehungskredite. Schnelles Geld für teure Zinsen. Mein Konto konnte ich im Jahr 1988 um bis zu 300.000 Mark überziehen. Das hat rechnerisch gepasst, weil meine Umsätze da auf rund 1,2 Millionen Mark im Jahr gestiegen waren. Das klingt viel? Nur wenn du als Einzelkämpfer denkst. Aber 1988 hatte ich inzwischen zwölf Mitarbeiter, mehrere Autos und Maschinen – und alles das erzeugt natürlich Kosten. Ich war also im Dispo, zahlte horrende Zinsen und musste alle Aufträge annehmen. Gemütlich ist anders.

Natürlich haben wir damals annehmlich gelebt, aber wir waren nicht Familie Krösus. Wenn Unternehmer darüber klagen, dass die Steuern im Land zu hoch sind, dann meinen sie genau das. Amateure, die vom Business keine Ahnung haben, denken bei Millionenumsätzen, die Unternehmer würden sich die Taschen vollmachen, aber dem ist de facto überhaupt nicht so. Ich glaube, die wenigsten Menschen im Land verstehen den Unterschied zwischen Umsatz und Gewinn. Oft sind es Angestellte, die im Jahr 60.000 Euro netto verdienen, also 5000 Euro im Monat für sich haben, die den Unternehmern mit Millionenumsätzen vorwerfen, sie seien gierig.

Dabei kommst du als Unternehmer, wenn du Glück hast, auf vielleicht 2000 bis 3000 Euro im Monat, was wirklich übrigbleibt. Jedenfalls dürfte das bei den allermeisten Handwerkern so sein, die wie ich mit ihren kleinen Betrieben Tag und Nacht schuften, während die gutverdienenden Angestellten zwei Mal im Jahr für mehrere Wochen Urlaub machen und uns Unternehmern sagen, wir bekämen den Hals nicht voll.

Ich finde dieses gesellschaftliche Unternehmerbild schlimm, ehrlich gesagt. Vor allem auch vor dem Hintergrund, dass wir es sind, die im Land die Arbeitsplätze schaffen. Die allermeisten Arbeitnehmer in Deutschland arbeiten in Betrieben mit weniger als 50 Mitarbeitern. Und was macht die Gesellschaft? Ächtet die Unternehmer, die diese Arbeitsplätze bereitstellen, und macht ihnen das Leben schwer. Jedenfalls den Einzelunternehmen und auch vielen kleinen GmbHen und GmbH & Co. KGen.

Überziehungszinsen sind für Banken immer ein tolles Geschäft. Manche Leute zahlen monatlich 100, 200, 500 Euro an Überziehungszinsen nur dafür, dass die Bank ihnen Geld leiht. Es ist ein Kampf gegen Windmühlenflügel, wenn du versuchst, durch Leistung aus diesem Dispo-Keller rauszukommen. Wenn deine Umsätze steigen, steigen auch die Einkommensteuervorauszahlungen und natürlich die Einkommensteuer selbst, und dann bedienst du mit den Einnahmen einmal die Dispo-Zinsen und versuchst außerdem, den Dispo wieder glattzuziehen.

Es ist eine Falle, in der echt viele Menschen sitzen. Privatleute stolpern da rein, weil sie zu viel Geld für Konsum ausgeben, und Geschäftsleute sitzen da drin, weil sie vor lauter Aufträgen keine Zeit mehr fürs strategische Denken haben und sich viel zu billig verkaufen oder verkaufen müssen. Wer so verschuldet ist, rackert sich bis zu 14 Stunden täglich ab und kommt doch auf keinen grünen Zweig. Die Einzigen, die von diesem Rattenrennen profitieren, sind die Banken.

Raus aus der Dispo-Falle!

Klar kannst du sagen, dass ich da schief kalkuliert habe. Du hast Recht. Stimmt! Aber genau deswegen schreibe ich diese Dinge ja auf. Würde ich heute nochmal anfangen, würde ich mein Geschäftsleben anders aufziehen. Deswegen mein Tipp: Schau, dass du nicht in diese Falle trittst. Mach dich von Anfang an unabhängig von Banken. Was die Schufa von dir hält, muss in der Praxis völlig unwichtig sein. Weil niemand einen Grund hat, bei der Schufa nach dir zu fragen.

»Aber ein Auto finanziert man doch?« Ja, vielleicht. Manche Dinge lassen sich nicht anders anschaffen. Aber probier's wenigstens. Vielleicht geht Ratenzahlung. Es muss kein Neuwagen sein. Viele erfolgreiche Unternehmer, die am Ende auch persönlich Multimillionäre wurden, haben nicht als Graf Rotz angefangen, sondern sehr zurückhaltend und sparsam. Geld, das reinkommt, stecken sie sofort wieder ins Geschäft. So ein organisches Wachstum wäre heute mein Ziel, und ich empfehle dir, genau zu schauen, wie du das hinbekommen kannst.

Vor allem das Handwerk leidet unter Zinsen.

Das Handwerk leidet unter den Zinsen der Banken besonders, gerade weil sich Zahlungen im Handwerk immer wieder elend verzögern oder sogar ganz ausfallen. Eine Lösung ist hier die erwähnte Holdingstruktur – und ich empfehle auch Immobilien. Wenn eine deiner GmbHen Immobilien kauft, statt Steuern zu zahlen, und wenn du diese Immobilien in Schuss hältst, bekommst du gute Mieter, von deren Zahlungen du im Ruhestand leben kannst.

Das Problem bei Selbstständigen ist ja, dass sie kaum in die Deutsche Rentenversicherung einzahlen. Wann sind wir schon mal sozialversicherungspflichtig beschäftigt? Also müssen wir schauen, dass wir neben den klassischen Wegen der Altersvorsorge noch weitere Einnahmen möglich machen.

Also: Die Einstellung, dass du durch Kredite deine Existenz finanzieren kannst, ist zwar gängig, aber oft genug fatal. Vieles, wozu Bankberater dir raten, ist Unsinn. Das hat auch gute Gründe, denn wenn Bankberater selbst wüssten, wie Geld funktioniert, würden sie als Arbeitsplatz wohl kaum einen kleinen Schreibtisch in einem winzigen Glaskasten in einer Ecke einer Filiale mit Publikumsverkehr akzeptieren. Oder? Schau dir an, wie die Mitarbeiter in üblichen Bankfilialen untergebracht sind. Niemand, der wirklich weiß, wie Geld funktioniert, tut sich so etwas an.

Das einzige Ziel von Banken ist es, dir Zeug zu verkaufen, wodurch die Bank am Ende verdient. Eine Hausfinanzierung, ein Konsumkredit, ein Darlehen für deine Investitionen. Und das natürlich nur, wenn du Sicherheiten hinterlegen kannst, die beim Platzen des Kredites dann draufgehen. Oder du musst zwei Bürgschaften vorlegen, also im schlimmsten Fall zwei liebe Menschen in die Grütze reiten.

Nein, nach meinem ethisch-moralischen Verständnis will ich mit so einem System nichts zu tun haben.

Und selbst wenn du etwas finanzieren musst aus irgendeinem Grund, zum Beispiel deine Wohnimmobilie – dann arbeite mit mindestens 20 Prozent Eigenkapital. Und mach dir klar, dass so ein Haus deutlich mehr kostet als nur seinen Preis. Liegt der Preis für ein Haus bei einer halben Million Euro, dann kannst du mit allen Nebenkosten wie Grunderwerbsteuer und Notar mit ungefähr 660.000 Euro rechnen. 20 Prozent davon sind 132.000 Euro. Die solltest du haben.

Oder du fragst nach einer Vollfinanzierung, um die Kreditkosten steuerlich abzusetzen. Dann legst du deine 132.000 Euro für ein paar Jahre auf ein Tagesgeldkonto – bis ein großer Teil des Hauskredits getilgt ist. So kannst du über dein Geld viel früher wieder verfügen oder eine Sondertilgung machen. Wieder mindern die Zinsen für dein Tagesgeld die Zinsen für den Kredit.

Es gibt lauter kleine Mittel und Wege, sich von Banken zu lösen oder ihnen wenigstens nicht das Geld in den Rachen zu werfen. Das große, immer gültige Rezept gibt es vermutlich nicht – außer du verdienst auf einen Schlag so viel Geld, ohne viel zu arbeiten, dass du nach Abzug aller Kosten und Steuern alle Kredite ablösen kannst und trotzdem noch ausreichend zum Leben hast für die nächsten 100 Jahre. Darum spielen auch so viele Menschen Lotto. Sie haben diesen einen Traum, rauszukommen aus dem Laufrad und Schluss zu machen mit dem Rattenrennen.

Manchmal werde ich richtig nachdenklich. Ich frage mich, warum ich das damals nicht so gemacht habe. Heute, im Nachhinein, ist es immer leicht, zu sagen, das hast du vorher schon gewusst. Aber ich habe es nicht wirklich bewusst erkannt, ich musste erst in die Falle laufen. Und vielleicht kann ich dir durch diese Erfahrung genau diese Misere ersparen.

Geld muss reinkommen

Das Geschäftsleben ist im Grunde ein Geflecht aus lauter Dingen, die du tust oder die geschehen. Manches davon ist wichtig – zum Beispiel dass du eine Bestellung auslieferst und die Rechnung dazu schreibst. Anderes ist unwichtig – zum Beispiel dass du dich mit einem unzufriedenen Kunden herumschlägst. Sei einfach kulant und schick ihm Ersatz, wenn es dich nicht ruiniert. Selbst wenn du im Recht bist. Aber wirf das Unwichtige raus aus deinem Kopf, damit du dich um das Wichtige kümmern kannst.

Eine gute Frage, finde ich, ist dazu: Worüber reden wir im Augenblick eigentlich? Reden wir über einen Verlust von 20 Euro, weil ich einen Beleg versaubeutelt habe und die Ausgabe jetzt nicht mehr von der Steuer absetzen kann? Wurscht. Oder reden wir über eine Retoure und über eine Auseinandersetzung mit der Versicherung, weil der Logistiker eine Europalette hat fallen lassen? Eine der wichtigsten Kompetenzen im Geschäftsleben ist für mich im Rückblick tatsächlich, Wichtiges von Unwichtigem unterscheiden zu können. Und Sonja hat mir diese Sichtweise beigebracht.

Was viele Handwerker vergessen, ist, Rechnungen zu schreiben.

Die Quintessenz von allem heißt für mich: Immer weitermachen. Egal, was geschieht – ob du eine Betriebsprüfung bekommst oder du beim Auto das Getriebe tauschen lassen musst: Schau immer, dass trotz allem ständig parallel weiter Geld reinkommt. Es muss immer Geld reinkommen. Sonst kannst du zumachen.

Viele Selbstständige arbeiten wirklich »selbst und ständig«, wie es das Sprichwort sagt. Und dabei verheddern sie sich oft genug in unwichtigem Zeug und vergessen dabei das Wichtige. Also stell dir vor, du hast eine Betriebsprüfung im Nacken und gleichzeitig deine Baustellentermine. Wenn du jetzt deinen Sorgen die Regie überlässt, machst du schlechte Arbeit. Auf der Baustelle – oder am Rechner, am Lenkrad oder wo auch immer dein Arbeitsplatz ist – musst du dich unbedingt auf das konzentrieren, worum es geht. Es geht jetzt um die Frage, wie du die Rohrverbindung abdichtest – da wird auch dann nicht gepfuscht, wenn du mit deinen Gedanken beim Gerichtsvollzieher bist.

Hier brauchst du die mentale Fähigkeit, die Dinge strikt zu trennen. Lass niemals die Emotionen regieren. Eine gewisse Abgewichstheit ist da schon nötig, und die haben nicht alle.

Vor allem darf dich der Nervkram nicht davon abhalten, Rechnungen zu schreiben. Dabei verstehe ich das gut, ich kenne das Problem, mir ging das am Anfang auch lange so. Ich war so stolz auf meine Aufträge, dass ich einen Auftrag nach dem anderen abgearbeitet habe. Am Ende war ich stolz auf mein Ergebnis, auf die Leistung. Ich fotografiere ja jede Baustelle in jedem Stadium – und das nicht nur, um im Zweifel meine Leistungen belegen zu können, sondern auch um selbst darauf stolz sein zu können. Aber damit, dass ich mir die Fotos meiner Arbeit einrahme und allen zeige, wie hübsch mir das Bad gelungen ist, ist es halt nicht getan: Die Rechnung muss noch raus.

Klar kannst du dir ein Vierteljahr Zeit lassen mit deiner Rechnung. Aber ich sage dir aus Erfahrung: Im Rückblick ist dann vielen Kunden gar nicht mehr so klar, was du eigentlich gemacht hast. »Im November? Was war denn da?« – »Keine Ahnung. War das da, wo dieser Handwerker da war?« – »Kann sein, da war doch irgendwas im Bad.« An viel mehr erinnern sich die Leute oft nicht.

Also schick deine Rechnungen möglichst sofort. Ich mache das wöchentlich. So erinnern sich die Kunden noch gut, du brauchst deine Fotodokumentation wahrscheinlich gar nicht und Kohle kommt rein.

Viele Handwerker halten auf der Baustelle einigermaßen Ordnung, haben aber im Büro das größte Chaos. Ein Mahnwesen haben die wenigsten. Wenn ein Kunde nicht zahlt, merken das viele Handwerker nicht einmal dann, wenn sie wegen ihrer monatlichen Umsatzsteuervoranmeldung aufs Konto schauen. Denn eine offene Rechnung verursacht ja keine Buchung.

Und viele schauen bei der monatlichen Buchhaltung eben leider nicht in den Ordner der offenen Rechnungen. Dazu haben sie keine Zeit, weil sie auf der Baustelle sind. Wenn sie Glück haben, erledigt die Ehefrau die Buchhaltung, oft ohne jemals einen Buchhaltungskurs besucht zu haben, und die schaut dann oft auch nicht in den Ordner mit den offenen Rechnungen. Irgendwann schaut halt mal jemand rein. Und am Wochenende beim Grillen erfährt der Meister: Ach, der Karl-Heinz Bilz hat noch gar nicht überwiesen. Dann fehlen da ja noch 2500 Euro auf dem Konto. Was macht der Karl-Heinz Bilz? Sich freuen und sich im Zweifel nicht mehr an den Handwerkerbesuch erinnern.

Von Konzernen lernen

Kurz: Das Backoffice, also der für Kunden unsichtbare Teil der Verwaltung, ist viel wichtiger, als viele denken. Und der Fokus muss immer auf den Einnahmen liegen. Also überleg dir immer: Was bewirkt am Ende einen Geldeingang? Welches Geschäft lohnt sich, welches nicht? Klar kannst du einem Kunden auch mal einen Gefallen tun, ich mache das oft – aber du darfst dich dabei nicht selbst vergessen. Wenn du jemandem hilfst, der nicht zahlen kann, und du weißt das vorher, dann bist du ein guter Mensch. Bin ich auch. Nur müssen Leute wie du und ich eben höllisch aufpassen, dass wir dabei nicht selbst unter die Räder kommen.

Am Ende gibt es in meinen Augen zwei wesentliche Ressourcen bei Selbstständigen: Zeit und Geld. Zeit hast du genau so viel wie alle anderen auch: 24 Stunden pro Tag. Die Frage ist nur, wofür du diese Zeit einsetzt. Kommt dadurch was rein oder nicht?

Und zugleich – wenn du jetzt Erfinder bist – solltest du dir natürlich darüber im Klaren sein, dass du schon alleine in Sachen Zeit massiv ins Risiko gehst. Alleine wenn du Prototypen entwickelst und noch nicht weißt, wie das Produkt am Ende funktioniert, bist du in der Phase der Forschung und der Produktentwicklung, für die Konzerne ganze Abteilungen haben.

In einem Konzern wird ganz genau darüber nachgedacht, ob Geld in die Forschung und Entwicklung von etwas fließt oder nicht. Das entscheiden die nicht nach Gefühl wie viele Einzelkämpfer unter den Erfindern, sondern da gibt es harte Kriterien und vor allem das Mehr-Augen-Prinzip. Und da sind uns die Konzerne überlegen. So kurios manche Prozesse in Konzernen auch sind: Am Ende landen sie immer auf der sicheren Seite. Wir Einzelkämpfer-Erfinder nicht unbedingt.

Und hier sollten wir von den Konzernen lernen. Wir sollten keine absurden Angewohnheiten übernehmen wie Second-hand-Präsentationen, bei denen der Präsentator das Produkt gar nicht kennt, das verbietet schon der gesunde Menschenverstand. Aber wir sollten mal schauen, wie wir im Kopf verschiedene Aufgabenbereiche voneinander trennen und wie wir das Ganze planvoll systematisieren.

Wenn du im Keller sitzt und tüftelst, denken Lebenspartner gerne, jetzt verschwendest du wieder deine Zeit. Tatsächlich aber arbeitest du hoffentlich sehr strukturiert an Forschung und Entwicklung. Wenn du in der Hotellobby auf einen potenziellen Geschäftspartner wartest, befindest du dich in einer völlig anderen Rolle als im Keller beim Tüfteln – Konzerne haben dafür den Vertrieb.

Nicht nur Erfinder, sondern alle Gründer und Unternehmer sollten sich auf das konzentrieren, was sie wirklich können.

Wenn es darum geht, Verträge zu machen, sitzt du wieder alleine am Tisch, während Konzerne dafür Juristen haben. Und so weiter und so fort. Verstehst du, was ich meine? Wenn du dich selbstständig machst, egal ob als Erfinder oder nicht, musst du als Einzelkämpfer alle diese Rollen beherrschen. Oder aber du stellst Leute an, deren Arbeitsverträge eine Schweigepflicht vorsehen, und gehst im Team ins Rennen. Alles das sind aber Dinge, die du dir vorher überlegen solltest und nicht erst dann, wenn du schon 20 Jahre selbstständig bist und so langsam merkst, dass du mental ausbrennst und trotz der vielen Arbeit weder Zeit noch Geld hast.

Geben, geben, geben

Ein ganz wichtiges Prinzip im Business ist in meinen Augen das Geben. Wirtschaft funktioniert nicht, wenn alle nur an sich selbst denken. Wirtschaft basiert darauf, dass wir den anderen Lösungen für ihre Probleme verkaufen. Wenn ein Softwareentwickler nur an sich selbst denkt, programmiert er irgendwas, was sich vielleicht irgendwie verkloppen lässt, was aber dann für den Anwender nicht funktioniert. Jede Menge undurchdachte Software und auch andere undurchdachte Produkte kranken genau daran, dass die Entwickler die Kundensicht völlig übersehen.

Ich bin mir ziemlich sicher, dass du das kennst. So gut wie alle von uns haben sich schon mit undurchdachten Produkten herumgeschlagen – mit Zeug, das uns jemand als Lösung verkauft, das aber dann keine Lösung ist. Mit Designer-Waschbecken, in denen beim Händewaschen die Hände keinen Platz mehr haben. Mit sauteuren bodengleichen Duschen, unter deren Glastür das Wasser durchläuft.

Und ich finde eben, so hat Handwerk keinen Sinn. Weder im Bad noch beim Programmieren. Entweder wir machen etwas richtig oder wir lassen es bleiben. Oder? Welchen Sinn hat eine Programmierung oder welchen Sinn hat ein Bad, wenn es am Ende nicht im Sinne des Anwenders funktioniert?

Wenn einer bei mir ein Bad kauft, dann versuche ich das beste und schönste Bad zu machen. Das Bad muss sich ideal mit dem Raum verstehen, den der Kunde vorgibt. Der Kunde soll damit zufrieden sein. Ich finde: Nur zufriedene Kunden sind gute Kunden. Denn wer unzufrieden ist, ist bald nicht mehr Kunde. Er beauftragt dich nicht mehr und empfiehlt dich nicht weiter. Und ein unzufriedener Kunde zahlt manchmal auch schlicht nicht, was ich gut verstehen kann. Und weil nur Kunde ist, wer zahlt, sollten Kunden eben maximal zufrieden sein. Und damit er zufrieden ist, muss ich ihm etwas geben. Ich darf nicht nur ans Nehmen denken, sondern an erster Stelle steht das Geben.

Dass Sanitär- und Heizungsinstallateure oft den Job von Architekten machen, hatte ich ja schon erwähnt. Und dass mir das immer Freude gemacht hat, auch. Seit meiner Selbstständigkeit

1982 als Hessens jüngster Meister habe ich es mir immer zur Aufgabe gemacht, wirklich schöne und funktionale Bäder zu bauen. Schon in meiner Meisterprüfung war die Aufgabe, ein barrierefreies Bad zu zeichnen, das den Raum optimal nutzt, voll funktionsfähig ist und möglichst viele Elemente berücksichtigt, die sich verbauen lassen.

Dazu ist wichtig zu wissen, dass barrierefreie Bäder der DIN 18040-2 unterliegen. In einer barrierefreien Wohnung muss mindestens ein Badezimmer dieser Norm entsprechen. So muss zum Beispiel gewährleistet sein, dass du mit dem Rollstuhl unter das Waschbecken fahren kannst. Also sind da rechts und links Haltegriffe. Oder: »Barrierefrei« heißt nicht nur rollstuhlgerecht. Sondern es geht auch um Menschen, die besonders klein sind. Oder die einen Kinderwagen mit ins Bad nehmen. Du musst an Menschen mit motorischen Einschränkungen denken, also zum Beispiel an jemanden nach einer Operation mit Gipsbein. Diese Standards muss eigentlich jeder kennen, der Bäder baut.

Ich habe diese Prüfung bestanden, weil ich mich einfach in die Perspektive eines Rollstuhlfahrers und auch anderer Menschen mit Handicap versetzt habe. Das ist nicht schwer. Du musst einfach nur den ganzen Prozess »Morgentoilette« durchgehen unter der Prämisse, dass du im Rollstuhl sitzt oder ein Gipsbein hast. Da stellen sich dann Fragen wie: Woran hältst du dich fest, wenn du dich in die Dusche stemmst? Worauf sitzt du in der Dusche? In welcher Höhe ist die Duscharmatur angebracht? Und so weiter.

Es hat ein wenig mit Vorstellungsvermögen zu tun – und auch zugleich mit dem Interesse an Menschen und ihrer Art, durchs Leben zu gehen. Oder stell dir vor, du bist blind: Wie würdest du dich durchs Bad bewegen? Was findest du wie? Und so habe ich in der Prüfung ein Bad designt, das mir durch allerlei zusätzliche nützliche Features Pluspunkte eingehandelt hat, etwa durch Haltegriffe an Stellen, an denen auch herkömmliche barrierefreie Bäder keine Haltegriffe haben.

Auf der anderen Seite können wir das Mitdenken bei den allermeisten Menschen wirklich nicht voraussetzen. Es ist leider so. Auch im Handwerk. Ich erinnere mich an einen Prüfling bei der Meisterprüfung, dessen Bad zwar in Ordnung war, aber die Tür so eng, dass kein Rollstuhl durchpasst. Tja – was willst du da sagen? Kannst du als Prüfer ein Bad als barrierefrei durchgehen lassen, in das ein Mensch im Rollstuhl gar nicht erst reinkommt? Eigentlich nicht, denn spätestens die Supervision – also die Prüfer der Prüfer – weist dich auf diesen Denkfehler hin. Da kannst du nicht fünfe gerade sein lassen. Mit welcher Begründung auch? Der Mensch, der das Bad benutzen will, kommt nicht rein. Also: sechs, setzen!

Bei den wenigsten Menschen können wir das Mitdenken voraussetzen.

Mich erinnert die Episode an manche Immobilienanzeigen, bei denen von »barrierefreiem Zugang« die Rede ist, aber dann ist es halt ein bäuerlicher Altbau auf dem Land, in dem du das Badezimmer nur über drei Treppenstufen erreichst. Und ganz im Ernst: Hinterhältig finde ich das. Verlogen. Stell dir vor, da macht sich ein Mensch im Rollstuhl mit seinem Auto auf den Weg zu dir zu einer Besichtigung dieses angeblich barrierefreien Hauses – um dann zu merken, dass er das Badezimmer nicht benutzen kann. Solche Angaben sind ein Verstoß gegen die wichtigsten Regeln im Leben: ehrlich bleiben und rücksichtsvoll sein.

Dazu kam das ästhetische Gespür von Sonja. Wir hatten ja lange gemeinsam die Firma »Bad and more« mit der Spezialisierung auf barrierefreie Bäder. Auch Sonja hat immer einen Blick auf die Skizzen geworfen. Es war nicht so, dass ich Wesentliches übersehen oder vergessen hätte, aber Sonja war noch mal eine Prüfinstanz, so wie im Grunde alle Handwerker und Macher noch einmal eine Prüfinstanz brauchen, bevor eine Idee oder ein Konzept rausgeht.

Von Sonja kamen dann immer noch so »i-Tüpfelchen«, also Einfälle, die ein schon sehr gutes Bad perfekt gemacht haben. Das waren manchmal Dinge, über die der Kunde dann gestaunt hat: »Das hätte ich ja nicht gedacht, dass Sie auf diese Idee kommen.« Zum Beispiel freuen sich Kunden immer wieder über eingebaute Ablagenischen, vor allem mit integrierter Beleuchtung. Eigentlich eine sehr einfache Idee, wo doch kaum eine handelsübliche Dusche Vorrichtungen für mehrere Flaschen Duschgel und Shampoo sowie für Rasierer hat.

Das schönste Bad Deutschlands

Das Geheimnis eines schönen Bades liegt in der Vernetzung der Gewerke. Das klingt erstmal banal, ist aber enorm wichtig. Wenn du bei mir ein Bad beauftragst, bekommst du am Ende alles aus einer Hand: Trockenbau, Heizung, Wasser, Abwasser, Dusche, WC, Badewanne, Fliesen, Elektrik – ich denke alles gemeinsam.

Was ich überhaupt nicht leiden kann, ist Kleckserei. Wenn also alle nur ihren Job machen und nur den kleinen Ausschnitt ihrer Qualifikation sehen. Ich hasse es, wenn der Elektriker unvorbereitet auf die Baustelle kommt, keine Ahnung von den Plänen hat und es ihn einen Dreck interessiert, wo die Heizungsrohre verlaufen und weshalb diese eine Steckdose nicht dort ist, sondern da.

Das nenne ich nicht nur Betriebsblindheit, das nenne ich Egozentrik. Und die allermeisten Fachleute in Deutschland denken so eingeschränkt. Sie glauben, sie müssten im Leben einfach nur eine bestimmte, spezialisierte Tätigkeit erlernen und dann könnten sie diese Fähigkeit immer wieder einsetzen, ohne nach links und rechts zu schauen.

Da gilt für mich dann der Grundsatz: »Das kannst du schon so machen, aber dann ist es halt Kacke.«

Lieber ist es mir, wenn alle zusammenarbeiten. Heute heißt das »ganzheitlich«, oder man spricht von einem »360-Grad-Ansatz«, bei dem du wirklich in alle Richtungen schaust. Es sind Modebegriffe für etwas, was wir schon vor Jahrzehnten gemacht haben. Wir haben an einem Strang gezogen.

Wichtig ist dabei vor allem der Plan. Der Plan muss perfekt sein. Es darf nicht passieren, dass sich der Plan beim Arbeiten als fehlerhaft oder sogar unrealistisch erweist und du dann improvisieren musst. Ein wirklich klug gebautes Badezimmer hält jedem Realitätscheck stand. Und an einem guten Plan sind auch alle entscheidenden Leute beteiligt. Alle Gewerke sind dabei berücksichtigt.

Gutes Handwerk hat immer auch etwas Künstlerisches.

Und wichtig ist auch hier ein gutes Netzwerk. Ich arbeite unglaublich gerne mit kreativen Leuten zusammen. Dazu gehört mein Freund Christian Frontzeck, er ist der beste Fliesenleger, den ich kenne. Wir haben im Raum Frankfurt gemeinsam unzählige Bäder gebaut und jede Menge Häuser saniert – mit allem, was so ein Altbau hergibt. Und wir waren auch schon oft gemeinsam auf Messen und haben präsentiert, was wir so auf die Beine gestellt haben. Vor allem internationale Kontakte haben wir da geknüpft.

Wenn du vom Handwerk nicht viel Ahnung hast, wirst du dir denken: ein kreativer Fliesenleger? Aber sei dir sicher: Jede Disziplin, in die wir uns hineindenken, wird irgendwann zur Artistik. So, wie Fotografen nicht nur draufhalten und knipsen, sondern vorher bei der passenden Beleuchtung das Motiv ideal arrangieren und die Perspektive sorgsam wählen, rechnen Fliesenleger genau aus, an welcher Ecke sie mit den Fliesen beginnen müssen, damit idealerweise nirgendwo optische Brüche entstehen. Und ich lege Wert darauf, dass die Leute nicht nur Dienst nach Vorschrift abliefern, weil sie das halt einmal so gelernt haben, sondern dass sie mitdenken. Künstlerisch.

So etwas spricht sich übrigens herum. Spannend ist, dass wir als Zweiergespann vor allem in der Frankfurter Prominentenszene herumgereicht wurden. Ob Fußballer oder Schauspieler – die Leute leben in aller Regel hochfein und lieben großartige Bäder.

Im Jahr 1986 – in diesem Jahr gewann Boris Becker zum zweiten Mal in Wimbledon und in Tschernobyl in der damaligen Sowjetunion ist ein Atomkraftwerk geplatzt – haben Christian und ich ein Bad gebaut, das es in sich hatte. Es lag in der 1. Etage eines Altbaus in der Friedberger Anlage in Frankfurt. Ein Bad in einer 1. Etage – das klingt normal, und jeder übliche Installateur würde da halt ein Bad einbauen. Kann man machen, ohne sich das Haus anzuschauen. Aber ein wirklich guter Planer und Installateur beachtet da auch die Umgebung und die Bedingungen. Und da hatten wir es mit einer architektonischen Besonderheit zu tun: Dieses Gründerzeitgebäude war ein Schmuckstück. Gebaut Ende des 19. Jahrhunderts, hatte es die Kriege überstanden, und auch die Bausubstanz war hervorragend. Und unter unserer Baustelle lag eine Wohnung mit historischer Deckenmalerei und Stuck. Jede Art von Risiko eines wann auch immer eventuell eintretenden Wasserschadens war also unbedingt auszuschließen.

Die Herausforderung bei unserem Bad war außerdem: Wir hatten nur rund 14 Quadratmeter Platz. 14 Quadratmeter, das sind als Quadrat 3,74 Meter mal 3,74 Meter. Und wir hatten eben die besondere Bausubstanz.

Für mich hieß die Häufung all dieser Besonderheiten, dass ich eines meiner Lieblingsprinzipien aktivierte: »Hier installiert der Chef noch selbst.« Christian Frontzeck und ich setzten uns zusammen und überlegten.

Neben einer cleveren Planung haben wir vor allem versucht, mit unserer Gestaltung der Architektur gerecht zu werden. Also haben wir die edelsten Materialien verwendet, damit das Bad wie ein historisches Bad aussah, nur eben neu – mit Edel-Armaturen von Dornbracht bis hin zu Bordüren und Fliesen von Paloma Picasso (* 1949), der Tochter des Malers Pablo Picasso (1881–1973). Die Decke war 3,50 Meter hoch – sie haben wir teilweise abgehängt, aber über der Dusche die Originalhöhe gelassen. Der Clou war die Dusche selbst, der wir eine Doppelfunktion gegeben haben: Wir haben darin zwei Sitzbänke und eine Dampfsauna im römischen Stil installiert.

Nach acht Wochen sorgfältiger Arbeit war unser Kunstwerk fertig: ein kleines Bad mit integrierter Sauna, und das alles in vollendetem 20er-Jahre-Charme, durchaus geeignet als Kulisse für Dreharbeiten von »Babylon Berlin«.

Preiswürdig ist nicht, wenn du gute Arbeit ablieferst. Solides Handwerk ist nur die Basis.

Es war ein schöner Auftrag, den ich natürlich wie immer umfangreich mit Fotos dokumentiert habe. Der Kunde war zufrieden, die Bewohner der darunter liegenden Wohnung waren sicher vor Wassereinbruch, und Christian und ich fanden es schade, dass diese Arbeit zu Ende war. Wir wussten: Es war ein besonderes Werk.

Zwei Jahre später dann, im Februar 1988, erfuhren wir bei der Münchener Baumesse von dem Wettbewerb »Die goldene Zahnkelle«. Es ging um Deutschlands schönstes Bad, genauer: ein Bad, das sich durch Ideenreichtum auszeichnet, durch kreative Gestaltung und das außerdem noch bestimmte Wärmedämmplatten der Firma Deitermann einsetzt, die den Wettbewerb ausgeschrieben hatte. Diese Platten hatten wir eingesetzt.

Also haben wir uns mit diesem Bad beworben. Wieder einmal hat es sich als sinnvoll erwiesen, Baustellen und die Ergebnisse zu dokumentieren. Wir haben jede Menge Fotos eingereicht. Und was ist passiert? Von mehr als 1000 Einsendungen haben wir den 1. Preis gewonnen. Die Preisverleihung war bei Deitermann in Essen – wir gewannen »Die goldene Zahnkelle« sowie eine einwöchige Reise für zwei Personen nach New York.

Gute Leute finden

Ja, ich war Rohrbruch-Charlie. Ich wollte immer alles gut machen.

Und damit versaut man es sich ab und zu auch mal mit jemandem.

Bei mir war das zum Beispiel eine Architektin.

Ortstermin im Rohbau eines Einfamilienhauses. Der Bauherr, junger Familienvater, die Architektin und ich. Die Architektin war sichtlich stolz auf ihr Werk: Die beteiligten Baufirmen hatten bisher exakt umgesetzt, was sie am Reißbrett entworfen hatte. Mich hat man eingeladen, um mit mir die Heizung zu besprechen.

Und irgendwie hatte ich den Eindruck, die Architektin betrachtete mich als ihren Angestellten. Die Architektin bat den Familienvater und mich in den Keller, um zu besprechen, wie genau die Gastherme angebracht werden sollte und wo und wie die Leitungen verlaufen sollten. Brav bin ich mit in den Keller. Der zukünftige Eigentümer zeigte mir stolz den Hobbyraum, in dem er eine Tischtennisplatte für seine Kinder aufstellen wollte. Bisschen eng zum Tischtennisspielen, dachte ich mir, gerade wenn die Kinder mit Freunden »Chinesisch« spielen, also um die Platte herumlaufen, aber ich hielt die Klappe.

Wir betraten einen Raum direkt neben dem künftigen Hobbykeller. »Hier also wäre die Wand für die Therme«, erklärte die Architektin.

»Wollen Sie meine Meinung wissen?«, fragte ich. Die Architektin blickte schief, und der Häuslebauer sagte: »Ja, sicher.«

»Die Therme gehört unters Dach.«

»Wie bitte?«, fragte der Häuslebauer, und die Architektin sah mich mit offenem Mund an, als hätte ich gesagt, wir gießen den gesamten Keller gleich mit Kunstharz aus.

»Einen offenen Kamin haben Sie nicht«, fuhr ich fort. »Also brauchen Sie keinen Schornstein. Mein Tipp: Reißen Sie die Mauer zwischen Heizraum und Hobbykeller ein, und Sie haben mehr Platz für Ihre Tischtennisplatte.«

Die Architektin war außer sich und hob an, einen Satz zu sagen, der mit »Was fällt Ihnen ein« anfing. Aber der Häuslebauer wollte, dass ich ausrede. Und der Kunde bekommt immer, was er will – wer zahlt, bestimmt die Regeln.

Also legte ich dar, warum sich eine Gasleitung von unten problemlos nach oben verlegen lässt, dass dann kein aufwendiger Schornstein nötig ist, der durch drei Etagen gegangen wäre und 4000 Euro gekostet hätte, weil wir ihn noch brandschutzgerecht hätten verkleiden müssen. Diese Kosten hat sich der Kunde gespart. Und ich erzählte, weshalb am Ende mehr Platz für die Tischtennisplatte im Keller ist. Und warum es nebenbei die Pumpe entlastet, wenn die Therme unter dem Dach ist. Und wie schön es für Kinder ist, mit Freunden chinesisches Tischtennis zu spielen. Denn da rennt man ja um die Platte herum und will nicht mit dem Kopf an einer Wand entlangschrammen.

So kommt es, dass man es sich auch mal mit jemandem versaut. Die Architektin rannte wortlos nach oben. Sie wollte uns nicht zeigen, dass ihr Körper entschieden hatte, ihre mentale Reaktion für die Anwesenden sichtbar zu machen.

Konnte ich was dafür, dass die Dame sich jetzt schlecht fühlte? Nein. Der Kunde will eine bestmögliche Lösung. Besser erfährt er jetzt, Zustand Rohbau, von den Vorteilen einer Dachheizzentrale als beim ersten Grillabend für die Nachbarn, deren Kinder sich dann beim Tischtennisspielen an die Platte drücken. Für mich bedeutet das Arbeitsethos. Oder nenn' es »Ehre«. Ich finde es unehrenhaft, so zu tun, als hätte jemand recht, der sein Handwerk nicht versteht.

Immer wieder habe ich den Eindruck, die Leute denken nicht mit. Sie machen Dienst nach Vorschrift, arbeiten nach Schema F und überlegen nicht, wie sich ein baulicher Anspruch clever umsetzen lässt.

Und sie ignorieren die wichtigen Erkenntnisse und Erfahrungen der Menschheit: Bei jedem Neubau tauchen immer die gleichen Ansprüche auf, zumindest ähnliche. Es war ja nun nicht das erste Mal, dass ein Einfamilienhaus mit Gasheizung entsteht. Also erwarte ich von Profis ein gewisses Wissen um die Standards. In einem Einfamilienhaus die Gastherme in den Keller zu legen, nur weil das Gas vom städtischen Netz kommt, ist in etwa so klug, wie Getränkekisten auf dem Dachboden zu lagern.

Wir sollten ehrlich sein: Ist eine Baustelle schlecht geplant, dann sollten wir das dem Bauherrn sagen.

Als wir nach oben gingen, stellten wir fest: Die Dame war weg, ihr Cabrio auch. Also gingen wir eben zu zweit noch mal ins Haus. Ich zeigte dem Häuslebauer im Obergeschoss, wie ich eine Gastherme anbringen würde. Er ließ das Haus dann umbauen.

Die Künstler sind die Könige der Baustelle

Es ist nur eine von vielen Geschichten, die mir immer wieder deutlich machen: Es geht mehr als nur darum, dass du deinen Auftrag erfüllst. Damit meine ich nicht, dass wir den Kunden mit Geschenken überhäufen, also ich meine damit nicht die Quantität, wenn ich sage, wir müssen »mehr« machen als üblich. Ich meine damit die Qualität.

Viele Servicetrainer sagen ja, wir Selbstständige und Unternehmer müssten unsere Kunden immer wieder »überraschen«. Und dann empfehlen sie dir, dass du deinen Stammkunden Geburtstagskarten schreibst oder ein kleines Weihnachtsgeschenk fertigmachst.

Weißt du was? Die Leute vermissen keine Geburtstagskarten. Den Leuten fehlt überhaupt nichts, wenn sie von ihrem Immobilienmakler, Zahnarzt und Heizungsinstallateur keine kleinen Aufmerksamkeiten geschickt bekommen. Der Effekt, den solche Trainer dir einreden wollen, dass das auf die Kundenbindung einzahle und das Empfehlungsgeschäft ankurbele, halte ich für völlig abwegig. Die Leute buchen dich, wenn du nicht nur zuverlässig und sauber arbeitest, sondern vor allem auch dann, wenn du außerdem noch richtig gut bist.

Meine Überraschung für den Häuslebauer war eben mein gesunder Menschenverstand für diese Baustelle. Der Punkt dabei war nicht, dass ich eine superkreative Idee hatte. Sondern der Punkt war, dass ich eine sinnvolle Idee hatte. Es ging auch nicht darum, dass ich die Architektin bloßstellen wollte. Es ging nur um den Kunden und sein Wohl. Ich will, dass meine Kunden glücklich sind. Und dazu gehört es eben manchmal, die Wahrheit zu sagen.

Gerade wenn ein Bauprojekt falsch geplant ist, ist es die Pflicht jedes ehrlichen Menschen, das früh genug zu sagen. Damit der Bauherr noch einlenken kann. Möglichst zu Anfang des Projekts, wenn sich Pläne noch ändern lassen.

Ein anderer Architekt hat mich mal schwer getadelt, weil ich in einem bestimmten Raum im Keller nicht die geplante Fußbodenheizung verlegt habe. Der Grund war ebenfalls im gesunden Menschenverstand zu finden: Wo soll die Familie ihre Getränke lagern, die kühl bleiben sollen? Es ist doch Unsinn, wenn der Fußboden im Keller das Bier heizt.

Oder lass mich noch mal auf das Boardinghouse in Leimen zurückkommen. Du erinnerst dich: 110 Wohnungen samt Heizungssystem. Lass mich mal was über die Baustelle selbst berichten, es geht jetzt nicht um die Pleite danach.

Vereinbart waren die Heizungsanlage und ein Fettabscheider im Keller. Den Heizkessel habe ich schon vorher liefern lassen – und das ist ungewöhnlich. Meistens kommt der Heizkessel dann, wenn der Kellerrohbau fertig ist. Das allerdings ist meistens sehr frickelig, und so habe ich den Heizkessel schon weit früher bestellt.

Wir haben den Heizkessel da montiert, wo er am Schluss stehen sollte, also direkt auf der nackten Bodenplatte. Er kam fix und fertig an, komplett vormontiert.

Für Architekt und Bauherr war das unerwartet, aber es hat einfach zwei Wochen Arbeitsaufwand vermieden. So einen riesigen Kessel hätten wir in Einzelteile zerlegen müssen, um ihn in den fertigen Rohbau zu bekommen. Und so stand das 50.000-Euro-Teil auf der Rohbetonplatte. So war das nicht nötig. Nachdem der Kessel stand, kamen ringsum die Wände dazu und die Kellerdecke drüber. Nachdem Wände und Decke fest waren, habe ich die Kellerleitungen gelegt. Wir waren im Kesselhaus fertig, obwohl noch gar kein Haus da war. Die Rohrleitungen standen in der Luft – wir waren schneller als die Maurer.

Ich bin überzeugt: Erst auf der Baustelle zeigt sich, was jemand kann. Das ist meine Erfahrung. Und alle, die wirklich gut sind, haben etwas Künstlerisches. Sie haben eine künstlerische Ader und denken immer im Sinne des Kunden. Sie denken nicht in Kriterien wie »Das haben wir schon immer so gemacht« oder »Das sind gewachsene Strukturen«. Die wirklich guten Leute sind immer Mitdenker.

Das Problem ist heute, dass du kaum gute Leute bekommst. Irgendwelche Leute bekommen wir immer, aber die guten sind rar.

Deswegen übrigens arbeite ich sehr gerne mit Osteuropäern. Die sind gut, die klotzen ran. Wenn ich den vom Staat vorgesehenen Weg gehe, frage ich bei der Arbeitsagentur nach Personal. Der Effekt ist aber seit Jahren der gleiche, und das berichten dir jede Menge kleiner Betriebe, beispielsweise auch in der Gastronomie: Die Leute kommen entweder erst gar nicht zum Vorstellungstermin, oder sie bringen das Formular für die Ablehnung gleich mit. Da dürfen wir Unternehmer dann nur noch unterschreiben, dass wir den Bewerber ablehnen.

Oder die Leute sind zu nichts zu gebrauchen.

Du kriegst also offiziell nahezu niemanden, trotz Mindestlohn.

Bei uns im Rhein-Main-Gebiet machen wir das dann so: Am Frankfurter Hauptbahnhof bekommt man ja sowieso jede Menge Dinge des täglichen Bedarfs. Neben einem Markt für Drogen und Waffen hat sich dort auch ein Markt für Arbeitskräfte etabliert. Da bist du am besten schon morgens um 6 Uhr vor Ort, vor Schichtwechsel der Polizei, und findest deine Bewerber aus Polen, dem Baltikum und der Ukraine. Und die arbeiten wirklich richtig gut, auch weil sie immer wieder Geld in die Heimat schicken wollen, um ihre Familien zu ernähren.

Wobei ich sagen muss: Auch mein inzwischen bester Monteur kam vom Arbeitsamt, und auch er hatte schon den Wisch zur Absage dabei. Er war Großbaustellen gewohnt und dachte, meine Firma sei zu klein. Aber ich habe ihn genommen – und es war der Beginn einer wundervollen Freundschaft. Der beste Mann, den ich je hatte, und eine große Ausnahme in Sachen Arbeitsagentur.

Wie erkennst du gute Bewerber?

Das Problem reicht dann natürlich bis zum »Recruiting«, wie es heute modern heißt. Wie erkennst du anhand einer Bewerbung, ob jemand gut ist?

Bewerbungsunterlagen können so schick sein, wie sie wollen – am Ende zählt, was jemand konkret bringt. Wenn jemand zwei linke Hände hat oder die Uhr nicht lesen kann, schreibt er das normalerweise nicht in seiner Bewerbung. Da steht eher, dass er Microsoft Office beherrscht und Englisch kann, obwohl er nicht mal weiß, was »Outlook« auf Deutsch heißt.

Überall gibt es Blender. Im Büro wahrscheinlich mehr als auf dem Bau.

Vermutlich geht es den meisten Handwerksmeistern so. Erfahrene Leute wissen: Die Medaille hat mindestens zwei Seiten. Es gibt die Theorie, also den Schriftkram mit Behauptungen über sich selbst, mit Arbeitszeugnissen und Lebenslauf. Und es gibt die Praxis, also das konkrete, greifbare Handeln am Arbeitsplatz. Und je konkreter es bei der Arbeit zur Sache geht, desto schwerer können Blender schummeln.

In Bürojobs gibt es sicher mehr Blender als auf der Baustelle. Denn in Bürojobs, wo niemand genau sagen kann, woran der Kollege eigentlich gerade arbeitet, geht es am Ende oft nur um Gerede. Oft ist es nicht einmal wichtig, zu einer bestimmten Uhrzeit im Büro zu sein, wenn der Tag beginnt. In zahlreichen Präsentationen in Meetings verstecken sich die Schwätzer dieser Welt hinter einer ausgefeilten Rhetorik – eine Masche, hinter die du nur dann schnell kommst, wenn du gesunden Menschenverstand und Lebenserfahrung hast. Wer in der Welt der Meetings neu ist, als Berufseinsteiger, braucht oft erst mal eine ganze Zeit, um Relevanz vom Blendwerk zu unterscheiden.

Im Handwerk ist das was völlig anderes. Da siehst du sofort, ob jemand was kann oder nicht. Entweder erscheint der neue Kollege pünktlich am Einsatzort oder nicht. Entweder er erscheint nüchtern oder nicht. Entweder ist er vorbereitet und hat dabei, was er braucht – oder eben nicht. Merkst du was? Professionalität lässt sich anhand ganz einfacher Kriterien definieren. Entweder jemand ist auf Zack – oder eben nicht.

Nur dass eben immer weniger Leute diese Kriterien draufhaben, wie mir scheint. Auf mich wirkt es manchmal so, als würden die Leute immer dümmer werden. Natürlich haben auch wir als Berufseinsteiger so manchen Mist verzapft. Aber was du heute erlebst, wenn du mit Handwerkern oder auch anderen Berufstätigen zu tun hast, grenzt schon oft an völlige Unfähigkeit.

Und nein, das ist kein Geheule nach dem Motto »Früher war alles besser«. Früher war manches besser, klar, aber auch vieles schlechter. Besser ist heute zum Beispiel vieles dank Digitalisierung. Wie wir uns heute mit Kunden über Whatsapp austauschen können, auch was Fotos von Einzelteilen betrifft, während die Kunden gar nicht auf der Baustelle sind, das ist großartig. Besser war früher in meinen Augen der Blick für die Dinge, für wesentliche Kleinigkeiten. Und das Mitdenken war auch besser. Es ist schon richtig, dass uns die Technik ein wenig verblödet.

Der Planer, der trotz Plan plant

Wenn ich von Unfähigkeit spreche, dann denke ich allerdings in erster Linie an einen ganz bestimmten neuen Kollegen. Na ja, er war nicht lang neuer Kollege. Denn er ist an einer völlig einfachen Aufgabe gescheitert. Warum? Weil er zu kompliziert gedacht hat. Das kommt gar nicht so selten vor bei angeblich hoch qualifizierten Leuten, dass sie an einfachen Dingen scheitern.

Wenn etwas zu Ende gedacht ist, ist es zu Ende gedacht.

Aber ich hatte ihn eben eingestellt. Das geht auch gar nicht anders: Weil Bewerbungsmappen letztlich nichtssagend sind, gilt bei mir das Motto: »Erst mal einstellen.« Natürlich mit Probezeit. Denn worauf es ankommt, ist die Arbeit auf der Baustelle. Und da will ich erst mal sehen, was jemand kann.

Die Qualifikation des Mannes war hoch: Er hatte Abitur, und studiert hatte er auch. Außerdem hatte er eine Ausbildung als Anlagenmechaniker abgeschlossen. Er hatte die besten Voraussetzungen, um den Wettbewerb in »Deutschland sucht die Super-Bewerbungsmappe« zu gewinnen. Top qualifiziert, und trotzdem die größte Pfeife.

Die Aufgabe zu Beginn der Anstellung mit Probezeit war klar: Er sollte in einem Rohbau Leitungen verlegen. Das Briefing war perfekt, denn es gab einen Plan vom Architekten. Wenn du weißt, wie Architekten Häuser planen, dann weißt du, dass da eine Menge Leitungen miteinander konkurrieren, für die irgendwie Platz sein muss: Strom, Wasser, Abwasser, Heizungsvorlauf, Heizungsrücklauf, und dann gibt es noch jede Menge Sonderwünsche in Sachen Photovoltaik-Anlage, Netzwerktechnik und Alarmanlage – da ist also ein Haufen Zeug zu beachten. Jede Menge Normen definieren, in welchen Abständen und Winkeln was wie verlaufen muss, es gibt nicht viel zu improvisieren.

Deshalb gibt es einen Plan. Auf dem exakt verzeichnet ist, was wo verläuft. So ein Plan ist nicht für die Schublade gedacht, sondern dafür, dass man auch mal draufschaut.

Ich schicke den jungen Kerl also zur Baustelle, ausgestattet mit allen Informationen samt Plan und mit sämtlichem Werkzeug. Und was macht der Typ? Einen Plan!

Er macht einen Plan, obwohl es schon einen Plan gibt. Mit diesem Plan kommt er nach der Mittagspause stolz zurück ins Büro. Obwohl der Tag für konkrete Arbeit vorgesehen war, also fürs greifbare Verlegen konkret vorhandener Rohre, kam er mit selbstgezeichneten Skizzen zurück und wollte mir stolz präsentieren, wo aus seiner Sicht die beste Stelle für den Heizungsvorlauf war.

Das meine ich mit unfähig. Wenn jemand zu kompliziert denkt, um einfach zu handeln. Oder meinetwegen auch, wenn jemand zu einfach denkt, um kompliziert zu handeln. Dieser junge Mann war so eingenommen von sich mit seiner vielen Theorie, dass er sich nicht um die Pläne des Architekten gekümmert hat, sondern selbst »gedacht« hat. »Denken« kann man das kaum nennen, weil er die verfügbaren Informationen ignoriert.

Entsprechend erlebte dieser Theoretiker ein Donnerwetter. Wie hatte er sich das vorgestellt, Heizungsrohre da zu verlegen, wo laut der Norm DIN-VDE 02 elektrische Leitungen verlaufen? Schon mal übers eigene Handwerk hinausgedacht? Fehlanzeige. Wie so jemand eine Berufsausbildung als Anlagentechniker haben kann? Keine Ahnung. Prüfer geschmiert?

Das war jedenfalls so einer, dessen Probezeit keine drei Tage lang ging. Gibt es öfter mal. Es hat schon Sinn, die Probe aufs Exempel zu machen und den Kandidaten auf die Baustelle zu lassen, bevor man ihm einen unbefristeten Vertrag gibt. Das ist auch nicht unsozial oder böses Unternehmerschwein, sondern so etwas rettet Firmen und Arbeitsplätze.

Wenn du nur Pfeifen einstellst, die auf der Baustelle herumpfuschen, hast du zu Recht bald keine Aufträge mehr. Bei der Mitarbeitergewinnung auf Qualität zu achten, ist ein unbedingtes Muss. Unternehmen sind keine sozialen Auffangstationen für die Faulpelze und Würste dieser Welt, sondern sie müssen erfolgreich sein, um überhaupt Arbeitsplätze stellen und Steuern bezahlen zu können. Wer jemals selbstständig war, weiß genau: Wer nicht liefert, stirbt.

Brüche im Lebenslauf

Wenn du also eine Bewerbungsmappe vor dir hast, kannst du vermutlich kaum beurteilen, ob jemand gut ist oder nicht. Bewirbt sich jemand, liegt es in der Natur der Sache, dass er sich möglichst vorteilhaft präsentiert. Hinzu kommen inzwischen viel zu viele Arbeitsgerichtsurteile, wonach Zeugnisse kaum noch negativ formuliert sein dürfen.

Also sind Bewerbungsmappen schon mal Blendwerk. Ein paar Eckdaten verraten diese Mappen, also: Wie alt ist der Bewerber, was hat er gelernt, wo war er bisher, wo kommt er her? Aber das war's auch schon. Selbst die besten Zeugnisnoten sagen kaum etwas darüber aus, wie gut jemand ist – weil unser gutes altes Bildungssystem eben vorwiegend von Theoretikern erdacht und gemacht ist, die noch nie in ihrem Leben wirklich konkret gearbeitet haben.

Was soll das zum Beispiel mit der ständigen Rechtschreibung? Mancher Schulabgänger hat miserable Noten wegen seiner Rechtschreibschwäche. Die schlägt sich in allen Fächern nieder, in denen er Klassenarbeiten schreibt, manchmal sogar in Mathe. Die Berufsschullehrer sind da nachsichtiger, und das ist gut so, aber letzten Endes vertuscht das Thema Rechtschreibung bei ganz vielen hoch talentierten Handwerksanwärtern das Potenzial.

Ich finde das komplett ungerecht. Warum geben wir den Abiturienten eines humanistischen Gymnasiums keine Noten im Rückwärtseinparken von Transportern mit Anhänger? Das, was wichtig ist, kommt völlig zu kurz – und etwas Unwichtiges wie Rechtschreibung auf einer Baustelle in der Branche Heizung/Wasser/Scheiße schließt die Leute vom Beruf aus.

Und die Sache mit den Brüchen im Lebenslauf kennst du mit Sicherheit auch. »Vorsicht bei Brüchen im Lebenslauf!«, heißt es immer wieder. Als gut gilt, wenn jemand ganz lang bei einem Unternehmen arbeitet und immer das Gleiche macht. Aber warum?

Brüche im Lebenslauf sind dann schwierig, wenn die Abstände zwischen den Wechseln zu klein sind.

Brüche im Lebenslauf können viele Gründe haben: Jemand orientiert sich neu, macht eine Zusatzausbildung, eine Weiterbildung, eine Weltreise, was auch immer. Was spricht dagegen? Oder: Ein Arbeitgeber macht Pleite – was können die Angestellten dafür? Oder: Der Chef ist schlichtweg gestorben und es gibt keinen Nachfolger – was kann das Team dafür? Es hat also durchaus Sinn, sich die Gründe für Brüche im Lebenslauf genau anzuschauen.

Auch ob jemand zu oft wechselt, ist mit Vorsicht zu betrachten. Wenn die einzelnen Etappen in einem Lebenslauf nicht kürzer sind als zwei bis drei Jahre, ist nach meiner Erfahrung alles in Ordnung: Das Leben geht eben weiter, die Leute entwickeln sich. Gut, wenn jemand kontinuierlich alle paar Monate den Arbeitgeber wechselt und ich ein Muster erkenne, dann sortiere ich so einen Lebenslauf auch erst mal aus.

Andererseits muss ich auch sagen: Selbst Abbrecher sind oft super Mitarbeiter. Manche Abbrecher haben einfach einem miserablen Chef den Rücken gekehrt. Wie heißt es so oft? Gute Leute kommen wegen des Unternehmens und gehen wegen schlechter Chefs. Sofern du Bewerbungsgespräche führst, kann ich dir nur empfehlen, mit den Leuten ehrlich und offen zu sprechen. Wenn du ein guter Chef bist, bei dem die Leute sich wohlfühlen und der ihre Leistungen wirklich würdigt, dann bleiben die sogenannten Top-Performer auch durchaus mal gerne länger bei dir.

Mit »wohlfühlen« meine ich übrigens keine Kuschelstunde. Ich meine nicht rumsitzen und saufen, sondern ich meine Engagement. Arbeitgeber sagen immer, die Mitarbeiter sollten sich engagieren. Das stimmt schon, aber auch der Chef muss sich engagieren. Wenn die Leute also eine super Leistung bringen, dann darf man das auch mal feiern. Bei einer Baustelle hatte ich mal acht Monteure, und die waren echt schneller fertig als geplant. Und das ohne Pfusch. Die waren wirklich gut! Der Kunde war super zufrieden und hat jedem 10 Euro Trinkgeld gegeben. Das Trinkgeld behalten die Jungs natürlich, das geht den Chef nichts an.

Und dann kommt der Trupp in die Firma zurück und berichtet. Die Arbeiter werden sowieso schon über Tarif bezahlt, da würde mancher Chef sagen: »Nur mal nicht übermütig werden! Ihr habt ja schon ein Trinkgeld bekommen.« Oder der klassische Schwabe mit seinem Spruch: »Nicht geschimpft ist genug gelobt!«

So sehe ich das gar nicht. Ich habe den Männern gesagt: »Morgen, am Freitag, macht ihr alle früher Schluss. Und wer Lust hat, ist um 18 Uhr beim Italiener, ich lade euch ein.« Was passiert? Die Jungs kippen ihre Freitagabend-Verabredungen und schlagen alle beim Italiener auf. Meine Komplettrechnung für den Abend samt Wein und Grappa: 300 Euro. Aber es war wichtig. Und richtig. Ich will und muss guten Leuten zeigen, dass sie gut sind. Und keiner hat das Abendessen als Stunden aufgeschrieben.

Wenn Schnaps Dienst ist

Wenn alle füreinander einstehen – üblich ist diese gegenseitige Loyalität in Deutschland nebenbei gesagt nicht: Ganz viele trennen eigentlich sehr stark zwischen Dienst und Schnaps – aber den Schnaps nach Feierabend mit dem Chef verstehen sie als Arbeitszeit. Warum? Weil der Chef dabei ist? Weil man bei so einem Treffen natürlich auch über den Job spricht?

Und das verstehe ich nicht. Denn wenn jemand einen Beruf ergreift, dann schlägt doch sein Herz dafür, oder nicht? Sollte es jedenfalls. Also wenn ich heute jung wäre und mir einen Beruf raussuchen müsste, würde ich doch nichts wählen, was mir keinen Spaß macht! Natürlich würde ich einen Beruf ergreifen, bei dem ich aufgehe, bei dem ich nicht merke, wie die Zeit vergeht.

Kennst du das, wenn du etwas machst, wobei Stunden vergehen, ohne dass es anstrengend wird oder nervig? Wie bei einem Hobby, zu dem uns niemand zwingen muss, sondern das wir mit Begeisterung ausüben?

Da fällt mir übrigens eine Geschichte zum Thema Arbeitsmoral ein. Ich glaube, dass wir im Westen Deutschlands schon wegen der marktwirtschaftlichen Ausrichtung das Ranklotzen gewöhnt sind. Von nichts kommt nichts, das wissen eigentlich alle im Westen, wobei diese Haltung heute immer mehr verloren geht.

Dabei denke ich immer mal wieder an einen Handwerker, der aus der früheren DDR rübergekommen war und bei mir angefangen hatte. Die Arbeitsmoral war fast nur vom Pausemachen geprägt.

Eines Tages habe ich gemerkt, dass der neue Mann nur rumstand, offensichtlich schon seit mehr als einer Stunde. Ich habe ihn gefragt, was los ist. Er sagte, er warte aufs Material. Dabei arbeiten unsere Monteure selbstständig und holen sich das Material beim Großhändler, der hier gar nicht so weit weg war. Aber der Neue war es nicht gewohnt, eigenständig zu handeln.

»Geht bei euch nie das Material aus?«, hat er mal gefragt, mitten am Tag. »Nein«, war die Antwort. Das hat auch gestimmt: Bei uns ist das Material nicht ausgegangen, wir hatten die ganze Arbeitszeit über zu tun, und das war jeden Tag so. »Du bist jetzt bei uns im Westen«, habe ich ihm gesagt. »Bei uns gibt es alles, jederzeit.«

Denn die Marktwirtschaft bewirkt halt, dass alles da ist, was man braucht. Insofern war das Leben im »goldenen Westen« für den neuen Kollegen aus der DDR natürlich angenehm, aber dass das nicht nur jede Menge Konsum bedeutet, sondern auch jede Menge Arbeit, fiel ihm sehr schwer zu verstehen.

Er war es eben gewohnt, dass die Arbeit für Stunden oder sogar Tage unterbrochen wurde, weil irgendwas gefehlt hat – und entsprechend war es auch normal, dass viele Waren des täglichen Bedarfs nicht zu bekommen waren, vor allem bei Werkzeug und Material.

Manche Menschen müssen erst selbstständig werden, um zu verstehen, was professionelle Ansprüche sind.

Und weißt du was? Am Ende musste sich dieser ostsozialisierte Mann erst selbstständig machen, damit der Groschen fällt. Erst wenn jemand auf eigene Rechnung und mit eigener Kasse arbeitet, mit eigenen Händen, dann begreift er, wie übel ein Materialausfall eigentlich ist. Und wie wichtig es ist, dranzubleiben und durchzuarbeiten.

Wer das nicht kapiert, das sind die Theoretiker dieses Landes. Also die, die ein festes Gehalt bekommen, ohne dass dieses Geld direkt von einer Leistung abhängt. Das betrifft schon mal den gesamten öffentlichen Dienst. Und es betrifft eine Menge Leute im mittleren Management von Großunternehmen. Kapieren tun es, gerade in Großunternehmen, meistens vor allem die Oberbosse und auch manche Arbeiter an der Front. Also die, die direkt mit Kunden zu tun haben und verstehen, dass der Kunde zufrieden sein muss, weil sonst kein Geld fließt.

Die hessischen Tugenden

Dass das deutsche Handwerk weltweit einen guten Ruf genießt, hatten wir ja schon. Das ist im Grunde auch gerechtfertigt. Nur wenn ich mir anschaue, wie sich manche Leute im Einsatz anstellen, stellt sich mir doch die Frage, warum wir so ein gutes Image haben.

Ich kann es mir nur damit erklären, dass das Chaos auf Baustellungen im Ausland möglicherweise noch größer ist als bei uns. Aber so sicher bin ich mir da auch gar nicht. Aus Polen zum Beispiel kenne ich echt vor allem gute Leute, die heute so gewissenhaft arbeiten wie es dem Ruf nach eigentlich wir tun müssten. Ganz viele polnische Kollegen klotzen richtig ran, und du kannst dich im Sinne der preußischen Tugenden auf sie verlassen. Und das liegt, glaube ich, nicht daran, dass das alte Ostpreußen heute teilweise in Polen liegt.

Also lass mich mal ein paar Tugenden aufzählen, die meiner Meinung nach heute wichtig sind, wenn du beruflich erfolgreich sein willst. Weil es meine persönliche Auswahl ist und ich kein Preuße bin, nenne ich sie die »hessischen Tugenden«:

- **Disziplin**. Das bedeutet in erster Linie, dass wir ernstnehmen, was wir tun. Und mit diesem Ernst konzentrieren wir uns auf unsere Arbeit. Wir unterbrechen unsere Arbeit nicht ständig, um Kaffee zu trinken oder zu tratschen, sondern wir machen Strecke und halten das auch durch.
- **Pünktlichkeit**. Das heißt, dass 7 Uhr 7 Uhr ist und nicht 7.10 Uhr. Mal zu spät kommen, das kommt vor, aber ständig? Das wird schwierig. Die westliche Welt genießt in meinen Augen auch deswegen so einen Wohlstand, weil wir die Zeit nicht verschlumpfen. Im Gegenteil: Wer wirklich arbeitet, ist sauer, wenn die Bahn zu spät kommt oder

er im Stau steht, weil sich junge Leute auf die Fahrbahn kleben. Also: Wir sind pünktlich. Was auch nicht heißt, dass wir auf den letzten Drücker kommen. Im Idealfall sind wir zehn Minuten vor Termin da, dann haben wir keinen Stress.

- **Zuverlässigkeit**. Damit ist gemeint, dass wir tun, was wir sagen. Wenn wir jemandem etwas zusagen, dann halten wir uns daran. Kommen wir mit einem engen Zeitplan nicht klar und sehen ab, dass sich das Projekt verzögert, dann sagen wir das dem Kunden. Und dann sind wir mit unserer neuen Ansage zuverlässig.
- **Aufrichtigkeit**. Sie bedeutet, dass wir die Wahrheit sagen, die ganze Wahrheit und nichts als die Wahrheit. Wir spielen kein doppeltes Spiel, wir intrigieren nicht, wir spielen niemanden gegen andere aus. Sondern wir spielen mit offenen Karten und handeln transparent und nachvollziehbar. Also: Wenn wir etwas in der vereinbarten Zeit nicht schaffen oder wenn wir es gar nicht schaffen, dann sagen wir das.
- **Gewissenhaftigkeit**. Das bedeutet, dass wir sorgfältig arbeiten, also mit höchster Qualität. Dass wir nicht um 17 Uhr etwas hinklecksen und halbwegs fertigmachen, weil gleich Feierabend ist, sondern dass wir die Dinge richtig machen und sauber zu Ende bringen.
- **Klarheit**. Gemeint ist, dass wir wissen, was wir tun und was wir nicht tun. Ich hatte einen Mitarbeiter, der hat angerufen und gesagt, dass er das Auto braucht und er melde sich. Dann hat er sich nicht gemeldet. Dann kam er doch noch an und wollte das Auto, aber das war inzwischen anderweitig verplant. Verstehst du? Solche verpeilten Leute kannst du nicht gebrauchen.

Wenn du ausnahmsweise mal eine dieser Tugenden verletzt, hat der Kunde vielleicht noch Verständnis – für den Kunden steht immer auch die Frage im Raum, wie wirtschaftlich es ist, einen Anbieter zu wechseln, und wie viel Zeit er dabei verliert.

Wenn du solche Tugenden dauerhaft mit Füßen trittst, ist der Kunde mit Sicherheit bald weg und du wirst mit hoher Wahrscheinlichkeit nicht langfristig erfolgreich. Denn mit einer solchen Arbeitseinstellung musst du immer wieder neue Kunden akquirieren, wobei das Empfehlungsgeschäft gleich null ist. Anstrengend, würde ich sagen. Und du hast ständig Reklamationen am Knie, weil du zu spät abgibst. Irgendwann springt dann auch deine Betriebshaftpflichtversicherung ab.

Fachkompetenz macht nur einen kleinen Teil des Erfolges aus. Bedeutender sind soziale Kompetenzen.

Siehst du, dass die reine Fachkompetenz nur einen kleinen Teil deines Erfolges ausmacht? Klar sollst du dein Handwerk beherrschen, aber das ist eben keine Auszeichnung. Wichtig ist, dass du es besser beherrschst als andere und dass du darüber hinaus noch umgänglich bist.

Was ich bei uns in der Firma eingeführt habe, ist zum Beispiel eine ganz einfache Frage. Also stell dir vor, ein Handwerker ist beim Kunden und macht irgendwas. Wirklich egal, was. Wenn er fertig ist und sich die Unterschrift vom Auftraggeber geholt hat, haut er nicht einfach ab, sondern fragt: »Was kann ich noch für Sie tun?« Auch wenn eigentlich schon Feierabend ist.

Die Frage erstaunt viele Kunden. Denn die Leute sind es ja gewöhnt, dass der Handwerker nur kommt, um seinen Job zu machen, und dann wieder abfliegt. Und jetzt fragt der: »Was kann ich noch für Sie tun?« Die Leute sind oft so baff, dass ihnen gar nichts einfällt. Und wenn ihnen was einfällt, sagen sie: »Bestimmt haben Sie dazu jetzt gar keine Zeit.« Das sind alles brave, konditionierte

Kunden, die sich an den miesen Service der meisten Handwerker gewöhnt haben.

Wenn die Kunden aber ein wenig nachdenken und scharfstellen, dass die Frage gar kein blöder Witz ist, sondern ernst gemeint, dann fällt ihnen oft etwas ein. Wenn der Einzug noch läuft oder gerade endet, sind manchmal Gardinen aufzuhängen. Oder eine Waschmaschine ist anzuschließen. Oder es sind so einfache Sachen, dass man eben mal mit anpackt, um etwas Schweres in den Keller zu wuchten.

Natürlich überschreiten wir dabei nicht unsere Kompetenzen: Wenn es um Elektrik geht, empfehlen wir lieber einen guten Elektriker. Aber mal ein Loch bohren, damit der Kunde ein Netzwerkkabel durch die Wand leiten kann, da helfen wir natürlich gerne. Denn kein normaler Privatmensch hat Hilti-Bohrer zu Hause, mit denen er durch zehn Zentimeter Beton kommt, bei zwei Zentimetern Durchmesser.

Manchmal sehen unsere Handwerker auch einfach, was zu tun ist. Da heißt die Kompetenz dann »Augen aufmachen«. Wie so oft, geht es um Wahrnehmung. Im Bad sehen Profis sofort, ob der Perlator verkalkt ist. Wenn das Wasser nicht richtig fließt, verkauft ein guter Handwerker dem Kunden ruckzuck einen neuen.

Oder wenn wir in der Küche zugange sind und sehen, dass das Öl aus dem Abzug über dem Herd tropft, ist es kein weiter Weg zur Frage, ob wir mal die Filter durchwaschen sollten. Manche Kunden sagen dann, sie machen das schon selbst, aber danken für den Hinweis, dass sich die Dinger überhaupt durchwaschen lassen.

Und unabhängig davon machen wir unseren Kunden natürlich auch Geschenke. Aber wir schreiben keine Weihnachtskarten, sondern verschenken beim Treffen Dinge, die man wirklich brauchen kann: Kugelschreiber, Notizblock, Zollstock – jeweils natürlich mit dem Schriftzug der Firma.

Professionalität

Neben den »hessischen Tugenden« als persönliche Kompetenzen habe ich noch ein paar Prinzipien für dich, wenn du dich als Betrieb aufstellst. Gerade im Handwerk. Die Prinzipien gelten sicher auch für Werbeagenturen, aber weil ich von denen wenig weiß, beschreibe ich das mal aus Handwerkersicht.

- **Lagerhaltung bedenken**. Du musst die wichtigen Dinge vorrätig haben – und damit meine ich nicht nur den Universaldübel. Über Lean Management hatte ich ja schon gesprochen, das ist quasi die Just-in-time-Arbeitsweise auf Baustellen. Da ist der Zeitplan auf Kante genäht, für Fehler und Improvisationen ist da keine Zeit. Zugleich gilt das Prinzip »Just in time« für die gesamte heutige Logistik: Die Autobahnen sind voller Lastkraftwagen, die Rastplätze sind verstopft. Warum? Weil die Autobahnen heute das Lager sind. Also solltest du alles dahaben, was du vielleicht brauchen könntest. In vielen Betrieben klappt das nicht: Das Lagersystem zeigt zwar, dass was fehlt, aber die Leute bestellen nicht nach. Also muss der Kunde auf ein simples Ersatzteil warten. Sich darum vorher schon zu kümmern, ist heute ein enormer Wettbewerbsvorteil. Der Kunde ruft verschiedene Handwerker an und fragt, ob sie kurzfristig helfen können. Der eine muss das benötigte Teil erst bestellen, der andere hat es da. Welchen Handwerker nimmt der Kunde?
- **Auslastung planen**. Wichtig ist, dass du längerfristig denkst und Aufträge nicht absagen musst, weil sie zu groß sind. Gleichzeitig musst du schauen, dass deine Leute mit sinnvollen Dingen beschäftigt sind. Dieses Auftrags-Tetris haben viele Selbstständige nicht drauf. Ich empfehle dir

hier ein starkes Netzwerk aus Leuten, auf die du zur Not zugreifen kannst. Was auch heißt, dass du bereit bist, auch mal den anderen auszuhelfen.

- **Feuerwehrprinzip beherzigen**. Das ist ein ganz einfaches Prinzip: Wenn die Feuerwehr nach einem Anruf und vor dem Einsatz erst mal tanken fahren muss, funktioniert der Laden nicht. Es ist schlecht, wenn zu wenig Luft in den Reifen ist und an Bord Werkzeug fehlt. Das heißt: Deine Maschinen und dein Fuhrpark sind immer startklar. Das Aufräumen gehört dabei übrigens zum Job. Meine Mitarbeiter stellen die Ordnung im Auto sofort nach dem Einsatz wieder her, und zwar beim Kunden. Das ist Arbeitszeit. Ich weiß, nach dem Einsatz ist man erst mal platt und hat keine Lust, im Auto Ordnung zu schaffen. Aber es doch zu tun, spart später massiv Zeit und Nerven. Und: Alle müssen so aufräumen, dass der Nächste sofort loslegen kann. Es gibt keine geheimen Ablagen für Werkzeuge, sondern alle arbeiten nach derselben Ordnung. Gemeint ist nicht unbedingt, dass die Handtücher exakt auf Kante liegen wie bei der Bundeswehr, aber dass grundlegend Ordnung herrscht und wir an unserem Arbeitsplatz eine übersichtliche Struktur haben. Es heißt, dass wir die Dinge schnell finden. Der Schraubendreher, wenn wir ihn nicht mehr brauchen, kommt dahin zurück, wo er hingehört – wir legen ihn nicht irgendwo vorübergehend ab und müssen ihn nachher suchen. Und wir machen Werkzeug nach Gebrauch sofort wieder einsatzbereit. Kennst du diese Gipsbecher aus Gummi zum Spachteln? Die machen wir sofort leer und sauber, damit sie nicht steinhart werden. Das Ganze betrifft auch Zugangsdaten, wenn es möglicherweise um die Kundendatenbank oder die Buchhaltung geht. Alle, die da ranmüssen, müssen auch problemlos ran können.

Wie ich mir eine kupferne Nase verdient habe

Kupfer ist ein Halbedelmetall. Das heißt: Es ist nicht so korrosionsanfällig wie beispielsweise Eisen, das schon bei geringer Luftfeuchtigkeit zu rosten beginnt. Und es ist nicht so widerstandsfähig wie Gold, das sich chemisch so gut wie gar nicht binden lässt.

Ökonomisch und technisch gesehen ist die wichtigste Eigenschaft von Kupfer die elektrische Leitfähigkeit. Darum besteht fast jedes Stromkabel aus Kupfer. Und deswegen wiederum ist Kupfer relativ wertvoll. Ein Kilogramm Kupfer kostete wenige Wochen vor Erscheinen dieses Buches etwa 8,29 Euro. Rechnen wir ohne Rabatte, ist eine Tonne Kupfer (1000 Kilogramm) also 8290 Euro wert. 21 Tonnen Kupfer kosten also 174.090 Euro.[4]

Im Jahr 2005 war der Kupferpreis deutlich niedriger. Er lag bei 2,41 Euro pro Kilogramm. 21 Tonnen Kupfer kosteten also damals 50.610 Euro. Wer damals Kupfer eingekauft und es bis heute behalten hat, hat sein Vermögen also mit 3,4 multipliziert, also mehr als verdreifacht. Eine Traum-Rendite fast wie im Drogenhandel.

Handeln heißt: billig einkaufen, teuer verkaufen. Völlig legitim.

Das Thema Metallpreise hat mich schon lange fasziniert und ich habe oft überlegt, wie ich damit Geld verdienen kann. Zugleich kannte ich natürlich schon immer die alte Händlerweisheit: »Der Gewinn liegt im Einkauf.«

Eine beliebte Art, sich im Metallgeschäft zu engagieren, ist seit Jahren der Kupferdiebstahl. Vielleicht hast du dich auch schon mal gefragt, warum immer wieder irgendwelche Typen Baumaterial klauen, bevorzugt Kupfer – an Bahnlinien, auf Industrieflächen.

---

[4] Stand: 3. April 2023.

Oft sind es kleinere Coups wie im rheinland-pfälzischen Zeiskam im September 2022 – da sind die Täter ins umzäunte Areal der Wasserwerke eingedrungen und haben Kupferrinnen im Wert von 800 Euro mitgehen lassen.[5]

Bei 800 Euro stellt sich natürlich die Frage, inwieweit es sich lohnt, dafür ein solches Risiko einzugehen, aber in gewissen Kreisen ist die Hemmschwelle schon sehr gering. Und warum klauen Leute Kupfer? Wegen der Kupferpreise natürlich. So einen Stapel Kupferrinnen kriegst du schon losgeschlagen, vor allem wenn du dabei unter dem Tagespreis bleibst. Die Käufer drücken beide Augen zu und stellen keine Fragen, stattdessen freuen sie sich über das Schnäppchen.

Doch kriminell wollte ich ja nicht sein – ich brauchte also schon einen etwas anderen Zugang zum Thema.

Gutschrift automatisch, Geld sofort auf dem Konto

Im Jahr 2005 war nicht nur der Kupferpreis sehr gering, sondern da gab es noch etwas anderes: einen Datenfehler bei einer großen Baumarktkette. Und der lieferte mir die Lösung.

Baumärkte sind für die meisten Menschen nur zum Einkaufen da. Die Leute empfinden Baumärkte wie Obi, Bauhaus, Toom und Hornbach als riesige Supermärkte, in denen sie statt Cornflakes und linksdrehender Hafermilch eben Lüsterklemmen bekommen, Stehlampen fürs Wohnzimmer, Waschbecken und Abflüsse mit Widerhaken.

Dass Baumärkte aber auch Handwerker beauftragen, beispielsweise um dann beim Kunden einen Abfluss zu montieren, haben die wenigsten auf dem Schirm. Wenn du dir beim Baumarkt eine Einbauküche inklusive Einbau bestellst, kommen oft genug

[5] https://www.presseportal.de/blaulicht/pm/117686/5325320

keine fest angestellten Baumarktmitarbeiter zu dir nach Hause, sondern externe Handwerker, die der Baumarkt eben beauftragt.

Da fungieren die Handwerker dann quasi als Subunternehmer – ein Wort, das die meisten Privatleute vom Bau kennen. Das Wort riecht nach Schwarzarbeit, aber die Baumärkte bekommen das alles schon ordentlich und legal hin.

Baumärkte sind oft Arbeitgeber für selbstständige Handwerker.

Heißt konkret: Der Baumarkt verkauft dem Kunden eine Leistung und beauftragt mit dieser Leistung einen Handwerker. Der bekommt dann nicht das ganze Geld vom Kunden über den Umweg Baumarkt, sondern nur einen Teil. Denn natürlich behält der Baumarkt ein bisschen was ein, schließlich hat er dem Handwerker einen Auftrag verschafft. Am Ende bekommt der Handwerker sein Honorar, ordentlich ausgewiesen mit Mehrwertsteuer und steuerlich anzugeben bei den freundlichen Damen und Herren vom Finanzamt.

Als Handwerker bist du froh, wenn du an einen Baumarkt angeschlossen bist, der dir deine Aufträge zuteilt und automatisch bezahlt. Wiederkehrende Aufträge sind ein Traum. Eine Rechnung musst du gar nicht schreiben – der Baumarkt stellt einfach vollautomatisch und IT-gestützt eine Gutschrift aus. Die Bankverbindung hat er ja, und so fließt die Kohle ganz mühelos aufs Konto. Der Beleg kommt per Post oder heute als PDF per E-Mail und wandert direkt in den Leitz-Ordner, heute halt noch über den Umweg »Drucker«.

Im Jahr 2005, als der Kupferpreis so tief lag, war ich so ein Handwerker, der im Auftrag eines Baumarkts unterwegs war. Ich bin zu den Leuten nach Hause gefahren und habe Sanitäranlagen installiert, die die Leute beim Baumarkt bestellt haben. Und ich musste keine Rechnungen schreiben, weil der Baumarkt die ganze Bürokratie für mich erledigt hat. Die Kohle kam zügig aufs Konto, per Post kam die Gutschrift, und ab damit in die Buchhaltung.

Vorgang erledigt und raus aus dem Kopf. Ein traumhaftes Leben, fast wie bei einem Angestellten.

Wenn ein Datenfehler Geld ausspuckt

314.270 Euro plötzlich auf dem Konto – da sage ich erst mal nichts.

Wenn du als Handwerker im Auftrag eines Baumarktes unterwegs bist, sind die Gutschriften normalerweise dreistellig. Du kennst das: Wenn ein Elektriker bei dir zu Hause vierzehn Lampen montiert, kostet das mehr als 100 Euro netto. Meine Gutschriften betrugen also mal 242,67 Euro, mal 462,44 Euro, mal 137,60 Euro. Lauter krumme Zahlen, weil aufwendig berechnet: Stundenlohn mal Zeit abzüglich Ludenlohn für den Baumarkt, in aller Regel prozentual, plus Kilometergeld. Das war mir aber egal und es ist auch vielen Handwerkern egal, solange die Kohle pünktlich eintrifft.

Irgendwann im vierten Quartal 2005 kam dann vom Baumarkt eine Abrechnung, die ich wie so viele andere Abrechnungen einfach nur rasch abheften wollte. Doch bei einem Blick aufs Papier sah Sonja sofort: Mit der Zahl stimmte etwas nicht. Wir hatten einen Betrag leicht über 300 Euro erwartet, doch stattdessen standen da 314.270 Euro. »Soll ich da anrufen?«, fragte Sonja, und ich antwortete: »Nein, lass mal.« Ein Fehler, dachte ich mir, das werden die schon von selbst merken und bald korrigieren.

Aber da kam keine Korrektur. Stattdessen sah ich bei einem Blick aufs Konto: Da waren tatsächlich 314.270 Euro eingetroffen.

Ich dachte: Jetzt sag' ich erst mal nix. Sonja hielt auch dicht. Wir hatten ganz kurz ein Gespräch über die Idee, ob wir jetzt schnell auswandern, aber ihn dann doch wieder verworfen.

Das Wichtigste in solchen Situationen ist, Ruhe zu bewahren. Wenn außergewöhnliche Dinge geschehen, rate ich dir, erst mal nachzudenken. Lass dir Zeit zum Überlegen, was zu tun ist. Nicht aus der Hüfte schießen. Wenn etwas Besonderes passiert, solltest du genau überlegen, was du tust. Greif nicht gleich zum Handy. Eigentlich gilt das immer, aber in Ausnahmesituationen gilt es ganz besonders.

Da war also plötzlich eine Menge Geld da, die mit Sicherheit irgendwann jemand zurückfordern würde. Jeder Baumarkt hat ein Controlling, eine Revision, und alle Menschen lieben Geld. Niemand verschenkt etwas.

Übrigens ergab eine kleine Umfrage im Handwerkerbekanntenkreis: Nicht nur ich hatte zu viel Geld bekommen, sondern alle. Ein IT-Fehler hatte an alle Zahlen drei Nullen angehängt. Eine ganze Menge Handwerker hatten also mit einem Schlag und völlig unerwartet eine Altersvorsorge auf dem Konto.

Der Kupfer-Deal

Zugleich lauerte da noch eine Gefahr: Beim Finanzamt herrscht Alarm, wenn die Zahlen in deiner nächsten Umsatzsteuervoranmeldung so dermaßen durch die Decke gehen, dass das Amt an deinem Geschäftsmodell zweifelt. Natürlich ist die Umsatzsteuer monatlich ans Finanzamt abzuführen, das heißt, die Euronen unter »USt.« sind tendenziell schon mal beim Staat. Sobald dieses Geld beim Staat landet, ist der Vorgang quasi offiziell. Wenn es aber gelänge, das Ganze innerhalb des laufenden Rechnungsmonats zu bereinigen, wäre die Umsatzsteueranmeldung für den Monat am Ende ganz normal. Jedenfalls dann, wenn man die Einnahme und die gleich hohe Ausgabe nicht so laut beim Finanzamt bekannt macht. Kontoauszüge wollten die ja zum Glück nicht sehen.

Über solche Dinge dachte ich nach. Verstehst du? Das ist wichtig! Viele Leute, die ich kenne, machen erst mal Party mit dem vielen Geld. Vorsicht – keine gute Entscheidung. Hier ging es um eine strategische Überlegung: Wie lässt sich aus dem Geld mehr

Geld machen, und zwar innerhalb einer bestimmten Zeit? Ich hatte ein unverhofftes Darlehen bekommen. Wie sollte ich es am besten verwenden?

In die Hände spielte mir das Timing. Es war Anfang des Monats. Normalerweise geben Unternehmer und Selbstständige ihre monatliche Umsatzsteuervoranmeldung bis zum 10. des Folgemonats ab, also die Oktober-Umsatzsteuer bis zum 10. November, die November-Umsatzsteuer bis zum 10. Dezember und so weiter.

Weil das echt knapp geplant ist, haben zumindest alle Unternehmer, die ich kenne, beim Finanzamt eine Dauerfristverlängerung beantragt. Dafür schießen sie dann einen ungefähren Abschlag für einen Monat Umsatzsteuer vor und haben jeweils einen Monat mehr Zeit. Weil das auch bei mir so ist, hatte ich also bis zum 10. des übernächsten Monats Zeit, meine Umsatzsteuervoranmeldung für den Monat abzugeben, der mich mal kurz zum reichen Mann gemacht hat. Aber die Aufgabe selbst, nämlich die 314.270 Euro rasch für mich arbeiten zu lassen und sie dann zurückzuzahlen, wollte ich möglichst in diesem einen Monat erledigen. Das Ziel war, dass diese Geldmenge im selben Monat mein Konto wieder verließ, in dem sie auf meinem Konto gelandet war.

Ein unfreiwilliger Riesenkredit gab mir die Chance für ein kreatives Geschäft.

Mir ist auch klar: Wenn du angestellt bist, denkst du über Dinge wie Umsatzsteuervoranmeldungen nicht nach. Es sei denn, du arbeitest in der Buchhaltung.

Die meisten Menschen kennen das Denken in Quartalen nur von ihrer Krankenkasse, und das Monatsende spielt nur bei der Miete und der Gehaltszahlung eine Rolle. Die Mehrwertsteuer ist für Verbraucher nur ein zusätzlicher Kostenfaktor – nur wenige erfassen, dass die Umsatz- beziehungsweise Mehrwertsteuer für Selbstständige ein durchlaufender Posten ist.

Weil bei mir als Fachkraft für Heizung und Wasser schon immer Schrott anfiel, kannte ich mich auch beim Altmetall aus. Klar habe ich immer wieder auch Kupfer zum Schrott gebracht. »Schrott« heißt ja nicht nur »verbeulte Autos«, sondern meint Metallabfälle jedweder Art.

Drei Meter Kupferrohr in kleinen Stücken, die auf der Baustelle übriggeblieben sind, sind Schrott und zugleich ein Wertstoff. Es wäre irrsinnig, das Zeug einfach wegzuwerfen. Nicht nur weil Werkstoffreste aus Umweltschutzgründen ins Recycling gehören, sondern auch weil Kupferabfälle richtig was wert sind. Klar kannte ich mich mit dem Geschäft aus, und so wusste ich: Unser örtlicher Recyclinghof bezahlte für ein Kilogramm Kupfer zu der Zeit ganze 4 Euro.

Und das bei dem erwähnten Kupferpreis von 2,41 Euro.

Wenn du jetzt viel Kupfer kaufst, bekommst du es natürlich auch billiger. Das ist ein merkwürdiges Phänomen, aber es ist so. Und so habe ich den ersten Baumarkt angesprochen. Leider konnte er nur 21 Tonnen liefern. Ich kaufte also erst mal 21 Tonnen Kupferrohr für 50.610 Euro und zahlte 6000 Euro an. Daraufhin kamen 21 Tonnen Kupferrohr auf Lkw. Ich stieg auf der Beifahrerseite in den Sattelschlepper und lotste den Fahrer direkt zum Recyclinghof.

»Nagelneue Rohre?«, fragte der Mann vom Recyclinghof verblüfft, als wir mit unserem Sattelschlepper auf der Waage standen. »Falsches Innenmaß«, erwiderte ich. »Könnte jetzt öfter passieren. Scheiß-Lieferant.«

Vom Recyclinghof bekam ich für die Rohre 84.000 Euro. Ich bezahlte dem Baumarkt die Differenz von 44.610 Euro und hatte einen Gewinn gemacht von 33.390 Euro.

Und mein Auftraggeber-Baumarkt, der mir den unfreiwilligen Kredit von 314.270 Euro überwiesen hatte, meldete sich nicht. Und meldete sich nicht, und meldete sich nicht. Die Überlegung, das Ganze wegen der Umsatzsteuer in einem Monat zu erledigen, hatte sich also erübrigt. Sogar die Jahresbuchhaltung war betroffen, weil sich der Baumarkt erst im Januar gemeldet hat.

Der Brief vom Baumarkt war gar nicht mal so unfreundlich. Da stand nicht drin: »Sie haben widerrechtlich Geld, das uns gehört! Erstatten Sie uns das sofort zurück!« Sondern da stand sinngemäß: »Uns ist ein Fehler unterlaufen, wir bedauern die Umstände, bitte überweisen Sie zurück.« Schließlich wollte der Baumarkt ja auch gute Partner nicht vergraulen, und so trafen wir uns zum Mittagessen. Sonja überwies das Geld zurück, abzüglich meines tatsächlichen Honorars von 364,55 Euro. Und die Zinsen durfte ich auch behalten, weil der Baumarkt damit buchhalterisch nicht umgehen konnte.

Tonnenweise Kupferschrott? Macht nichts – daraus stellt die Industrie wieder Kupferrohre her.

Jedenfalls konnte ich so noch einige Metallgeschäfte erledigen. Es gab ja nicht nur diese eine Bezugsquelle von Kupfer, sondern noch viele andere.

Was ich herumtelefoniert habe! Bis Ende März 2006 haben wir in den unterschiedlichsten Baumärkten im Großraum Frankfurt weit über 40 Tonnen Kupfer gekauft und gleich zur Verschrottung gebracht. Wir haben die Baumärkte systematisch abgefahren, um jeweils sämtliche Vorräte abzugrasen. Motto: »20 Prozent auf alles – außer Tiernahrung.«

Und es war auch gar nicht illegal, was ich gemacht hatte. Jemand hatte mir Geld geliehen und ich hatte damit gewirtschaftet. Zu Ende war der Spaß erst, als die Entsorger den Kupferpreis erkannt haben. Und ich konnte immerhin ein Haus anzahlen.

Gelegenheiten nutzen

Die Moral von der Geschicht' ist einfach: Recycling ist eine Goldgrube. Du solltest eben schauen, welche Gelegenheiten sich dir bieten. Ein bisschen Bauernschläue kann helfen. Es ist auch nicht verboten, ein gutes Geschäft zu machen. Ich sag' dir: Der Handel ist ein einträglicher Markt, viel einfacher als Dienstleistungen, zu denen du deine Arbeitskraft beitragen musst. Arbeiten ist halt schon sehr bürgerlich. Auch geistiges Eigentum, Patente und Lizenzen sind gute Möglichkeiten, um über Jahre Geld zu verdienen, ohne einen Finger krumm zu machen.

Was nicht heißt, dass ich faul bin. Im Gegenteil. Ich habe immer hart und ordentlich gearbeitet. Man sollte sich für nichts zu schade sein, finde ich. Aber wenn sich ein gutes Geschäft anbietet, spricht nichts dagegen.

Verträge

Es gibt immer wieder Selbstständige, die auf Handschlag arbeiten. Das klingt edel und funktioniert manchmal auch. Wenn ich einen Kunden kenne und es bei dem kurz darum geht, den verdreckten Syphon rauszureißen und endlich mal eine Abfluss-Fee einzusetzen, brauche ich auch keinen unterschriebenen Auftrag oder einen förmlichen Vertrag.

Doch die Regel ist das Arbeiten ohne Vertrag nicht. Und darum bin ich für schriftliche Verträge. Willkommen zu einem sehr komplexen Thema, gerade wenn es um Handwerk und Erfindungen geht.

Gerade beim Handwerk und auf dem Bau sind Verträge nötig – je größer das Projekt, desto wichtiger ist eine klare schriftliche Fixierung dessen, was zu tun ist. Auf dem Bau wissen alle: Es gibt Verträge nach der Vergabe- und Vertragsordnung für Bauleistungen (VOB) und auch schlicht Verträge nach dem Bürgerlichen Gesetzbuch (BGB). Für Projekte unter 25.000 Euro Volumen – also zum Beispiel für kleine Bäder, sofern sie nicht für Dreharbeiten für Filme dienen sollen, die in den Zwanzigern des vergangenen Jahrhunderts spielen – genügt es in aller Regel, wenn der Kunde den Auftrag unterschreibt.

Verträge sind oft so kompliziert, dass Erfinder sie hassen. Aber sie sind nötig.

So klar, so einfach. Und trotzdem lauern da jede Menge Fallstricke. Im Vorteil ist, wer diese Fallstricke kennt, bevor er einen Vertrag abschließt. Danach ist es oft zu spät, denn dann gilt der Vertrag. Und auch mit einem Vertrag kann einen jemand über den Tisch ziehen. Das ist vielen Geschäftsleuten nicht klar, vor allem Anfängern nicht. Sie denken, sie seien rechtssicher, wenn es einen Vertrag gibt.

Lass mich darum erst mal kurz einen Schlenker machen zum Tatbestand des Betruges. Schauen wir uns mal eben den Wortlaut von § 263 des Strafgesetzbuches an. Da heißt es: »Wer in der Absicht, sich oder einem Dritten einen rechtswidrigen Vermögensvorteil zu verschaffen, das Vermögen eines anderen dadurch beschädigt, dass er durch Vorspiegelung falscher oder durch Entstellung oder Unterdrückung wahrer Tatsachen einen Irrtum erregt oder unterhält, wird mit Freiheitsstrafe bis zu fünf Jahren oder mit Geldstrafe bestraft.«

Einverstanden? Damit jemand ein Betrüger ist, muss Absicht vorliegen, also Vorsatz. Dann muss dazu jemand eine falsche Information als wahr ausgeben oder eine Tatsache verdrehen oder verschweigen, sodass wir einem Irrtum unterliegen.

Betrug ist also, wenn du ein Auto kaufst, das laut Vertrag unfallfrei ist, de facto aber nicht. Oder du hast es mit Eingehungsbetrug zu tun – dein Vertragspartner unterschreibt zwar, hat aber von vornherein die Absicht, seinen Teil des Vertrages nicht zu erfüllen. Manche Leute beauftragen dich, lassen dich arbeiten und zahlen dann nicht.

Vor so etwas schützt dich kein Vertrag.

Viele kommen damit durch, indem sie dir irgendwelche Mängel unterstellen. Und das sind meistens Leute, die im gemeinsamen Miteinander wirklich nett sind. Es sind freundliche Menschen, die vertrauenswürdig wirken. Viele Betrüger sind geradezu charismatisch und verstecken ihr kriminelles Wesen hinter einer Fassade aus gediegener Bürgerlichkeit und gutmütiger Onkelhaftigkeit. Sie kommen rüber wie gute Kumpels, mit denen man Pferde stehlen kann.

Also glaub mir, ich spreche aus Erfahrung: Einen Betrüger kannst du nicht erkennen. Du kannst niemandem hinter die Stirn schauen. Du kannst dein Bauchgefühl befragen, deine Intuition –

da war Sonja ja sehr stark, sie hatte immer mal wieder ein merkwürdiges Gefühl und hat mir das mitgeteilt. Das Bauchgefühl ist ein halbwegs zuverlässiges Instrument, jemandem wirklich eine böse Absicht unterstellen kannst du damit nicht.

Es gibt halt so Alarmzeichen. Eine Vertragserfüllungsbürgschaft – also eine Bürgschaft darüber, dass du die vereinbarten Leistungen tatsächlich erbringst –, ist im Grunde erst ab einem Volumen von 100.000 Euro üblich. So eine Bürgschaft ist mit Kosten verbunden, so um die 2,5 Prozent der Auftragssumme. Bei 100.000 Euro sind das 2500 Euro, die darfst du erst mal zahlen.

Besteht ein Kunde bei einem deutlich niedrigeren Volumen auf so einer Bürgschaft, ist Vorsicht angebracht, auch wenn die Gebühren dann natürlich geringer sind. Du musst es deswegen noch nicht mit einem Betrüger zu tun haben – aber möglicherweise setzt da einer darauf, dass du am Ende nicht exakt nachweisen kannst, was du eigentlich gemacht hast, um dann Schritt für Schritt immer weitere Teile deiner Leistung anzuzweifeln und einzuklagen.

Ist das Betrug? Schwer zu sagen für mich als juristischen Laien. Im Recht haben wir die Beweispflicht – was nicht dokumentiert ist, ist nicht real. Das ist einer der Hauptgründe, weshalb ich jeden größeren Arbeitsschritt auf jeder Baustelle dokumentiere.

Einer meiner Auftraggeber hat mir einen Gutachter zur Abnahme vor die Nase gesetzt. Ich hatte über eine Vertragserfüllungsbürgschaft für die Baustelle 50.000 Mark hinterlegt, damit ich den Auftrag überhaupt bekomme. Mit der ersten Akontozahlung von 100.000 Mark war das eigentlich schon erledigt. Der Gutachter hat dann die Baustelle für 2000 Euro abgenommen und eine mängelfreie Übergabe dokumentiert. Also musste der Auftraggeber den Rest von 58.000 Mark bezahlen. Er hat mich dann aber noch mal 6 Wochen warten lassen, weil er erst mal nach Argentinien geflogen ist. Der Scheck sei bei der Sekretärin hinterlegt, sagte er – doch die wusste von nichts.

Dann, nach 6 Wochen, kam das Geld. Er hätte es vergessen. Wie kann man das vergessen?

Wenn dann noch im Vertrag stehen soll, dass du ein Bautagebuch führst, kannst du eigentlich sichergehen, dass dich jemand später angreifen will. Ich hatte einmal so einen Auftrag inklusive Bautagebuch für 2500 Euro. Der Sinn war nur, dass der Auftraggeber diesen Betrag später kürzen konnte, weil es auf der Baustelle einfach unrealistisch ist, ein solches Bautagebuch zu führen. Ich mache meine Fotodokumentationen, aber ich schreibe sicher kein Tagebuch. Am Ende haben wir uns um diesen Betrag gestritten und uns dann geeinigt. Er hat mir die 2500 Euro bezahlt, weil ich ihm erklärt habe, dass ich andernfalls nicht mehr für ihn arbeite.

Verlangt jemand ein Bautagebuch, eine Erfüllungsbürgschaft oder einen Gewährleistungsvertrag? Vorsicht!

Oder wenn jemand einen Gewährleistungs- oder Garantievertrag abschließen will – dann könnte es sein, dass da jemand von vornherein Mängel reklamieren will, obwohl er noch gar nicht weiß, ob es welche gibt. Dann erfinden die Leute tatsächlich Scheinmängel. Nicht weil sie ein defektes Teil ersetzt haben wollen, sondern weil sie eine Minderung verlangen, also teilweise Geld zurück. Das sind Leute, die wollen dich von Anfang an prellen. Wie ein Zechpreller, der ohne Geld ins Restaurant geht, gut gekleidet, seriös, dann edel speist und trinkt und am Ende nicht bezahlt.

Betrüger sind eine unfassbar spannende Sorte Mensch. Klar will niemand mit ihnen zu tun haben, aber das ist ihnen egal. Betrüger wollen einfach nur ihren Vorteil. Wie es anderen Menschen geht, ist ihnen völlig gleich. Insofern lassen sie sich durchaus auch medizinisch zu den »antisozialen Persönlichkeiten« zählen: Sie manipulieren andere, empfinden weder Schuld noch Reue oder überhaupt ein Gewissen, sie setzen sich über Regeln und Gesetze hinweg, sie lügen ständig und – vor allem: Ihnen fehlt jegliches Bewusstsein für die Rechte anderer. Sie glauben, sie dürften sich in alles einmischen, verletzen ständig Grenzen und gehen ausschließlich von sich aus in ihren Überlegungen.

Betrüger sicher erkennen geht grundsätzlich erstmal nicht. Aber es gibt Alarmzeichen.

Oft spielt noch ein gehöriger Narzissmus eine Rolle: Viele Betrüger halten sich selbst für grandios und unangreifbar. Entsprechend waghalsig sind ihre Aktionen oft aus Sicht Außenstehender: Kann es tatsächlich sein, dass er da eine Null zu viel hingeschrieben hat? Oh, pardon, das war ein Versehen, die Null streichen wir natürlich sofort, vielen Dank für den Hinweis. Und Schwamm drüber, wie bei einem verlorenen Spiel. Zahlreiche Betrüger sind auch einfach nur Zocker.

Warnsignale für Betrüger

Es gibt einige Merkmale für antisoziale und narzisstische Charaktere, die du durch ein bisschen Googeln im Internet findest. Wenn du zum Beispiel merkst, dass jemand aggressiv auf Kritik reagiert, hast du schon ein Alarmzeichen. Ebenso, wenn du das Gefühl hast, dass einer der Ehepartner des Pärchens, das vor dir steht, irgendwie nur auf sich selbst bedacht zu sein scheint und die Gründe für eigene Fehler konsequent bei anderen sieht.

Also: Manche Leute wissen vorher schon, dass sie nicht zahlen, andere verschleppen Zahlungen bewusst. Vielleicht kennst du das im Umgang mit Schuldnern. »Sie haben eine Rechnung geschickt? Wann denn?« – »Ihre Rechnung finden wir hier irgendwie nicht. Können Sie sie noch mal schicken bitte?« – »Pardon, dass ich mich drei Wochen lang nicht gemeldet habe – wir waren in den USA. Aber eine Rechnung haben wir von Ihnen hier nicht. Wann haben Sie die denn geschickt?« – »Sorry wegen der Verzögerung, ich kümmere mich gleich nächste Woche darum.« – »Oh, hat das mit der Überweisung nicht geklappt? Ich schaue gleich persönlich danach.« – »Wie, es ist immer noch nichts angekommen? Sapperlot! Ich muss jetzt dringend mal in der Buchhaltung fragen.« – »Ich muss nur noch kurz einen größeren Zahlungseingang abwarten, dann überweise ich sofort.« – »Die Buchung ist jetzt beim Steuerberater, der kümmert sich umgehend.« – »Oh, das tut mir leid – wir haben das Passwort fürs Onlinebanking verloren.« – »Wir sind gehackt worden und haben uns einen Computervirus eingefangen.« – »Meine Frau hat mir alle meine Konten gesperrt.« – »Ich bin von der Leiter gefallen und komme nicht ins Online-Banking.«

Kein Witz – das gibt es alles. Alles schon erlebt. Und auch wenn ich im Grunde ein offenherziger und aufgeschlossener Mensch bin: Inzwischen signalisieren alle diese Sprüche für mich allerhöchste Alarmstufe. Und zwar viel schneller als früher zu Anfängerzeiten. Einen dieser Sprüche höre ich mir noch an, aber beim zweiten weiß ich genau, was gespielt wird.

Betrüger sind Spieler. Sie setzen darauf, dass du sie nicht für einen Betrüger hältst.

Betrüger versuchen dich hinzuhalten, solange es geht. Sie setzen auf eine ganz bestimmte Karte: Sie setzen darauf, dass du sie niemals für einen Betrüger halten wirst. Wie könntest du auch? Und wenn doch, dann drehen sie die Logik um: »Wie kommst du dazu, mir einen bösen Willen zu unterstellen?« Sie verdrehen die Wahrheit und stellen dich als den Bösewicht hin – als jemanden, der ehrbaren Geschäftsleuten unlautere Absichten unterstellt. Schäm dich!

Betrüger werden auch jeden Fehler im Vertrag zu deinen Ungunsten hindrehen. Schon deswegen müssen Verträge sauber sein. Jede einzelne Seite solltest du paraphieren, also in der Ecke unten rechts kurz mit deinem Kürzel kennzeichnen – damit niemand später eine Seite ersetzen kann. Alles schon erlebt! Gerade in heutigen Zeiten, in denen viele Verträge als PDFs hin- und herwandern. Es gibt tatsächlich noch Leute, die nicht wissen, dass sich auch PDFs bearbeiten lassen.

Und dann muss wirklich jede Kleinigkeit in den Vertrag oder ins Angebot. Natürlich müssen die großen Brocken definiert sein. So haben wir in einem Vertrag vergessen, die Hebeanlage unterzubringen. Aus meiner Sicht ein schlichtes Versehen. Beide Seiten hätten daran denken müssen: Der Abwasseranschluss des Hauses war so gelegen, dass die Fäkalien erst in einer Grube gesammelt und dann durch eine Pumpe in die Kanalisation geschoben wurden. Das ist bei vielen Häusern nötig, vor allem auf dem Land.

Was sagt der Kunde? Er sei davon ausgegangen, die Hebeanlage sei Teil des Vertrages und damit im Preis mit drin. Zum Glück war das kein pauschal formulierter Vertrag – das solltest du bei größeren Projekten nie machen –, sondern jede einzelne Position war aufgelistet und beschrieben. Also konnte der Richter klar sagen, dass in der Aufzählung die Hebeanlage fehlt. Wir hatten es nicht mit einer pauschalen Vereinbarung über den Einbau einer Wasserver- und -entsorgung zu tun, sondern mit einer stattlichen Liste einzelner Punkte, die jeweils mit einem Preis versehen waren.

Pauschalpreise sind zwar super, weil du dann nicht auf die Uhr schauen musst, sondern einen Auftrag so erledigst, wie er dir zeitlich passt – er muss halt zum vereinbarten Zeitpunkt fertig sein. Pauschalpreise sind auch gut, weil bei klassischen Aufträgen die ganze Organisation nicht bezahlt wird, sondern nur die Arbeit vor Ort. Und nur um das noch mal zu betonen: Die eigentliche kreative Arbeit beispielsweise bei einer Badinstallation wird überhaupt nicht gewürdigt, und das sollte sich ändern.

Auf jeden Fall eignen sich Pauschalen nur für kleinere Aufträge. Wird ein Projekt größer, solltest du wirklich darauf achten, dass jeder einzelne relevante Posten im Vertrag abgebildet ist. Es kann dauern, so einen Vertrag aufzusetzen, aber es ist sicherer.

Vielleicht hast du auch einen Anwalt, der deinen Vertragsentwurf dann prüft.

Also: Angebote und Verträge sind wie Maßanzüge. Wie detailliert du dabei vorgehst, hängt vom Auftraggeber und vom Projekt ab. Bei manchen Projekten musst du akribisch genau sein, da darf in der Auflistung kein Material fehlen – damit hinterher keiner kommt und sagt, die Hebeanlage sei doch inklusive.

Wir Handwerker und Erfinder verstehen oft wenig von Jura. Betrüger nutzen das aus.

Auf der anderen Seite arbeiten viele Handwerker mit Textbausteinen und überfrachten ihre Angebote, die sie einfachen Hausbesitzern machen – so sind Angebote oft 10 bis 15 Seiten lang. Dabei ist im Grunde klar, was gemeint ist: Waschbecken mit Zubehör. Grohe-Armatur. Einhebelmischer. Klar sind da Eckventile mit gemeint, wenn du »mit Zubehör« schreibst. Schreib aber gerne »weiß« dazu, denn sonst sagt der Kunde später, er habe golden bestellt. Es ist immer eine Balance: Je detaillierter dein Angebot ist, desto größer ist die Rolle, die Fehler später spielen.

Am besten beschreibst du das Wesentliche in wenigen Worten, so sehr muss man gar nicht ins Detail gehen. Mit klar gegliederten, in vielleicht fünf oder sechs Arbeitsschritte aufgeteilten Angeboten habe ich bisher acht von zehn Aufträgen bekommen. Wichtig ist, dass der Kunde – der ja Laie ist – genau versteht, was du vorhast. Bring kein Handwerkerlatein.

Und dann schreib Summe X drunter – bei kleinen Aufträgen wie gesagt gerne einen Pauschalpreis, damit der Auftraggeber nicht schauen muss, ob du pünktlich erscheinst oder Pause machst. Zusätzliche Arbeiten lassen sich dann oft auch leichter unterbringen. Der Handwerker weiß, was er kriegt, der Kunde auch. Damit sind Nebensächlichkeiten wie die ständige Kontrolle unnötig, die innere Unruhe des Kunden fällt weg. Ihr definiert einfach, was genau wann fertig sein soll, plus zwei Tage Toleranz. So wissen alle, woran sie sind.

Als Anfänger habe ich Verträge immer alleine gemacht. Und ich habe ja nun nicht Jura studiert, sondern Heizung gelernt. Damals wusste ich nicht, dass es einen Menschenschlag namens »Halsabschneider« gibt, der genau darauf setzt, dass Leute wie ich eben nicht Jura studiert haben. Heute weiß ich es.

Und da es immer wieder um jede Menge Lehrgeld geht, das ich noch lange nach meiner Lehrzeit gezahlt habe, will ich dich davor warnen. Überleg dir gut, ob du neben deinem Job in deiner Qualifikation und Berufung noch den Bürohengst geben willst, der noch die Buchhaltung organisiert und nebenbei noch Verträge gestaltet. Ich bin mit der Haltung auf 12 bis 14 Stunden pro Tag gekommen und habe oft die Nächte durchgeschrieben.

Klar hat Sonja mir geholfen. Aber heute würde ich das Ganze anders aufsetzen – ich würde möglichst bald nach der Gründung einen Geschäftsführer bestellen, der sich um das alles kümmert.

Lizenzverträge

Es klingt heftig, aber es ist so: Als Selbstständiger musst du alles im Blick haben. Leichtsinn rächt sich. Und das Geschäftsleben verzeiht gar nichts. Das betrifft nicht nur Baustellenverträge, sondern bei Erfindern vor allem auch die noch komplizierteren Lizenzverträge.

Über Erfindungen und Patente haben wir uns ja schon unterhalten. Ich hoffe, bei dir ist der Tipp hängengeblieben, dass es nicht nur um die technische Seite geht, sondern vor allem auch um die verkäuferische.

Alle Beteiligten sind wichtig in einem Unternehmen. Der Vertrieb verdient ohne den Erfinder nichts, der Erfinder verdient ohne den Vertrieb nichts. Und beide verdienen nichts, wenn das Rechtliche nicht stimmt – also wenn du zum Beispiel einen Vertrag falsch aufsetzt und erst hinterher merkst, dass du mit einem solchen Vertrag gar kein Geld verdienen kannst.

Wie das gehen soll, fragst du dich? Die Frage beantworte ich dir gerne: indem du zum Beispiel keine Klausel unterbringst, wonach dein Vertriebspartner dein Produkt tatsächlich auch verkaufen muss. Wenn ihr euch nur darauf einigt, wie viel Prozent jede Seite bei einem Verkauf bekommt, ist damit nicht gesagt, dass auch nur ein Stück die Ladentischseite wechselt. Und wenn du 0 Euro Umsatz hast, dann sind auch 90 Prozent davon exakt 0 Euro.

Das ist alles kein Betrug, das ist alles rechtens. In einem üblichen Lizenzvertrag steht nur, dass der Patentbesitzer dem Lizenznehmer das Patent zur Herstellung und Vermarktung des Produktes überlässt. Oft exklusiv. Das heißt: Niemand anders darf das Patent vermarkten. Erfinder setzen damit alles auf eine Karte.

Wenn dein Vertriebspartner nichts verkauft, sind 90 Prozent von 0 Euro exakt 0 Euro.

Im Gegenzug steht darin meistens, dass der Lizenznehmer dir Anteile dessen überweisen muss, was er einnimmt.

Dann setzt ihr beide euch zusammen und fantasiert eine Prognose zusammen, in deren Szenario die Menschheit nur auf diese eine Erfindung gewartet hat. Ihr überseht vielleicht sogar, dass der Lizenznehmer massive Kosten fürs Marketing hat, um das Produkt überhaupt bekannt zu machen.

Und das ist noch das naive Szenario nach dem Motto: »Anfänger trifft Anfänger«.

Böse wird es, wenn dein Lizenznehmer eine dritte Seite mit dem Vertrieb beauftragt und du im Vertrag nicht definiert hast, welchen Vertriebspartner ihr nehmt. Was kann passieren? Ganz einfach: Der Lizenznehmer beauftragt mit dem Verkauf eine Rumpelbude, die es nicht kann. Wenn du da nur Prozente vereinbart hast und keine absoluten Zahlen, fließt mit Sicherheit kein Geld an dich.

Ebenfalls hübsch: Du schließt einen Lizenzvertrag und hast die Rechte exklusiv an ein Unternehmen vergeben, das von Anfang an die Absicht hat, dein Patent einfach liegenzulassen und gar nichts zu unternehmen, um es zu verkaufen. Das Ziel: Das Unternehmen will dein Patent kopieren und selbst rausbringen.

Jetzt denkst du, da kann das Unternehmen ja lange warten? Weil das Patent ja 20 Jahre lang läuft? Na mal sehen, wie lange du ohne Einnahmen aus dem Produkt die regelmäßigen Patentgebühren aufbringst. Zahlst du die 20 Jahre lang, ohne dass das Patent etwas abwirft?

Oder noch schlimmer: Dein Produkt wird zwar verkauft, aber die Prozente im Vertrag beziehen sich nicht auf den Ladenpreis, sondern auf irgendeinen Zwischenhändler-Einkaufspreis, den du wiederum nicht bestimmst.

Folge schlechter Verträge: Der Lizenznehmer bootet dich aus und teilt sich die Beute mit seinem Vertriebspartner.

Nehmen wir an, im Vertrag stehen 10 Prozent. Dann verkauft der Lizenznehmer dein Produkt für 3 Euro das Stück an den Vertriebspartner, und du erhältst tatsächlich 30 Cent pro Produkt. Du bist ein bisschen enttäuscht, weil du dachtest, dass der Einkaufspreis bei 10 Euro liegt. Dann bringt der Vertriebspartner das Produkt für 20 Euro auf den Markt und teilt sich die Kohle mit deinem Lizenznehmer. Dann bist du mit 30 Cent von 20 Euro abgespeist, also mit 1,5 Prozent. Alles rechtens – du hast eben nur einen schlechten Vertrag unterschrieben.

Und dann bekommst du irgendwann noch raus, dass der Vertriebspartner gar kein wildfremdes Unternehmen ist, sondern die Tochtergesellschaft des Lizenznehmers. Hübsch, nicht? So bleibt das Geld dann auch noch schön in der Familie.

Weißt du, was das Problem ist? Wir selbst, wir Erfinder, setzen solche Verträge auf. Wir tun uns mit solchen Vertriebspartnern zusammen, die entweder Schluffis sind und gar nichts bringen oder die ausgebufft sind und uns um unser Geld erleichtern. Wenn du so willst, organisieren wir selbst ständig »legalen Betrug«, bei dem wir dann auch ständig die Geprellten sind.

Viele von uns sind einfach arglos. Wir sind gutgläubig. Wir sind Geber, keine Nehmer. Wir stecken Unmengen von Zeit und Geld in die Entwicklung unserer Erfindungen, wir sind die Guten. Wir wollen der Welt eine Erfindung schenken, wir wollen die Menschheit weiterbringen. Wir lieben unsere Fächer – die Sanitärinstallationen, die Programmierung, die Chemie. Oder auch die Musik, die Grafik, die Lyrik.

Noch einmal: Erfinder sind Künstler! Wir sind in allererster Linie Urheber, keine Geschäftsleute. Wir sind kreativ, umtriebig, kommunikativ und haben oft keine Lust, uns mit Paragrafen zu befassen.

Und am Ende scheitert unsere großartige Idee an der bösen Geschäftswelt, in der uns andere über den Tisch ziehen, und wir erlauben ihnen das. Weil wir so naiv sind und Verträge schließen, die das Papier nicht wert sind, auf dem sie stehen. Die uns sogar ins Minus reißen, weil sie statt eines Nutzens und eines Vorteils nur Nachteile bringen und uns noch schaden.

Denn eines darfst du nie vergessen: Die Gebühren für deine Patente fallen natürlich weiter an. Die laufen weiter, bis entweder 20 Jahre vergangen sind oder du die Zahlungen stoppst. Und daran hängt ein enormer Rattenschwanz an Dingen, die du bedenken solltest. Sind deine Verträge mit Vertriebspartnern zum Beispiel so sicher, dass du auch beim Auslaufen eines Patentschutzes nicht ins Trudeln gerätst? Also nochmal: Wenn du mit dem Gedanken spielst, in die Szene der Erfinder einzutreten oder wenn du schon Erfinderin oder Erfinder bist, dann setz dich unbedingt mit diesen rechtlichen und ökonomischen Dingen auseinander.

Was ich dir konkret bei Verträgen empfehle:

- Leg die Preise fest. Unter Vertragspartnern könnt ihr die Preise ja jederzeit wieder ändern, wenn es die Sachlage erfordert, aber leg sie erst mal fest.
- Schreib absolute Zahlen in den Vertrag, keine Prozentzahlen. Sonst verkauft der Lizenznehmer das Produkt im schlimmsten Fall an seine Firmentochter zum Spottpreis, und die macht dann auf dem Markt den Reibach.
- Leg im Vertrag einen Mindestbetrag fest, der jeden Monat per Dauerauftrag kommt. Schau, dass du damit mindestens die regelmäßigen Patentgebühren deckst. Nur dann wird dein Partner schauen, dass er das Produkt auch vermarktet. Wenn er unterschreibt, meint er es ernst.
- Lass dir einen Abschlag zahlen, bevor der Verkauf überhaupt losgeht, und definiere diesen Abschlag als Garantiezahlung, sodass er nicht verrechnet wird, falls die Umsätze geringer ausfallen als erwartet.
- Mach generell nur 3- bis 5-Jahres-Verträge. So ersparst du dir umständliche Kündigungen. Wenn ihr euch versteht, könnt ihr ja jederzeit den gleichen oder einen ähnlichen Vertrag neu aufsetzen.
- Lass deinen Vertragspartner nachweisen, dass er das Patent auf den Markt bringen kann. Er soll zeigen, mit welchem Geld er produzieren wird und mit welchen Kontakten und auf welchen Vertriebskanälen er das Produkt verkauft. Und lass ihn schriftlich zusagen, dass er das Produkt auf den Markt bringt.

Damit du jetzt nicht so frustriert bist, will ich dir die Geschichte von dem Jungen und seinem Pferd erzählen. Sie kommt aus dem ZEN-Buddhismus.

Ein Junge im Dorf bekommt vom Onkel ein Pferd geschenkt. Alle im Dorf sagen: »Der hat's gut!« Nur der ZEN-Meister sagt: »Abwarten.« Der Junge reitet übers Feld, stürzt und bricht sich ein Bein. Alle sagen: »Oh, der Arme!« Nur der ZEN-Meister sagt: »Abwarten.« Krieg bricht aus, die Armee zieht alle Jungen und Männer ein. Nur unser Junge mit dem Pferd muss mit seinem gebrochenen Bein nicht in den Krieg. Alle im Dorf sagen: »Der hat's gut!« Nur der ZEN-Meister sagt: »Abwarten.«

Auch wenn wir schlimme Dinge erleben: Oft wissen wir nicht, wofür sie vielleicht mal gut sind.

Steuern und Recht

Wenn du auf deinem Messestand als Publikumsmagnet eine Harley Davidson aufstellst – ist die Anschaffung dieser Harley dann steuerlich absetzbar? Begeben wir uns auf das wunderbare, dünne Eis der Steuern und des Rechts.

Auch wenn ich schon einige Dinge über meine Erfahrungen mit Steuerberatern geschrieben habe, kommen sie hier noch mal in einem eigenen Kapitel vor – gemeinsam mit den Rechtsanwälten, Richtern und den freundlichen Damen und Herren vom Finanzamt.

Erst mal zur Harley. Klar könntest du argumentieren, die Harley sei eine Betriebsausgabe, weil du sie dazu brauchst, die Leute auf deinen Messestand aufmerksam zu machen. Nur wird die Argumentation vor dem Finanzamt kaum standhalten. Denn das Finanzamt wird sicher vermuten, dass du die Harley vor allem privat nutzt und sie halt ausnahmsweise mal am Messestand präsentierst.

Etwas anderes dürfte es sein, wenn sich deine GmbH von dir privat die Harley leiht, zum Beispiel für 2000 Euro die Woche.

Und jetzt beantworte dir mal ehrlich die Frage: Hast du einen Steuerberater, der dich auf solche Möglichkeiten hinweist?

Steuerberater

Die wenigsten Steuerberater, die ich kenne, beraten. Sie machen deine Buchhaltung und melden dem Finanzamt monatlich die Umsatzsteuer. Dann mailen sie dir, wie viel Umsatzsteuervorauszahlung das Finanzamt für April von deinem Konto abbucht oder – wenn du kein Lastschriftmandat erteilt hast – wie viel du überweisen sollst.

Die meisten Steuerberater, dich ich kenne, denken in kleinsten Einheiten. Die größte Einheit, die sie bedenken, ist dein Einzelunternehmen oder deine GmbH. Dass du mit deiner GmbH Geschäfte machen kannst, wodurch sich das Steueraufkommen mindern lässt, fällt nach meiner Erfahrung fast nur Steuerberatern ein, die sich auf Holding-Strukturen spezialisiert haben.

Dass also mal ein Steuerberater auf die Idee kommt, dir zu sagen, du könntest deine private Harley oder deinen privaten Steinway-Flügel deiner GmbH für den Messestand leihen, das habe ich fast noch nie erlebt.

Die wenigsten Steuerberater beraten. Die meisten machen einfach nur die Buchhaltung.

Mein damaliger Steuerberater hätte mir zum Beispiel viel früher zu einer GmbH raten müssen. Und er hätte mir auch raten müssen, die GmbH vor dem Hauskauf zu gründen. Er hat doch gesehen, wie meine Umsätze durch die Decke gegangen sind. Du erinnerst dich: Ich hatte dir berichtet, dass ich im Jahr 1988 zwölf Mitarbeiter hatte. Schon das als Einzelunternehmen zu machen, ist waghalsig. Dann die 1,2 Millionen Euro Umsatz. Das lief alles auf mich.

Aber mein Steuerberater hat halt nicht weitergedacht. Für ihn war der Auftrag klar: Er macht meine Buchhaltung und sagt mir, was ich an Umsatzsteuer zu zahlen habe. Und jährlich macht er meine Einkommensteuererklärung. Dann kriegt er Post vom Finanzamt und sagt mir, welche Einkommensteuervorauszahlungen die nächste Zeit gelten. Das war's aber auch. Der Mann war kein Gestalter, er war Verwalter.

Die Berufsbezeichnung »Steuerberater« ist in meinen Augen tatsächlich eine Mogelpackung. Steuerberater beantworten deine Fragen, wenn du welche stellst, und das oft auch kompetent. Aber von alleine kommen nur wenige auf die Idee, dir einen Tipp zu geben, den du noch nicht kennst.

Das ist das Problem bei diesem Berufsstand. Es gibt sicher sehr gute Steuerberater, aber die musst du finden.

Wenn du jetzt Gründer bist, wird dich das vielleicht wundern. Denn schließlich hörst du überall, dass du einen Steuerberater brauchst.

Das stimmt zwar, aber du brauchst dabei gewissermaßen zwei Funktionen. Zum einen brauchst du jemanden, der dir wirklich anhand deiner finanziellen Situation und deiner monatlichen Zahlen rät, was du strategisch tun solltest mit deinem Geld. Welche Ausgaben steuerlich Sinn ergeben und welche nicht. Du brauchst jemanden, der deine Strategie kennt und dein Business versteht.

Hast du einen langfristigen, strategischen Blick auf deine Finanzen? Oder denkst du nur kurzfristig?

Und zum anderen brauchst du jemanden, der deine Belege einpflegt und die Zahlen ans Finanzamt übermittelt – und der dir monatlich sagt, was du an Umsatzsteuervorauszahlung zu leisten hast, sofern du kein Lastschriftmandat erteilt hast.

Das sind zwei grundverschiedene Aufgaben. Der eine Job – Beratung in Sachen Steuern mit Kenntnis deiner Geschäftsidee, deiner Branche und deines Marktes – ist eine strategische Aufgabe. Der andere Job – die Schnittstelle zum Finanzamt – ist eine sehr simple operative Aufgabe. Unter dem Strich ist der Steuerberater in jedem Fall dir verpflichtet, nicht dem Finanzamt. Also soll er bitte auch schauen, dass du von seiner Arbeit profitierst.

Nimm einfach das »Eisenhower-Prinzip«, benannt nach dem US-Präsidenten Dwight D. Eisenhower (1890–1969): Strategisches ist wichtig, Operatives ist dringend. Vereinfacht gesagt.

Wichtig ist vor allem der strategische Blick auf deine Finanzen, wie es beispielsweise Finanz- und Vermögensberater praktizieren. Das hat die oberste Priorität. Und darum ist es nicht damit getan, in den »Gelben Seiten« einen Steuerberater in der Nähe auszusuchen. Natürlich findest du da einen Steuerberater – aber findest du wirklich einen guten? Wenn du auf gut Glück Anbieter aus den »Gelben Seiten« auswählst, bekommst du auch Elektriker,

Rechtsanwälte und Zahnärzte – aber ob die wirklich gut sind, ergibt sich aus dem Meister- oder Doktortitel nicht. Oder aus einer Zulassung bei der Rechtsanwaltskammer. Qualifikationen und andere formelle Schriftstücke sagen leider nicht viel über Qualität.

Besser suchst du den besten Steuerberater für deine Ansprüche. Weil heute alles digital läuft, muss der auch nicht um die Ecke wohnen. Die Zeiten sind vorbei, in denen du mit Packen von Papier im Wartezimmer des Steuerberaters gesessen hast. Heute scannst du deine Belege und lädst sie im PDF-Format über eine Oberfläche wie zum Beispiel die der Datev zu deinem Steuerberater hoch.

Ein großer Fehler von Gründern ist es, sich einfach Steuerberater empfehlen zu lassen. Das habe ich auch oft erlebt. Also stell dir vor, ein Kumpel ist mit seinem Steuerberater ganz zufrieden, und er empfiehlt ihn dir. Dann heißt das nur, dass dieser Steuerberater in der Wahrnehmung deines Kumpels für ihn einen guten Job macht.

Vielleicht macht der Steuerberater aber gar keinen guten Job, weil dein Kumpel nicht merkt, welche Informationen ihm entgehen? Oder dein Kumpel glaubt, die pünktliche Abgabe von Unterlagen beim Finanzamt mache einen guten Steuerberater aus? Selbst wenn der Steuerberater deinen Kumpel tatsächlich gut betreut – wie gut kennt sich dieser Steuerberater in anderen Branchen aus, zum Beispiel in deiner?

Also Vorsicht bei Empfehlungen. Es kann gut sein, dass ein Kumpel über Jahre oder sogar Jahrzehnte bei einem Steuerberater ist und dabei finanzielle Schäden erleidet, die er gar nicht erfasst. Das können auch Leute in deiner Branche sein. So, wie ich es erlebt habe: Obwohl die Umsätze so langsam eher untypisch hoch für ein Einzelunternehmen geworden sind, hat mir der Steuerberater nicht geraten, eine GmbH zu gründen. Für mein Verständnis hätte er damit auf mich zukommen müssen, solange seine Berufsbezeichnung mir vormacht, er würde mich irgendwie beraten.

Also ist die Aufgabe, dass du deinen persönlich passenden Steuerberater ausfindig machst. Es gibt Steuerberater, die sich auf Holding-Strukturen konzentrieren. Andere konzentrieren sich auf gemeinnützige Organisationen. Und so weiter.

Nach meinem Crash habe ich einfach einen Pitch gemacht. Ich habe vier neuen Steuerberatern einige fachliche Fragen zum Thema Holding gestellt. Drei von vier haben Unsinn erzählt. Den vierten habe ich genommen, eine Dame.

Es ist wie bei Fachärzten: Bei einem Endokrinologen kannst du dich einigermaßen darauf verlassen, dass er sich mit der Schilddrüse auskennt. Ein Arzt ohne Spezialisierung kennt sich vielleicht auch damit aus, aber bei einem Endokrinologen weißt du es halbwegs sicher. Zu den Anwälten, bei denen es ja auch tiefere Spezialisierungen gibt, kommen wir gleich.

Genauso würde ich mir wünschen, dass ich auch bei der Auswahl eines Steuerberaters sehen könnte, ob sich jemand bei GmbHen, Einzelunternehmen oder Arbeitnehmern besonders gut auskennt. Was wir Geschäftsleute brauchen, sind Fachberater für GmbH, für Einzelunternehmen, für Holdings, für Netzwerke von Freiberuflern, für Vereine, für Stiftungen und so weiter. Hat ein Erfinder ein Team, braucht er einen Steuerberater, der sich mit dem Thema GmbH auskennt, mit dem Dasein als Arbeitgeber und mit dem Thema Vermögensaufbau. Mindestens.

Oder Steuerberater kennen sich eben in Branchen aus und wissen, was da so anfällt und nötig ist. Welcher Steuerberater ist schon spezialisiert auf die Gastronomie oder die Weiterbildungsszene? Oder auf Erfinder technischer Innovationen mit einem Kennerblick fürs Patentrecht? Welcher Steuerberater sagt dir denn, dass deine kreativen Schöpfungen gewerbesteuerfrei sind?

Auf keinen Fall reichen Kenntnisse in Finanzbuchhaltung, Gehalt- und Lohnabrechnung sowie Buchführung aus, um zu sagen, dass du einen guten Steuerberater hast.

Schau dir einfach mal den wirklich guten Wikipedia-Eintrag »Steuerberater« an.[6] Da geht es um alle möglichen Details: um Kostenrechnungen, Rechnungslegung, Finanzcontrolling, Bilanzen, Gewinn-und-Verlust-Rechnungen, Abschlussprüfungen. Das ist alles kleinteiliger, rein operativer Kram. Es sind fachliche Details. Was fehlt, ist das große Bild, der Blick aufs große Ganze, auf deine strategische Ausrichtung. Sicher, es ist Kram, den ein Steuerberater gut übernehmen kann. Aber mit »Beratung« hat das wenig zu tun. Das ist reine Buchhaltung und sonstiges formales Zeug.

Bei Beratungen geht es für meine Begriffe vor allem um strategische Dinge, also um die Frage: Was sollte ich tun? Was ist das Richtige? Während sich die Steuerberaterbranche ansonsten eben lieber um operative Dinge kümmert, also um die Frage: Wie sollte ich etwas tun? Wie mache ich etwas richtig – beispielsweise eine Einnahmenüberschussrechnung (EÜR)? Es ist, wie so oft, der Unterschied, ob wir alles richtig machen oder das Richtige tun: Möglicherweise macht dein Steuerberater die EÜR tatsächlich richtig, aber tut dabei komplett das Falsche, weil er dir längst zu einer GmbH hätte raten müssen, bei der du dann eben keine EÜR machst, sondern eine Bilanz.

Viele Steuerberater machen vieles richtig – aber dabei oft nicht das, was das Richtige für dich wäre.

Rechtsanwälte

Also: Fachrichtungen wie »Fachsteuerberater für Erfinder« oder »Fachsteuerberater für GmbH & Co. KG« gibt es bislang nicht. Wünschenswert wäre es. Und die Steuerberater sollten sich unbedingt als gesamter Berufsstand professionalisieren und die finan-

[6] https://de.wikipedia.org/wiki/Steuerberater

ziellen, strategischen und steuerlichen Belange ihrer Mandanten ganzheitlich betrachten.

Bei den Rechtsanwälten ist es schon ein bisschen anders, weil du da schon mal durch die verschiedenen Fachanwälte eine Orientierung hast. Wenn jemand Fachanwalt für Arbeitsrecht ist, weißt du ungefähr, ob du ihn oder sie für ein Verfahren vor dem Arbeitsgericht brauchen kannst.

Anfänger und Laien machen hier trotzdem den gleichen Fehler: Sie denken, ein Anwalt genügt. Wenn der blöde Kunde Post vom Anwalt bekommt, denken sie, schlackern dem die Ohren.

Falsch gedacht. Post vom Anwalt bekommen Profis ständig. Ob es Vertragsentwürfe sind, arbeitsrechtliche Vergleichsvorschläge im Streit mit einem faulen und deshalb gekündigten Mitarbeiter, Streitigkeiten wegen undichten Dächern bei der gemieteten Halle – glaub mir, ein Brief haut niemanden mit ein wenig Lebenserfahrung vom Stuhl, nur weil er von einem Anwalt kommt.

Und wie bei den Steuerberatern folgen Anfänger den Empfehlungen von Freunden und Bekannten aus der Branche. Oder sie beauftragen den alten Schulfreund. Nur ist eben die Wahrscheinlichkeit gering, dass ausgerechnet der ein guter Anwalt ist. Also rate ich dir, nicht ständig denselben Anwalt zu nehmen, sondern je nach Aufgabe den besten. Und auch der muss nicht um die Ecke leben.

Fachanwälte geben dir eine ungefähre Orientierung dazu, was sie können.

Natürlich kann dich auch ein Fachanwalt für Urheber- und Medienrecht in einem Arbeitsgerichtsprozess vertreten. Oder ein Sozialrechtler verteidigt dich im Strafverfahren. Das geht natürlich alles, auch wenn es merkwürdig aussieht: Wenn die Leute »Fachanwalt für Verkehrsrecht« lesen, denken sie oft automatisch, der Anwalt habe keine Ahnung vom Mietrecht. Ein Fehlschluss. Der Anwalt war auch vor seiner Qualifikation zum Fachanwalt Anwalt. Es gab eine Zeit, da war er einfach nur Anwalt, ohne jede fachliche Spezialisierung. Und da hatte er möglicherweise auch schon Ahnung vom Mietrecht.

Okay? Also lass dich von solchen Bezeichnungen nicht in die Irre führen. Nur weil jemand eine bestimmte Spezialisierung hat, heißt das nicht, dass er nichts anderes kann.

Und trotzdem verstehe ich es natürlich, wenn du dir für ein arbeitsrechtliches Verfahren einen Fachanwalt für Arbeitsrecht nimmst. Das würde ich auch machen. Denn natürlich sind hier theoretisch auch andere geeignet. Bei einem Fachanwalt können wir zumindest einigermaßen sicher sein, dass uns jemand in einem bestimmten Fachgebiet kompetent vertritt. Wobei du da noch mal schauen musst, ob der Fachanwalt für Arbeitsrecht möglicherweise politisch geprägt ist oder auch nur aufgrund seiner Erfahrung Arbeitnehmer besser vertreten kann als Arbeitgeber.

Verstehst du, was ich meine? Also ich bin Heizungsinstallateurmeister. Aber ich kann natürlich auch ein Apfelbäumchen pflanzen. Ich kann sogar Tomaten beschneiden. Obwohl ich keine Ausbildung zum Gärtner gemacht habe. Und ich kann auch Klara füttern und mit ihr spazieren gehen, obwohl ich keinen Berufsabschluss als Tierpfleger habe.

Also: Wenn du in deinem kleinen Garten hinter dem Haus einen Johannisbeerstrauch einsetzen willst, dann holst du den Strauch vom Baumarkt oder von der Gärtnerei und setzt ihn ein. Dazu brauchst du zwar einen Spaten, aber keinen Profi. Wenn du dagegen einen ganzen Garten anlegen willst, in dem die Pflanzen miteinander klarkommen sollen, wirst du sicher eine Gartenfirma beauftragen, in der Gärtner arbeiten, die ihren Beruf gelernt haben. Viele Laien wissen einfach nichts von Pflanzengemeinschaften. Sie wissen nicht, dass sich Tomaten und Gurken im gleichen kleinen Gewächshaus gegenseitig stören. Gärtner wissen das.

Und so ist es auch bei Rechtsanwälten. Viele rechtliche Dinge kannst du selber erledigen. Also Kleinigkeiten wie einen Mietvertrag für deine Geschäftsräume, die eine oder andere Zahlungserinnerung, oft sogar die ersten Schritte eines Mahnverfahrens beim Amtsgericht – das kriegst du selbst hin, wenn du dich ein bisschen reindenkst. Die großen Brocken aber – Verträge, Lizenzen, Patente, Verfahren vor Gericht – solltest du unbedingt einem Profi überlassen.

Und schließlich: Rechtsanwälte denken, wie Steuerberater, oft konzentriert auf ihr Fachgebiet und schauen manchmal nicht, was am Wegesrand noch so für Möglichkeiten wachsen. Der übliche Weg bei Rechtsanwälten ist eben, einen Anspruch durchzusetzen. Da gehen sie oft rein rechtlich vor, selten politisch. Oft gibt es Kompromissmöglichkeiten, also Vergleiche, ob außergerichtlich oder bei Gericht. Hin und wieder mal rät uns ein guter Anwalt dazu, etwas nicht durchzusetzen. Obwohl wir vielleicht im Recht sind. Aber manchmal ist es eben klüger, nicht zu klagen.

In vielen Bereichen gibt es nur wenige gute Leute und dafür jede Menge Pfeifen.

Was das Richtige ist, haben auch unter den Rechtsanwälten nur wenige im Blick. Auch dieser Berufsstand macht traditionell lieber das Falsche richtig, als aus der Distanz auf das Geschehen zu blicken und zu überlegen, was eigentlich sinnvoll wäre. Gute Anwälte nehmen auch immer wieder die Perspektive der Gegenseite ein. Wie beim Schach denken gute Anwälte die nächsten Züge des Gegners voraus.

Wobei das Phänomen mit Sicherheit nicht nur Steuerberater und Rechtsanwälte betrifft, sondern alle Berufe. Ich bin ziemlich sicher, dass du in so gut wie allen Bereichen nur wenige gute Leute findest und jede Menge Pfeifen. Auch bei Heizungsinstallateuren, Fliesenlegern und Umzugsunternehmen. Und bei fast allen diesen Qualifikationen gilt: Die einfachen Dinge können wir meistens selbst machen – wenn es nicht um so etwas wie deinen Zahnarzt geht.

Obwohl es Köche gibt, kochen wir zu Hause selbst. Auch manche Elektroinstallationen verlegen manche Leute zu Hause selbst, weil sie wissen, wie es geht. Viele Autoschrauber sind von der Ausbildung her keine Kfz-Mechatroniker. Du musst wissen, wie etwas geht – und wenn du es nicht weißt, wendest du dich an einen Profi.

Schließlich: Bereite dich selbst gut vor, fummle dich auch in rechtliche Themen rein. Auch wenn du einen Anwalt beauftragst. Recherchiere alles zum Thema, was du finden kannst, damit du nicht völlig unwissend ins Erstgespräch gehst. Ganz viel kannst du vorher schon abklären, sogar manchmal deine Erfolgsaussichten.

Richter

Vor Gericht und auf hoher See sind wir in Gottes Hand – du kennst den Spruch. Der Spruch soll sagen: Du weißt nie, wie ein Verfahren ausgeht.

Manchmal sind Kompromisse sinnvoll. In anderen Fällen sind sie Quatsch.

Grundsätzlich stimmt das, aber erfahrungsgemäß sind es am Ende dann doch meistens Vergleiche. »Vergleich« heißt: Nicht der Richter spricht ein Urteil und verdonnert dich oder die Gegenseite zu einer Zahlung, sondern beide Seiten treffen sich zu einem Kompromiss. Und Kompromisse sind in aller Regel faul.

Was meine ich damit? Normalerweise heißt es doch, Kompromisse sind super, weil man sich da in der Mitte trifft, weil sich beide Seiten die Hand reichen und dieser ganze pädagogische Quatsch.

Warum Quatsch? Wenn dir dein Kunde 6000 Euro schuldet, dann schuldet er dir 6000 Euro und nicht 3000. Da ist es Unsinn, sich in der Mitte zu treffen. Aber weil viele eben wissen, dass sie vor Gericht eine Menge Geld sparen können, weil die Streitsache aller Erfahrung nach ohnehin auf einen Vergleich hinausläuft, setzen sie eben darauf.

Und warum gibt es so viele Vergleiche vor Gericht? Die übliche Antwort ist: weil die Gerichte völlig überlastet sind. Das mag sein, aber wir können es auch anders sehen: Es gibt nicht genug Gerichte und nicht genug Richter. Deswegen setzt der Rechtsstaat ja wie erwähnt auch auf Mediationen.

Für mich heißt »Rechtsstaat«, dass sich das Gericht mit jedem Fall korrekt befasst. Es kann nicht sein, dass ein Richter in der Hauptverhandlung sagt, er habe keine Zeit für diese kleine Angelegenheit, er müsse gleich in einer Krankenhaussache verhandeln, bei der es um 2,5 Millionen Euro geht. Alles schon erlebt. Der Streitwert lag bei uns bei 6000 Euro, und das war für mich echt viel Geld. Das wollte ich haben, meinen Job hatte ich ordentlich erledigt. Was sagt der Richter? Das Krankenhaus sei wichtiger. Wir sollten uns gefälligst einigen.

Also war mir klar, dass ich einen Verlust machen würde: Die Einigung bestand natürlich aus dem häufigsten der faulen Kompromisse, aus fifty-fifty. Und jeder trägt seine Anwaltskosten. Die Gerichtskosten werden geteilt.

Da hast du also einen Auftrag für 6000 Euro korrekt erledigt, bekommst dafür 3000 Euro, und davon gehen die Kohle für deinen Anwalt und die Hälfte der Gerichtsgebühren ab. Sagen wir mal, da bleiben 2000 Euro übrig, nur weil es sich leichter rechnen lässt. Wer lacht sich ins Fäustchen? Dein Antragsgegner, der statt 6000 nur 4000 Euro für sein Bad bezahlt hat.

Erkennst du das Problem? Eigentlich müsste der Vergleich beinhalten, dass ich bei dem Kunden auch das halbe Bad wieder rausreiße. Denn der Vertrag sah vor, dass wir Gleichwertiges tauschen: 6000 Euro gegen meine Einbauten. Jetzt hatte der Kunde seinen vollen Wert, sein Geld hat sich in ein komplettes Badezimmer verwandelt. Aber ich bekomme nur einen Teil des Lohns. Und das Gericht nennt das Ganze dann »Einigung«.

Das sind die Probleme, die die Justiz so mit sich bringt. Die Justiz fragt ja gerne: Hat es wirtschaftlich überhaupt Sinn, einen Prozess zu führen? Und das sieht ein Gericht meistens schon anders als ein Geschädigter.

Und die Justiz liebt den sogenannten Rechtsfrieden. Damit ist ein Zustand gemeint, wonach die Justiz irgendwann sagt, sie habe getan, was zu tun war – und wenn noch immer keine Gerechtigkeit herrscht, dann sollen sich die Streithähne gefälligst zusammenreißen. So jedenfalls interpretiere ich diese Vokabel.

Die Justiz liebt Einigungen – noch viel mehr liebt sie den Rechtsfrieden.

Oft genug enden Verfahren eben in solchen faulen Vergleichen. Da gibt es Leute, die stänkern einfach und prellen dich um dein Geld. Oder sie verklagen dich grundlos und rauben dir damit Monate deiner Zeit. Statt dieses Querulantentum zu sanktionieren und solchen Leuten ein für alle Mal einen Riegel vorzuschieben, schaut sich die Justiz jeden einzelnen Fall wieder neu an. Und jedes Mal wird versucht, auch dem querulantischen Kläger gerecht zu werden, obwohl der bei Gericht vielleicht sogar bekannt ist wie ein bunter Hund, weil er im gesamten Gerichtsbezirk immer wieder Ärger produziert mit seiner anmaßenden Angewohnheit, alles und jeden wegen jeder Kleinigkeit zu verklagen und auch ganz offensichtliche und unstrittige Schulden einfach nicht zu bezahlen.

Vorhin hatte ich es vom Typus »Betrüger«, du erinnerst dich. Und ich wage die steile These, gespeist aus meiner Erfahrung: Die Justiz, wie sie bei uns derzeit aufgestellt ist, spielt diesen Leuten in die Hände. Die Justiz in ihrer derzeitigen Verfassung ist ein traumhaftes Biotop für Betrüger aller Art. Bis so ein Typ mal strafrechtlich belangt wird, fließt so viel Wasser den Main runter und gewinnt oder verliert er so viele zivilrechtliche Verfahren, dass es ihm am Ende egal ist.

Und vor allem: Aus der Fülle der zivilrechtlichen Verfahren schließt kein Gericht, dass wir es mit einem Irren zu tun haben, sondern der Rechtsstaat nimmt jeden Irren ernst. Obwohl einer seit Jahr und Tag nur Unsinn verzapft und lügt, steht jede seiner Aussage vor Gericht erst mal da. Und du darfst dich anstrengen, den ganzen Müll zu widerlegen. Du verlierst Nerven und Zeit und fragst dich, warum du dich in einer solchen Gesellschaft überhaupt selbstständig gemacht hast.

Das liebe Finanzamt

Kennst du das, wenn du auf der Landstraße die Polizei hinter dir hast? Viele Menschen bekommen da erst mal ein schlechtes Gefühl. Halten die mich an? Etwas könnte nicht stimmen. Viele Autofahrer fühlen sich da wie kurz vor der Hinrichtung.

Dabei besteht gar kein Grund zur Sorge: Wenn du dich an die Regeln hältst, ist es völlig wurscht, ob die Polizei dich anhält oder nicht, mal vom Zeitverlust abgesehen. Und wenn es nur um das defekte Lämpchen bei der Nummernschildbeleuchtung geht, dann gehst du dafür nicht in den Bau. Das reparierst du dann halt.

Übrigens verschwendest nicht nur du als Bürger bei einer Polizeikontrolle deine Zeit. Die Beamten verschwenden ihre Zeit auch. Bei einer Polizeikontrolle merken Beamte schnell, ob sie den Richtigen oder den Falschen angehalten haben. Wenn du dich korrekt verhältst und dein Auto in Ordnung ist, dann werden die Beamten untereinander schnell klären, dass du nicht ihre Zielgruppe bist, und dich weiterfahren lassen. Denn abgesehen haben sie es auf Besoffene, auf getunte Kisten mit Auspuff ohne Betriebserlaubnis, auf gestohlene Autos, auf Drogenkuriere, auf Menschenhändler und auf alles, was zur Fahndung ausgeschrieben ist.

Genauso sehe ich es beim Finanzamt: Eine Betriebsprüfung ist sicher nervig und zeitraubend, aber wenn du ordentlich wirtschaftest und korrekt deine Steuern zahlst, solltest du vor einer Betriebsprüfung keine Angst haben. Deine Unterlagen sollten halt geordnet sein. Und wie der Polizei ist auch den Steuerprüfern bewusst, dass sie keine braven Bürger auf dem Kieker haben, die halt auch mal Fehler machen. Sondern die Steuerfahndung will Steuerhinterzieher vor Gericht bringen.

Diese Einordnung ist erst mal wichtig im Umgang mit Behörden. Es geht immer auch um den Fokus der Beamten. Was haben die im Blick?

Die Steuerfahndung ist nicht scharf auf Leute, die mal einen Fehler machen. Sie ist scharf auf Steuerhinterzieher.

Insofern mein wichtigster Tipp im Umgang mit dem Finanzamt: Sei immer ehrlich. Spiel keine Spielchen. Hör auf, kriminell zu denken, sondern sei ein ehrbarer Bürger. Wenn du Fehler machst, gib sie zu. So, wie du Fehler auch in anderen Bereichen des Lebens zugeben solltest.

Hast du beim Einkaufen vergessen, Hundefutter mitzubringen? Gib es zu und hol welches. Hast du nicht hingesehen und den teuren Wein der Schwiegereltern zur Silbernen Hochzeit einem Kunden geschenkt? Gib es zu und treibe irgendwo einen schönen Ersatz auf. Hast du vergessen, das Auto umzumelden? Gib es zu bei der Zulassungsstelle, und du wirst sehen, dass sie vom Bußgeld absehen. Und so machst du das auch beim Finanzamt.

Im Zweifel ruf an. Wie auch beim DPMA, wenn du Erfinder bist: Oft ist es sinnvoller, kurz am Telefon eine Sache zu klären, als über Wochen hinweg Schriftwechsel durch die Gegend zu schicken.

Steuerberater und Rechtsanwälte heben die banalsten Dinge meistens auf ein fürchterlich abstraktes Niveau und verkomplizieren sie dadurch. Beispiel: In einem Monat hast du plötzlich 50.000 Euro mehr Ausgaben als in anderen Monaten. Der Steuerberater mailt dir als Einzelunternehmen ein entsprechendes Schreiben vom Finanzamt mit einer Nachfrage. Du kennst die Antwort, und jeder versteht sie sofort: Bei einem bestimmten Projekt hast du einen Kompagnon ins Boot geholt und mit ihm die Einnahmen geteilt. Die 50 Riesen waren also im Grunde keine Ausgabe, sondern eine Umsatzbeteiligung.

Der Steuerberater übersetzt diese einfache Information jetzt in Verwaltungsdeutsch. Der Satz, den er da vorsieht, kann sehr vieles heißen. Mit dem Ergebnis, dass die beim Finanzamt immer noch kein klares Bild im Kopf haben. Also greif zum Hörer. Ruf das Finanzamt an und erklär die Sache. Oder schreib selbst einen kurzen – wirklich kurzen! – Brief, in dem du die Frage rasch beantwortest. Wenn das Finanzamt etwas von mir will, gehe ich persönlich hin.

Sprich mit dem Finanzamt. Damit die verstehen, was du machst.

Letzten Endes merken die Leute beim Finanzamt schon, ob du ein Übeltäter bist oder nicht. Wenn du einer bist, ist es richtig, wenn sie dich schnappen. Wenn du keiner bist, machst du halt Fehler, aber das ist im Umgang mit dem Finanzamt selten das große Problem.

Klar können Fehler teuer sein, also wenn du dich verrechnest oder dem Steuerberater unvollständige Unterlagen weiterreichst. Dann musst du vielleicht Geld nachzahlen, möglicherweise auch viel. Es gibt viele Fehlerquellen. Aber letztendlich kannst du das Finanzamt durchaus auch als Partner nehmen. Es ist immer gut, wenn die dich kennen.

Geschäfte mit der Mafia

Frankfurt am Main ist so etwas wie das Palermo Deutschlands. Dort bekommst du einfach die beste Pizza.

Noch immer ist Frankfurt die Wohlfühloase Nummer 1 für Verbrecher aller Art. Manche erkennst du, wenn du nachts durchs Bahnhofsviertel läufst. Andere sind eher nicht zu erkennen. Das liegt nicht nur daran, dass sie nachts nicht auf der Straße sind, sondern vor allem auch daran, dass die Weste immer weiß ist.

Die Sicherheit in Frankfurt beispielsweise für Touristen hat sich in den vergangenen Jahren massiv verbessert. Ich denke manchmal: Der sichtbare Teil der Kriminalität hat abgenommen, der unsichtbare eher nicht. Unsichtbar ist meist beispielsweise die Schutzgelderpressung. Die ist in Frankfurt nach wie vor ein riesiges Problem, gerade für Gewerbetreibende. Stichworte wie Drogen-, Waffen- und Menschenhandel müssen wir im Zusammenhang mit Frankfurt glaube ich gar nicht erklären.

Ob Geschäftsleute halbseiden sind, erkennst du erst mal nicht.

Wenn du in Frankfurt mit der Immobilien- und Baubranche zu tun hast, berührst du manchmal im Huckepackverfahren noch ein anderes Milieu: das der grauen Kapitalmärkte. Die Wikipedia sagt es ganz nett: Dabei unterliegen Anbieter und Handelsobjekte nicht der Finanzmarktaufsicht.[7]

Nur erkennst du eben nicht, ob ein potenzieller Geschäftspartner nun ein Mafioso ist. Und auch wenn du mit der Szene nichts zu tun haben willst: Auch die brauchen Handwerker. Und wenn du mal dabei bist, bist du dabei.

---

[7] https://de.wikipedia.org/wiki/Grauer_Kapitalmarkt

Für mich war der Großraum Frankfurt immer Heimat. Von meinen Reisen abgesehen, bin ich nie da weggekommen. Also: Frankfurt, Offenbach, Hanau, Wiesbaden, Mainz, dann die Gegend nach Süden bis nach Heidelberg – das ist meine Welt. In Nidderau lebe ich ein bisschen außerhalb, worüber ich auch froh bin. Aber das Großstädtische und oft auch Schmuddelige von Frankfurt und Umgebung war schon immer mein geschäftliches Zuhause.

Da kommt es halt schon vor, dass dein Date nachts in einer Pizzeria einen Geldkoffer unter dem Tisch durchschiebt. Das gibt es nicht nur in »Ein Fall für zwei«, der Krimiserie, die in Frankfurt spielt, zunächst vor allem mit Claus Theo Gärtner (* 1943) und Günter Strack (1929–1999).

Meine Projekte: die Bäder in einer Villa in Bad Homburg installieren für einen früheren Eintracht-Frankfurt-Spieler; eine Diskothek in Frankfurt umbauen für einen bekannten und inzwischen verstorbenen Immobilienmogul; für 1,6 Millionen Euro 248 Wohnungen in Offenbach mit Bädern versorgen für einen bekannten Finanzmarktzocker. Und so weiter.

Da bekommst du auch mal einen Scheck über 250.000 Euro in die Hand gedrückt, den du dann bei deiner Bank einlösen kannst. Das Ärgerliche damals war: Nach Einreichung des Schecks hat es noch mal acht Tage gedauert, bis das Geld auf meinem Konto war. Zeit, in der die Zinsen für das Geld jemand anders einsackt, jedenfalls nicht ich.

Hintergrund: Der Auftraggeber hatte sein Konto bei einer sehr exklusiven Frankfurter Privatbank, bei der Handwerker und Leute wie ich eher kein Konto haben. Was aber nicht heißt, dass du da kein Konto eröffnen kannst. Und genau das habe ich für eine Gebühr von 10 Euro gemacht. Am gleichen Tag noch bin ich hin und habe den Scheck eingelöst.

Außerdem habe ich gesagt, ich möchte die 250.000 Euro gerne gleich bar mitnehmen – denn etwas Kleingeld im Haus ist immer klug. Der Bankangestellte hat den Scheck also meinem neuen Konto gutgeschrieben und mir 250.000 Euro ausgezahlt.

Wenige Tage später ruft mich mein Auftraggeber an und sagt: »Du hast mein Konto geplündert!« – »Wie bitte?«, frage ich. »Wieso denn? Ich habe doch nur den Scheck eingelöst!« – »Wie geht denn das?« – »Na, weil ich bei deiner Bank ein Konto habe«, habe ich geantwortet. Mein Auftraggeber fragte: »Aber wie kannst du da eine halbe Million abheben?«

Ich war ein wenig verwundert – hatten wir es etwa mit einem Missverständnis zu tun? Die Lösung war mal wieder ein kurioser Fehler: Der Bankangestellte hatte den Scheck zwei Mal geltend gemacht. So hatte ich die 250.000 Euro nicht nur cash bei mir, sondern noch einmal auf meinem nagelneuen Konto bei der Exklusiv-Bank. Glaub mir: Es gibt nichts, was es nicht gibt.

Schade war nur, dass auf dem Konto des Auftraggebers tatsächlich eine Viertelmillion fehlte. Wäre das nicht der Fall gewesen, hätten wir auf wundersame Weise Geld produziert. So musste ich die Viertelmillion leider zurückzahlen.

Gestohlener Teppich taucht woanders wieder auf

Und so läuft das eben in Frankfurt.

Hatte ich dir schon von dem Boardinghouse in Leimen erzählt, der Geburtsstadt Boris Beckers? Ja? Dann kommt hier noch mal eine Geschichte dazu. Wir hatten die offene Rechnung von 248.000 Mark, wir hatten den Heizkessel auf der Bodenplatte. Jetzt fehlt noch die Story mit dem gestohlenen Brandschutzteppich. Nur damit du nicht denkst, bei uns im Rhein-Main-Neckar-Raum sei das Leben langweilig.

Nachdem der Bauträger Insolvenz angemeldet hatte, hat er mir interessanterweise versprochen, seine Schulden zu bezahlen. Das hat er zwar nicht gemacht, aber er hat es mir versprochen. Und schon das Wort ist im Rhein-Main-Neckar-Raum natürlich etwas wert.

Der Pleitier, der mir Geld schuldete, bot mir einen neuen Auftrag an. Hättest du ihn angenommen? Ich schon.

Und er hat mir nicht nur versprochen, seine Schulden zu bezahlen, sondern er hat mir auch einen weiteren Auftrag gegeben. In Rüdesheim am Rhein. Das liegt auf der hessischen Rheinseite gegenüber von Bingen, wir sind also schon westlich von Mainz eher in der touristischen Weingegend mit ihren steilen Hängen und ihren »Straußwirtschaften« – diese für die Region typischen Kneipen haben nur zeitweise geöffnet, wenn die Winzer ihre eigenen Weine ausschenken. Ohne Zwischenhändler.

Was würdest du tun, wenn dir ein Pleite-Unternehmer einen Auftrag gibt? Vermutlich das Gleiche wie ich: Mit diesem unsicheren Kantonisten machst du Geschäfte nur noch gegen Vorkasse. Das hat auch funktioniert. Der Mann hat bezahlt.

Wenn du jetzt denkst, ich sollte das Geld als Teilzahlung der 248.000 Mark einstecken und gar keine weiteren Leistungen mehr erbringen, weil er ja nur seine Schulden abstottert, dann sei dir gesagt: Natürlich kam der neue Auftrag nicht von dem bisherigen, inzwischen pleite gegangenen Unternehmen. Der Auftrag kam von einer neuen GmbH. Nicht die in Luxemburg, eine andere. Ich sag' dir: Kluge Menschen jonglieren nur so mit GmbHen.

Nur weil die GmbH, die dir Geld schuldet, demselben Typen gehört wie die GmbH, die dir gerade einen neuen Auftrag gibt, kannst du das nicht umrubeln. Und der, von dem ich hier rede, war quasi ein Junkie. Ein Neubau-Junkie. Er musste ständig Häuser bauen, sonst war er auf Entzug wie die Gestalten am Frankfurter Hauptbahnhof in der B-Ebene.

Und ja, ich weiß, vielleicht hättest du von dem Auftrag abgesehen. Aber so war das eben: Ich habe den Auftrag angenommen. Und sofort kassiert.

Aber zum Teppich.

Für ein neues, riesiges Neubauprojekt hat der Auftraggeber 2000 Quadratmeter Brandschutzteppich liefern lassen. Also ein Teppich, der nicht brennt. So etwas ist vor allem bei Feuer nicht schlecht, und du brauchst solches Material in großen Gebäuden sowieso wegen des Brandschutzkonzeptes.

Der Teppich wurde abgeladen, wie das eben so ist. Was macht der Unternehmer? Verlädt die 2000 Quadratmeter Brandschutzteppich gleich auf einen anderen Lastwagen und lässt ihn abtransportieren. Und dann marschiert er zur Polizei und meldet den Teppich als gestohlen.

Ich war unterdessen auf der neuen Baustelle in Rüdesheim am Rhein. Und was tauchte da auf? Genau dieser Teppich. Ich sprach meinen Auftraggeber auf den Teppich an, aber er hat nur gelacht. Da war alles klar.

Waffen, Drogen, Geldwäsche, Pornos – die Frankfurter Halbwelt macht mit allem Geld. Sogar mit Teppichen.

Es war und ist die Welt der halbseidenen Geschäftsleute, die damals alles in bar bezahlt haben. Auch Leistungen wie meine.

Schwarz ist schwer

Zugleich sind Schwarzgeldgeschäfte auch gar nicht so einfach.

Jeder Kiosk im Freibad hat Bareinnahmen für seine Pommes und weißen Mäuse und verbucht das Geld in aller Regel brav. Bei einer Betriebsprüfung nimmt das Finanzamt dann gerne die Wetterdaten zur Hand und vollzieht nach, ob die Umsatzschwankungen anhand des Wetters einigermaßen erklärbar sind. Auch Ferienzeiten und Feiertage spielen eine Rolle.

Es ist bei manchen Bargeschäften echt schwer, Bareinnahmen als Schwarzgeld abzuzweigen, ohne dass es bei einer Betriebsprüfung auffällt. Beim Beispiel »Freibad« musst du in deiner gefälschten Buchhaltung im Grunde die ganze Umsatzkonjunktur abbilden, also das ständige Auf und Ab. Du müsstest, um konsequent zu sein, an jedem Tag ungefähr die gleiche Menge abzwacken oder den gleichen Prozentsatz.

Versuch nicht, Betriebsprüfer vom Finanzamt für dumm zu verkaufen. Die sind mit allen Wassern gewaschen.

Das kollidiert dann aber mit deinen Ausgaben, die du als Kioskbesitzer für deine Pommes und weißen Mäuse bei der Metro nun einmal hast. Wenn du am Ende viel weniger weiße Mäuse verkaufst, als du eingekauft hast, fragt dich das Finanzamt schon, wo die alle geblieben sind. Hast du die verschenkt? Oder hast du die Einnahmen für diese weißen Mäuse irgendwie in die eigene Tasche umgelenkt? Könnte ja versehentlich passieren.

Wobei mir ein alter Witz einfällt, vielleicht kennst du ihn: Der Betriebsprüfer kommt in die Kneipe. Statt des Chefs trifft er die minderjährige Tochter an, die auch in der Kneipe arbeitet. Der Betriebsprüfer fragt ganz offen: »Wie viel Kaffee verkaufen Sie denn hier schwarz?« Und die Tochter sagt ganz offen: »Ungefähr die Hälfte.« – »Was?«, ruft der Betriebsprüfer und macht sich eine Notiz. »So viel? Wie viele Tassen sind das denn im Monat?« – »Ach, vielleicht dreihundert.« Der Betriebsprüfer freut sich schon über seine Entdeckung, da ergänzt die Tochter: »Die anderen nehmen Milch und Zucker.«

Ja, ein Kalauer. Aber ich mag ihn.

Der große Irrtum bei Bargeschäften ist also, dass sie alle schwarz seien. Dabei gibt es viele normale Bargeschäfte. Und ich verbuche meine Bareinnahmen eben.

Gleichzeitig wollte ich bei den Großen mitspielen, also habe ich dieses Spiel mit den Geldkoffern mitgemacht. Warum auch nicht? Meine Ausgaben für Material und Löhne gingen vom Konto runter. Wie sollte ich denn bitte schwarz Bargeld einstecken, wenn sich jedem Betriebsprüfer die Frage stellt, was wir mit dem Material veranstaltet haben?

Also mal ganz einfach gesagt: Wenn ich zehn Meter Kupferrohr kaufe – mal nicht, um sie zu verschrotten, sondern um sie tatsächlich irgendwo zu verlegen –, dann müssen die doch irgendwo bleiben! Angenommen, ich verbaue die Rohre in einem Badezimmer und lasse mir das Badezimmer bar bezahlen, ohne das Geld zu verbuchen, dann bilden die Kupferrohre quasi ein loses Ende in der Logik. Jeder Anfänger beim Finanzamt weiß das.

Oder wenn ich für ein Bordell 20 Waschbecken kaufe, wo soll ich die hinbuchen, wenn nicht in meine Ausgaben, denen dann die Einnahmen für die Sanitäranlagen in dem Puff gegenüberstehen?

Und so gibt es eben in so einer Buchhaltung auch Einnahmebelege. Da ist keine Rechnung an den Puffbetreiber, sondern da ist ein Einnahmebeleg, auf dem die Einnahmen mit ausgewiesener Mehrwertsteuer verzeichnet sind. Ich erkläre sozusagen gegenüber meinen Büchern und dem Finanzamt, dass ich von diesem oder jenem Mafioso diesen oder jenen Betrag bekommen habe.

Bareinnahmen zu verbuchen, hatte auch noch eine andere spannende Folge: Wenn du deine Geschäftspartner im Glauben lässt, dass es ein Schwarzgeldgeschäft ist, bist du auch mit der Gewährleistung fein raus – obwohl die Halbwelt natürlich auch ihre eigenen, speziellen Methoden hat, wenn sie mal einen Sachmangel reklamieren muss.

Auch die Mafia hat Qualitätsansprüche

Entscheidend ist jedenfalls auch bei Geschäften mit der Mafia, dass du dich an die hessischen Tugenden hältst. Du musst immer sauber arbeiten und deine Kunden gut bedienen. So hast du keinen Stress mit den Leuten. Die Gefahr besteht immer: Wenn du Mist baust, kriegst du aufs Maul. Das war mir bewusst damals.

Aber ich war halt in der Szene einer der meistgefragten Heizungsbauer, gefragt für Hotelneubauten, Wohnhäuser und Puffs. Das war mein Metier. Die Aufträge kamen so gut wie immer durch

Empfehlungen. Es waren die größten Immobilienkaufleute aus Frankfurt, Top-Immobilienhändler. Ich war im Grunde immer ausgelastet und habe mit vielen Subunternehmern gearbeitet – Trockenbauer, Fliesenleger, alles zuverlässige Leute.

Mein Geschäftspartner – leider mit drei Schüssen hingerichtet. Feiner Kerl.

Die Konstellationen waren manchmal atemberaubend: Ein Appartementhaus in Frankfurt mit 16 Wohnungen, wegen des knappen Wohnraums für Banker vermietet für über 1000 Euro im Monat – Banken suchen immer wieder befristete Wohnungen, zum Beispiel für Mitarbeiter aus dem Ausland.

Dazu haben wir eine alte Tanzschule für 1,3 Millionen Mark in ein Appartementhaus umgebaut. Jede Woche flossen 50.000 Mark, immer bar, immer beim Frühstück am Freitag im Hilton. 5000 bis 6000 Mark sind für mich hängengeblieben, der Rest ging an die Handwerker und fürs Material drauf.

Leider kam der Bauherr nicht mehr dazu, die letzte Rechnung über 20.000 Mark zu bezahlen, weil ihn jemand auf offener Straße mit drei Kugeln erschossen hat, mit der »Bild«-Zeitung in der Hand. Obwohl er ständig seine Autos gewechselt hat, haben sie ihn gefunden.

Also musste ich zu seinem Kompagnon ins Hotel, um mein Geld zu holen. Mir hat das sehr leid getan mit dem Auftraggeber, er war im Grunde ein guter Typ. Als mein Auto mal defekt war, hat er mir für drei Monate kostenlos einen gemieteten A4 überlassen. Der Mann war schon korrekt. Das habe ich auch dem Kompagnon im Hotel erklärt, der dann mit einigem Widerwillen den Tresor aufgemacht und die Kohle rausgerückt hat. Mein Druckmittel: 38 Millimeter.

Das ist alles lange her. Und ich lebe noch.

Oder der ständige Stress auf der Baustelle. Als der tote Mann noch lebte, hat er immer auf meinen Rat gehört. Ich habe ihm von einer Truppe von Trockenbauern berichtet, vier bis fünf Mann, mit denen es immer Stress gab. Sie wollten laufend mehr Geld und haben nicht gearbeitet. »Ich glaube, du musst mal mit denen reden«, habe ich ihm gesagt. Er hat mit ihnen geredet und dann war Ruhe. Sie wussten, es ist sein Haus.

Als der tote Mann noch gelebt hat, habe ich mit ihm auch Bruderschaft getrunken. Auf seiner Hochzeit.

Oder der neue Maler, erst eine Woche dabei, eigentlich fleißig – eines Tages stellt er sich vor mich, zieht das Hemd hoch und zeigt mir seine Knarre, die im Bund steckte. Nur falls ich nichts bezahlen würde, ließ er mich wissen. Ich habe den Mann sofort bezahlt und rausgeschmissen. Er tat dann so, als sei es ein Spaß gewesen.

Schluss machen mit der Mafia

Das Milieu jedenfalls, diese Frankfurter Immobilienmafia, davon habe ich mich dann bald verabschiedet. Ich habe Großobjekte abgestoßen und erschossene Freunde versucht zu vergessen, ich habe meine Firma auf vier Leute verkleinert, um mehr Ruhe und Gelassenheit reinzubringen.

Mit der Mafia Schluss zu machen, war eine richtig gute Entscheidung. Wir haben jahrelang gerackert, und irgendwann hat Sonja gesagt: So, jetzt müssen wir uns um die Kinder kümmern. Wenn ich so weitermache, dann suche sie sich einen Kerl, der Zeit hat. Mich hat das getroffen, aber sie hatte Recht.

Bilz TV

Das Fernsehen und ich, wir sind eigentlich keine Freunde. Zum Fernsehen hatte ich im Grunde nie Zeit. Wann auch? Ich habe durchgängig gearbeitet oder geschlafen. Oder wir waren mit den Kindern im Zoo.

Durch Sonja haben wir höchstens mal die »Tagesschau« gesehen oder eine Talkrunde. Unser Fernsehprogramm war immer öffentlich-rechtlich.

Es ist nicht so, dass es keine Medienberichte über mich und meine Erfindungen gab. Ich war immer mal wieder in der Zeitung, natürlich in den einschlägigen Fachmagazinen oder hier bei uns zu Hause in der Regionalzeitung. Mit der Abfluss-Fee war ich dann auch mal beim Verkaufssender QVC – Ralf Dümmel von der »Höhle der Löwen« hat das möglich gemacht. Da sind wir mit einigen anderen Erfindern als Gruppe im Studio in Düsseldorf aufgeschlagen, das erzähle ich gleich.

Fürs Fernsehen musst du vor allem umgänglich sein. Hmm. Bin ich umgänglich?

Wie so oft, ergibt eins das andere. Irgendwann fängt etwas an, und wenn du dann Lust auf Medien hast, kann das sehr spannend werden. Für viele im Fernsehen ist das eine glanzvolle Perspektive, und manche tauchen dann immer wieder an unterschiedlichsten Ecken im Fernsehen auf, wo man sie kaum vermutet.

Die wichtigste Eigenschaft dazu ist: Du musst umgänglich sein.

Mein Thema ist dabei, und das weiß ich auch: Ich bin nicht ganz so einfach. Ich bin eher spröde. Ich sage mal so: Fernsehen muss funktionieren, und dazu musst auch du beim Fernsehen funktionieren, wenn du mitspielen willst.

Fernsehproduktionen haben in etwa eine so komplexe Logistik wie eine Baustelle eines Neubaus. Alle Elemente müssen exakt ineinander spielen. Genauso, wie Architekt und Bauleiter auf der Baustelle unzählige Parameter miteinander in Einklang bringen müssen, müssen Regie und Aufnahmeleitung beim Fernsehen alle Elemente zusammenfügen.

Also wollen Fernsehleute am Set einfach keine Diskussionen haben. Und auch keine dummen Fragen über nebensächliche Details. Stattdessen ist klar, welche Bilder sie brauchen. Gemeint sind natürlich Bewegtbilder. Wenn sie ein Bild brauchen, in dem der Moderator den Kandidaten begrüßt, dann wird gedreht: »Moderator begrüßt Kandidat«. Dann sagt der Regieassistent zum Moderator: »Jetzt Kandidat begrüßen«, und der Moderator begrüßt den Kandidaten. Die Kamera hält drauf.

Natürlich haben sich die beiden schon vorher begrüßt, ohne Kamera. Aber das sieht halt niemand. Und die Zuschauer wollen sehen, wie sich beide begrüßen. Also treffen sie sich, begrüßen sich und drehen dann die Szene »Wir begrüßen einander«.

Das ist Fernsehen, jedenfalls in weiten Teilen. Das muss man mögen, wenn man da mitmacht.

Für mich ist die Fernsehwelt eine fremde Welt, und das ist auch gar nicht schlimm. Mir war es schon immer wichtig, neue Dinge auszuprobieren. Also habe ich auch das Fernsehen ausprobiert. Ich wollte einfach die Erfahrung machen, wie das ist.

Sei da, wenn man dich braucht

Wie so oft, klingelte eines Tages das Telefon. Es war irgendwann im Jahr 2014.

Viele bewegende Dinge im Leben beginnen mit einem Anruf.

Es war ein sehr freundlicher Mann, der zwei Orte weiter wohnt. Er habe von mir gehört, ich sei schnell und gut, und er fragte, ob ich ihm kurzfristig helfen könnte. Sein Installateur habe ihn hängenlassen, und der Fliesenleger wollte am Montag mit seiner Arbeit anfangen.

Normalerweise wundere ich mich über Leute, die so kurzfristig Aufträge erteilen. Haben die selbst keine Termine? Sitzen die den ganzen Tag rum, drehen Däumchen und denken, der Rest der Welt sitze ebenfalls nur rum und habe jetzt sofort Zeit für sie?

Aber hier war es was anderes: Da ist quasi innerhalb der Wertschöpfungskette »Bad-Sanierung« ein Kettenglied weggeplatzt. Und dafür kann der Auftraggeber ja nun nichts. Der hatte den Auftrag schon an einen anderen Installateur vergeben, und der hat kurzfristig abgesagt.

Darüber kann man sich ärgern, aber das bringt nichts. Zumal so eine Absage tausend Gründe haben kann: Oma gestorben, Opa gestorben, Hund gestorben, Katze gestorben, Goldfisch erkältet, Auto explodiert.

Wenn jemand wirklich Hilfe braucht, schaue ich, was ich tun kann. Das hatte ich schon erwähnt, für mich ist das ein grundlegendes Prinzip im Leben. Helfen und Geben. Also schaue ich, wie ich Dinge möglich mache. Wer will, sucht Wege; wer nicht will, sucht Gründe. Dieses Sprichwort ist in meinen Augen sehr aussagekräftig – es zeigt auch, dass viele Menschen einfach nicht wollen.

Wer will sucht Wege. Wer nicht will, sucht Gründe.

Auf der anderen Seite könnte ich dem Mann nicht helfen, wenn ich das entsprechende Zeitfenster selbst schon vergeben hätte. Also einen Kunden hängenlassen wegen eines anderen Kunden – das geht nicht, finde ich. Wenn du eine Zusage gemacht hast, dann gilt die. Die gilt auch, wenn was Lukrativeres reinkommt. Ich weiß, dass andere Handwerker bei größeren Aufträgen kleinere absagen, und vielleicht war das bei diesem Installateur hier der Fall, aber wissen tue ich es nicht.

Wahrscheinlich hatte einfach nur der Kaktus Schnupfen.

Na ja, wie auch immer: Wenn der Fliesenleger für Montag bestellt war, dann braucht der Fliesenleger für seine Arbeit natürlich eine Baustelle, die so weit bereit ist, zum Beispiel mit einer Fliesenschablone aus dem Hause Bilz. Das heißt, der Installateur muss da vorher durch, sonst kann der Kunde dem Fliesenleger absagen und noch mal ein paar Wochen auf den Termin warten. Und alle anderen Gewerke danach kann er auch noch verschieben.

Ich weiß, wie blöd sowas ist, also habe ich geschaut, wie ich helfen kann. Erst mal habe ich am Telefon gesagt: »Im Augenblick bin ich auf der Baustelle, aber heute Abend schaue ich in den Kalender und melde mich.«

Solche Ansagen sind wichtig, denke ich. Der Kunde braucht Orientierung, er will wissen, woran er ist. Es ist immer besser, im entsprechenden Augenblick zu sagen, dass man keine Lösung hat, und in Aussicht zu stellen, sich später zu melden – als etwas zuzusagen, was du nicht halten kannst, oder gar nichts zu sagen. Und natürlich musst du dich gemäß den hessischen Tugenden dann tatsächlich am Abend melden. Der Kunde wartet auf deinen Anruf.

Ich habe mir am Abend meinen Wochenplan angeschaut. Hui, der Kalender war dicht wie ein mit Bauschaum ausgefüllter Hohlblockstein. Da war kein Reinkommen. Was machst du da?

Ich habe den Kunden angerufen und mir von ihm kurz die Baustelle in den Details schildern lassen. Ich habe überlegt, ob ich alle Teile dahabe – hatte ich. Und dann habe ich gesagt: »Gut, dann lassen Sie uns damit ins Wochenende reingehen. Wir kommen am Donnerstag um 8 Uhr und schauen, dass wir am Samstag um 17 Uhr fertig sind. Wenn das nicht reicht, machen wir am Sonntag weiter.«

Am heiligen Sonntag? Am wohlverdienten Wochenende? Klar. Es war wie früher, als ich noch Rohrbruch-Charlie war. Da habe ich immer Wochenendschichten gemacht und damit die Kunden glücklich. Der Kunde, dem du am Sonntag hilfst, der schaut dich nicht schief an und wirft dir vor, dass du am Tag des Herrn arbeitest. Der ist dir dankbar. Und ich glaube, so ein bisschen findet es auch Gott selbst in Ordnung, wenn du am Sonntag anderen hilfst.

Meine Baustellen für Donnerstag und Freitag habe ich ein wenig umdisponiert. Und ich sage dir: Dispo ist alles! Dispo ist wie Jonglieren. Ich habe kurzfristig einen weiteren Kollegen beauftragt, der mich am Donnerstag und Freitag vertritt, und ich bin mit zwei Mann am Donnerstagmorgen angerückt.

Wir haben mit einer kompletten Wasser-, Abwasser- und Heizungsinstallation für ein großes Badezimmer angefangen. Wir haben neue Leitungen gelegt, Decken durchgebrochen, ein komplettes Bad reingestellt und festgeschraubt, mit der kompletten Ausstattung. Es war ein riesiger Aufwand. Samstagabend waren wir Gott sei Dank fertig. Es hätte sicher auch was schiefgehen können, dafür hatten wir den Puffer bis Sonntag, aber es ist nichts schiefgegangen.

Am Montag konnte der Fliesenleger anfangen.

»Zuhause im Glück«

Der Kunde war verständlicherweise komplett begeistert. Was du vor allem daran siehst, dass er die Rechnung sofort bezahlt hat. Da trifft also drei Tage nach Rechnungslegung der Rechnungsbetrag auf dem Firmenkonto ein. Das hat man selten.

Und dann klingelte das Telefon.

Viele bewegende Dinge im Leben beginnen mit einem Anruf. Hatte ich das schon gesagt?

Derselbe Kunde war dran. Ich fragte: »Hilfe, noch ein Bad?« Und du kannst dir nicht vorstellen, was er geantwortet hat: »Möglicherweise mehrere.« Ich war gespannt. Er fragte, ob ich Lust hätte, in der Sendung »Zu Hause im Glück – Unser Einzug in ein neues Leben« mitzumachen. RTL 2.

Kennst du die Sendung? Es ist eine Doku-Soap, bei der das Fernsehen mit einem Trupp an Architekten und Handwerkern Familien in Not hilft. Die Not besteht vor allem darin, dass das Haus umgebaut werden muss: Kinderzimmer sind zu klein und zu dunkel, Badezimmer nicht trocken, Dächer undicht – das ganze Elend, wie es auf vergeigten Baustellen und in verkorksten Häusern eben so anzutreffen ist.

Das Sendekonzept kenne ich heute, aber damals, bei dem Anruf des Kunden, da kannte ich die Sendung nicht. Also habe ich meine Tochter gefragt, was »Zuhause im Glück« für ein neumodisches Zeug ist. Und was sagt meine Tochter? Sie sagte mir, das sei richtig klasse und ich solle da unbedingt mitmachen. Also habe ich zugesagt.

Meine Tochter hat gesagt: Mach da mit! Also habe ich da mitgemacht.

Und dann hat irgendwann die Produktionsfirma angerufen. Wieder ein Anruf. Die Geschichte ging los.

Der erste Einsatz war bei einer Familie in Schwäbisch Gmünd, es ging um zwei Etagen in einem Mehrfamilienhaus von 1906. Elf Räume, 190 Quadratmeter. Die Mutter erkrankt an Krebs – eine unheilbare Sorte. Zugleich ist das Haus noch nicht fertig saniert. Der Umbau wird schwieriger und schwieriger, das Projekt wächst der Familie über den Kopf.

Für uns Handwerker ging es jetzt darum, das Haus in Schuss zu bringen, und zwar schnell und zugleich koordiniert. Schon neun Tage nach der Entscheidung, dass RTL 2 der Familie hilft, ging die Aktion los. In der Fernsehfolge heißt es am Anfang, als Architekt John Kosmalla nach Schwäbisch Gmünd fährt: »Dass diese Last des nötigen Umbaus das Team in den nächsten acht Tagen nahezu in die Knie zwingen wird, weiß John zu diesem Zeitpunkt noch nicht.«

Das Badezimmer: 6 Quadratmeter groß und völlig heruntergekommen. Das Innenleben stammte aus den Siebzigern, vieles improvisiert. Der Hauswirtschaftsraum sah aus wie in einem Abbruchhaus. Auch die anderen Räume waren schlicht eine einzige Baustelle. Die zwei Töchter (5 und 9) teilten sich ein Kinderzimmer von 13 Quadratmetern.

Wie oft bei dem Format, schickte das Fernsehteam die Familie in Urlaub – damit sie beim Bauen nicht im Weg steht.

Und dann stand uns die Baustelle selbst im Weg. Es begann damit, dass ich beim Aufstemmen einer Wand eine Leitung angebohrt habe, wo eigentlich keine Leitung liegen darf. Das Haus war völlig verbastelt. Und dadurch ging das Ganze massiv in die Zeit.

Auch bei einer anderen Baustelle im Hessischen war ich im Einsatz, und auch die war schön kompliziert. Wir haben echt geschuftet. Ich sag' dir: So eine Baustelle ist am Schluss viel komplizierter, als es das Fernsehen darstellen kann. So eine Folge »Zuhause im Glück« zeigt bei Weitem nicht alle Probleme, denen du als Handwerkertrupp bei einer alten Bruchbude begegnest, die auf Vordermann zu bringen ist. Und viele dieser Probleme lassen sich im Fernsehen auch gar nicht so richtig erklären.

Also: Natürlich kannst du im Fernsehen viel erklären. Eines der besten Beispiele dafür ist wohl immer noch die »Sendung mit der Maus« vom Westdeutschen Rundfunk. Diese Sendung hat aber auch meistens einen technischen Schwerpunkt. Oder einen biologischen. Oder einen chemischen. Und da geht die Erzählung dann in die Tiefe.

Worum es beim Fernsehen geht

Bei einer Sendung wie »Zuhause im Glück« geht es nicht um die Frage, warum das Rohr da liegt, das da nicht liegen darf. Da geht es nicht um DIN-Normen. Es geht auch nicht um Baupfusch irgendwelcher Vorgänger, die an dem Haus mal dran waren. Im

Grunde geht es nicht einmal um die Baustelle. Es geht um etwas völlig anderes.

Der »Spiegel« hat die Sendung »Zuhause im Glück« mal gut auf den Punkt gebracht: »In einem heruntergekommenen Haus lebt eine Familie, die meist einen Schicksalsschlag verkraften musste oder aus anderen Gründen nicht genug Geld hat, ihre eigenen Wohnräume zu renovieren.« Dann schicken Architekten und Handwerker die Familie »für eine Woche in den Urlaub und verwandeln das Gebäude in ein wohnliches Zuhause. Die Eigentümer müssen dafür nichts bezahlen.«[8]

Bei einer Fernsehbaustelle geht es nicht um die Baustelle. Es geht um die Story.

Das ist der sogenannte Spin der Sendung. Ein »Spin« ist ein Drall – so, wie der Ball beim Tischtennis einen bestimmten Drall hat und dann eine Kurve fliegt, also in eine bestimmte Richtung. »Narrativ« sagen Journalisten, wenn es dabei um Politik geht. Und bei halb-fiktionalen Formaten, also bei inszenierter Realität wie bei Doku-Soaps, fragen erfahrene Medienleute vor dem Dreh immer wieder gerne: »Wie ist der Spin?« Oder: »Welche Geschichte erzählen wir?« Denn am Ende zählt für den Zuschauer rein die Plausibilität. Jede Geschichte muss nur für sich genommen stimmen. Ob dabei unwissenschaftlicher Unsinn vorkommt oder wichtige Informationen unter den Tisch fallen, spielt keine Rolle.

Ich will die Medienwelt dafür nicht verurteilen, wahrscheinlich lässt sich Fernsehen einfach nicht anders machen, wenn man die Leute mit Werbespots vollballern will. Nur habe ich eben als alter Handwerkerhase einen völlig anderen Bezug zur Wirklichkeit als die oft jungen, hippen Großstädter beim Fernsehen. Auch das meine ich nicht despektierlich. Wahrscheinlich bin ich aus der

---

8 https://www.spiegel.de/wirtschaft/service/zuhause-im-glueck-kandidat-muss-steuern-nachzahlen-a-1265508.html

Zeit gefallen. Ich bin halt Techniker. Ich stehe gerne mit beiden Füßen auf dem Boden. Ich liebe Erdung und Bodenhaftung, und ich schaue der Realität gerne ins Gesicht, statt mich mit Träumen und Illusionen aufzuhalten.

Was mich übrigens zu einer spannenden Frage bringt. Warum schreibt eigentlich der »Spiegel« über die Sendung »Zuhause im Glück«? Was ist an einer Dokusoap auf RTL 2 für den »Spiegel« interessant?

Einfache und zugleich fiese Antwort: der Bezug zur niederen Wirklichkeit. Denn das mit dem Stichwort »geschenkt« ist eben nicht so einfach in Deutschland. Da kommt gerne das Finanzamt und verlangt Steuern für den geldwerten Vorteil, den so eine Familie in Not kassiert.

Jede Menge Teilnehmer von »Zuhause im Glück« bekommen solche Steuernachforderungen. Und das ist auch klar, wenn die für sie kostenlose Sanierung breit im Fernsehen läuft und es alle sehen. Immerhin treten die Leute öffentlich auf und lassen sich ein riesiges Geschenk machen, und das Ganze ist offensichtlich kein fiktives Drehbuch. Sondern diese Häuser gibt es.

Die Stiftung Warentest erklärt das Problem ganz gut: »Teilnehmer einer TV-Sendung müssen ihren Gewinn versteuern, wenn der nicht reine Glückssache ist.« Das hatte der Bundesfinanzhof schon 2012 im Zusammenhang mit der Sendung »Big Brother« festgestellt.[9]

Die typische Reaktion von Fernsehleuten ist dann: »Was? Echt? Wieso das denn? Darf man denn nicht mal mehr was Gutes tun? Typisch deutsch! Blöde Bürokratie!«

Und das ist halt schon ein wenig doppelbödig. Niemand hat etwas dagegen, wenn jemand Gutes tut. Aber wenn wir jemandem etwas schenken, vor allem in dieser Größenordnung, dann ist das halt als Einkommen zu betrachten.

---

[9] Aktenzeichen: IX R 6/10.

Es geht hier nicht um Kleiderspenden, bei denen eine sozial schwache Familie abgetragene Jeans und Jacken geschenkt bekommt, sondern es geht um nagelneue Küchen und Bäder, oft vom Feinsten.

Halte dir einfach vor Augen: Ein Privatsender entscheidet, wem geholfen wird und wem nicht. Und dann soll der Staat es durchgehen lassen, dass die einen fünf- bis sechsstellige Hilfe bekommen und die anderen nicht? Ohne dass sie Steuern zahlen wie alle anderen auch, die so ein Einkommen haben? Wäre das gerecht?

Hier krachen die Realität und der Spin der Fernsehformate aufeinander. Fernsehen ist eine eigene Welt, eine eigene Realität, in die sich viele Menschen tatsächlich einspinnen. Ich denke oft, es ist eine Kunstwelt. Die Leute denken dann, es gäbe Sonderrechte, aber die gibt es halt nicht.

Fernsehen wirklich als Akteur zu erleben, ist für die meisten Normalverbraucher eine absolute Besonderheit, und das verleitet sie dazu zu glauben, es sei sowas wie Karneval. Aber das ist es halt nicht. Das Finanzamt ist immer aktiv.

Ich war nur der Handwerker

Das Ding ist: Natürlich macht es Spaß, fürs Fernsehen zu arbeiten. Mal abgesehen davon, dass es ein saumäßiger Stress ist. Aber du musst dir halt klarmachen, dass es Fernsehen ist.

So war meine Rolle zum Beispiel nur die des Handwerksmeisters. Ich sollte nicht als Firma auftreten. Also war ich einfach nur der Karl-Heinz, der mit irgendeiner Maschine in der Hand zu sehen war, aber nie war die Rede von der Firma Bilz. Zugleich sind immer wieder beschriftete Firmenautos zu sehen, auch im Abspann dankt RTL 2 einigen Handwerkerfirmen fürs Mitmachen. Meine Firma tauchte nicht auf.

Auch die Fernsehbaustelle selbst ist im Grunde nur für die Inszenierung da. Klar haben die Familien hinterher ein funktionstüchtiges Haus, ohne Frage. Nur die Abläufe auf der Baustelle dienen – auch in dieser kurzen Zeit – nicht in erster Linie der Logik einer Sanierung, sondern der Erstellung von Fernsehbildern.

Das musst du wissen, wenn du was fürs Fernsehen machst: Die Bilder haben die Priorität. Nicht dein Wohlbefinden und auch nicht deine Arbeit, sondern die Bilder.

Fernsehen dient der Show: Du drehst das Wasser für die Kamera noch mal auf, um den Wasserschaden zu zeigen.

Wenn ich mir die Baustelle in Schwäbisch Gmünd in Erinnerung rufe, haben wir von morgens bis abends geschuftet, und dazwischen gab es immer wieder Pausen zum Drehen. In jedem Zimmer wurde alles aufgenommen. Wenn das Kamerateam reinkommt, wird die Besprechung mit dem Fliesenleger aufgenommen, obwohl die in dem Moment gar nicht ansteht.

Oder wenn eine Wasserleitung getroffen wurde, drehst du erst das Wasser ab – und wenn das Kamerateam da ist, drehst du es für den Showeffekt wieder auf. Oder du erlebst Wartezeiten. Du kannst nicht arbeiten, weil das Team mal wieder dreht.

Ist ja auch ok. Das Produkt ist schließlich nicht das fertige Haus, sondern das Produkt ist die Episode. Die Sendung.

Ich will das nicht verteufeln, durch diese Einsätze habe ich viel über unsere Medienwelt gelernt. Aber ich war am Ende dann doch einfach alle. Bei der Folge im Hessischen habe ich mit einem Bandscheibenvorfall gearbeitet. Dafür kann RTL 2 nichts, aber die Show muss halt weitergehen.

Und das sehe dann auch ich so, wenn es darum geht zu liefern. Ich habe zugesagt, also bin ich da. Jeden Morgen um 6 Uhr ging's raus, 7 Uhr Frühstück, dann los zur Baustelle. Abends um 22 Uhr bin ich mit Klamotten in die Dusche und habe die verstaubten Klamotten in der Dusche gewaschen und dann getrocknet für den nächsten Tag. Dann bin ich ins Hotelbett gefallen. Und am nächsten Tag ging's wieder um 6 Uhr los.

»Die Höhle der Löwen«

Der zweite wichtige Fernsehauftritt – und für meine Laufbahn sicher der allerwichtigste – war mein Auftritt bei der »Höhle der Löwen« auf VOX im Jahr 2016.

Es geht um den Top-Deal des »Löwen« Ralf Dümmel, der mit seiner Firma »DS-Produkte« in die Abfluss-Fee investiert hat. Die Abfluss-Fee war bis dahin das erfolgreichste »Löwen«-Produkt – 2 Millionen Stück verkauft, 20 Millionen Euro Umsatz. Die Sendung lief am 30. August 2016.

Und wieder spielt meine Tochter dabei eine wesentliche Rolle.

In diesem Punkt wiederhole ich mich gerne: Oft sind es scheinbare Zufälle, die die wichtigen Dinge bewirken. Ein Anruf eines Kunden, ein Hinweis der Tochter.

Unsere Aufgabe im Leben ist es, genau hinzuhören. Wir brauchen eine gute Wahrnehmung, um scharfzustellen, was aus den Dingen folgt. Wir selbst entscheiden, wie wir mit so einem Hinweis des Universums umgehen: Lassen wir den Kunden hängen und sagen wir, Wochenende ist Wochenende und wir haben keine Zeit? Hätte ich machen können, dann wäre ich nicht bei »Zuhause im Glück« gelandet. Oder hören wir hin und handeln? Dann ergeben sich oft unfassbar viele spannende, manchmal sogar richtig gute Folgen.

»Das könnte doch was für dich sein«, sagt meine Tochter.

Ich weiß nicht mehr, was ich in dem Moment gerade gemacht habe, als sie diesen Satz sagte. Sie war bei uns zu Besuch und saß vor dem Fernseher. Ich war mit irgendwas beschäftigt, vielleicht habe ich die Küche gemacht oder Klara gefüttert. Auf jeden Fall habe ich ihre Frage gehört und bin dann zu ihr hingegangen, ins Wohnzimmer, vor den Fernseher. Und ich habe gefragt: »Was?«

Im Fernsehen lief VOX, »Die Höhle der Löwen«. Davon hatte ich noch nie gehört. Aber ich habe das Prinzip sofort verstanden: Dort gab es Geldgeber. Investoren, die sich mit ihrem Kapital an deiner Idee beteiligen. Ich habe die Redaktion angeschrieben, und schon nach zwei Wochen kam ein Kamerateam. Sie haben Probeaufnahmen gemacht, und eine Woche später kam die Zusage.

Klar machen sie Probeaufnahmen. Es ist Fernsehen! Sie wollen wissen, ob du einigermaßen geradeaus sprechen kannst oder ob du beim Blick in die Kamera gleich Opern erzählst, die kein Cutter am Schneidetisch zerlegt bekommt. Oder ob du erstarrst beim Anblick fremder Menschen. Oder ob du eine Szene machst und den Moderator anpflaumst, weil sie dich ein paar Minuten haben warten lassen – es gibt viele Ausschlusskriterien beim Fernsehen. Ich war offenbar geeignet.

Bei der eigentlichen Sendung dann habe ich erst mal versagt – mein sorgfältig im Gehirn zurechtgelegter Text war weg. Aber das ist so. Ich bin halt kein Medienprofi. Wieder was gelernt. Fernsehen funktioniert wunderbar, wenn du einfach drauflosquatschen kannst, es soll ja nicht auswendig gelernt oder gestelzt wirken. Der Regisseur sagte: »Reden Sie einfach so, wie Ihnen der Schnabel gewachsen ist, gehen Sie da raus und machen Sie ihr Ding.«

Der Regisseur sagte, ich soll reden, wie mir der Schnabel gewachsen ist. Ich habe auf ihn gehört.

Vielleicht erinnerst du dich an die Episode über das Problem, wenn andere dein Produkt präsentieren. Das kann nicht klappen. Es ist immer besser, wenn du dein Produkt präsentierst, denn nur du kennst es wirklich. Du kannst dir zwar ein paar Fakten über deine Erfindung zurechtlegen, aber am Ende überzeugst du die Leute dadurch, dass du für deine Idee brennst.

Beim Fernsehen habe ich gelernt: Es ist völlig egal, wie du aussiehst. Ob du einen Bauch hast oder unrasiert bist, das ist alles komplett egal. Du bekommst in der Maske ein bisschen Puder ins Gesicht, damit du nicht glänzt wie eine Speckschwarte, sie zupfen dir ein paar Hundehaare vom Hemd, aber das war's dann auch. Der Rest ist egal. Sei bloß nicht zu geleckt und glatt, sondern einfach normal. Das habe ich beim Fernsehen gelernt.

Präsentation mit Ecken und Kanten

Und später ist mir dann aufgefallen: Das Gleiche gilt eigentlich auch bei jeder anderen Präsentation. Im Büro vom Geschäftsführer des Industrieunternehmens, das du als Lizenznehmer gewinnen willst. Am Messestand. In der Lobby vom Hotel, in der du Geschäftspartner triffst. Es zählt wirklich nur, dass du du selbst bist. Dass du echt bist. Dass du dich nicht verstellst und nicht schauspielerst.

Das passt zu mir, weil ich wie gesagt sowieso nicht so glatt bin. Und damit scheine ich dann doch ein TV-Typ zu sein, ist das möglich? Das Fernsehen steht auf Leute mit Ecken und Kanten, jedenfalls bei manchen Produktionen.

Und so habe ich meine Abfluss-Fee dann auch präsentiert. Erst habe ich die Funktion vorgestellt, die du ja schon aus den zurückliegenden Kapiteln kennst. Und dann habe ich klargemacht: »Ich habe produziert und ich werde verkaufen. Mit Ihnen oder ohne Sie.«

Findest du das großkotzig? Meinetwegen. Aber ich wollte auf keinen Fall wie ein Bittsteller wirken. Zumal ich selbst schon 75.000 Euro in das Produkt investiert hatte. Sollte ich das Geld denn abschreiben und die Abfluss-Fee begraben, nur weil kein »Löwe« mir einen Zuschlag gibt? Natürlich nicht.

Und ich weiß: Solche Sprüche mag nicht jeder, auch nicht meine Klarheit in der Entscheidung.

Auch eher untypisch fürs Fernsehen war wohl, dass ich die Gesprächsführung an mich genommen habe. Ich habe die »Löwen« der Reihe nach gefragt, ob sie raus sind, manchen habe ich es sogar auf den Kopf zugesagt.

Auch Ralf Dümmel habe ich das gefragt. Und da hat sich für mich gezeigt, was ein guter Geschäftsmann ist: Als ich angeregt habe, wir könnten locker 100.000 Abfluss-Feen pro Jahr verkaufen, hat er protestiert und gesagt, er habe schon Millionen von viel schlechteren Produkten verkauft. Da wusste auch ich, dass wir zueinander passen.

Bei »Löwe« Frank Thelen war in meinen Augen einfach schon die Körpersprache klar – also warum soll ich es nicht ansprechen? »Sie können ruhig sagen, sie sind draußen, hab' ich kein Problem mit« habe ich zu Thelen gesagt. Und wie reagiert der? Er steigt aus und meint, er investiere in eine andere Art Gründer. Für mich in Ordnung! Alle wissen, woran sie sind. Passt also auch.

Ich habe mich bei der Akquise noch nie auf einen tieferen Status begeben, sondern ich spreche mit sämtlichen Menschen immer auf Augenhöhe. Ob das vor Beginn meiner Selbstständigkeit meine zukünftigen Chefs waren, die Betriebsprüfer vom Finanzamt, die Frankfurter Mafia oder eben die Löwen in ihrer Höhle. Was ich brauchte, war ein Investor, der zugleich vertriebsstark war. Augenhöhe ist ganz wichtig, gerade wenn es darum geht, Geschäftspartner zu finden.

In der »Höhle der Löwen« war mir klar: Ich bringe die Abfluss-Fee auf den Markt. Ob mit oder ohne Investor.

Vor allem eine spannende Situation gab es: Der »Löwe« Carsten Maschmeyer (* 1959) hat sozusagen meine Vielfalt kritisiert. Er hat sich tatsächlich daran gestört, dass ich so viele Erfindungen habe und auch vorantreibe.

Maschmeyer erwartet offenbar, dass sich sein Geschäftspartner auf nur eine Sache konzentriert – was für einen Erfinder fatale Folgen hätte, weil er sich dann maßgeblich von ihm abhängig machen würde. Wie stellt sich Maschmeyer das vor? Meine Antwort:

»Ich glaube, keiner von euch kann hier behaupten, dass er nicht gleichzeitig an drei, vier Objekten arbeitet. Und mir wollen Sie unterstellen, dass ich das nicht kann? Das ist ja wohl ein Witz.«

Schon in dem Moment, als ich das gesagt habe, war mir klar: Fernsehen erwartet von dir etwas anderes. Beim Spin der »Höhle der Löwen« treffen die »Löwen« die Entscheidungen, nicht die Kandidaten. Wie in vielen anderen TV-Formaten trittst du an und lässt dich bewerten – es ist ein Bruch im Format, wenn der Kandidat plötzlich die Jury bewertet. Stell dir vor, das passiert plötzlich bei »Let's dance« oder in einer anderen Show.

Aber ich war eben ich selbst. Ich hatte auf den Rat des Regisseurs gehört. Und siehe da: Ralf Dümmel hat zugeschlagen und eine Viertelmillion investiert.

Nach diesem Entré kann Ralf Dümmel nun auch wirklich nicht mehr sagen, er wüsste nicht, was für ein Typ ich bin. O-Ton Ralf Dümmel: »Ich glaube nicht, dass es immer leicht ist, aber mit Ihnen hat man viel Spaß, davon bin ich überzeugt.« Und darum geht es doch, oder? Wir wollen auch Spaß miteinander haben. Ich finde es toll, dass Ralf zugesagt hat. Er hat die Abfluss-Fee tatsächlich zu einem Erfolg gemacht.

Mich freut besonders die Berichterstattung von startuphumor.de über die Sendung und meinen Auftritt dort. »Der 60-Jährige legt einen der sympathischsten und erinnerungswürdigsten Auftritte der gesamten Show hin«, heißt es da. Auch die Kommentare bei »basicthinking«[10] freuen mich, Tippfehler und Satzzeichen habe ich korrigiert: »Der beste Pitch, den ich je gesehen habe«, schreibt ein Ole, »so schön erfrischend anders. Kein weichgespültes BWL-Blabla voll mit leeren Phrasen und nichtssagenden Kennzahlen, sondern Handfestes aus der Praxis. Genial!« User Hendrik: »Klasse Kerl, habe ich mir auch angesehen. So na-

[10] https://www.basicthinking.de/blog/2016/08/30/die-hoehle-der-loewen-karl-heinz-bilz-abflussfee/

türlich und authentisch habe ich schon lange keinen mehr gesehen. Und wenn einer von den Löwen nicht investieren wollte, war es ihm egal … er macht es sowieso :). Dazu noch die ganzen anderen Ideen, die er schon angetrieben hat. Dufter Typ.«

Im Jahr 2018 dann – die Abfluss-Fee war ein Verkaufsschlager geworden – erschien ein Text mit der Überschrift »Der Gott der kleinen Dinge«. Diese Worte standen über dem Text von Georg Fahrion zu meinen Erfindungen und mir, gedruckt in der Zeitschrift »Die Höhle der Löwen« 01/2018, die zu den Gruner+Jahr Wirtschaftsmedien, genauer: zu »Capital« gehört.

Bilz-Verbot bei QVC

Und dann ging es zu dem erwähnten Fernsehauftritt bei QVC in Düsseldorf, dem Verkaufskanal.

Lass mich noch mal Ralf Dümmel zitieren. Er sagte über mich bei VOX: »Du weißt eigentlich immer, woran du bist. Er sagt dir seine Meinung und wird nie hinter dem Rücken reden, sondern er sagt dir ins Gesicht, was er über dich denkt. Das ist eine tolle Charaktereigenschaft – die man nicht bei QVC live im Fernsehen zeigen muss …«

Höre ich da den geringen Anschein eines Anfluges einer Andeutung? Ralf Dümmel meint vermutlich meinen 15-minütigen Auftritt bei QVC 2017, bei dem ich die Abfluss-Fee präsentieren durfte.

Also, ich meine: Da schickt man mich zu 10 Uhr ins Studio, und dann verzögert sich was – da habe ich Moderator Björn Gödde natürlich die Meinung gesagt. Und ich habe klargemacht: »Wenn das in Zukunft so ist, dass QVC meine Zeit nicht einhält, beenden wir das Ganze.« Live, on air, und alle sahen zu.

Im Nachhinein hat mich das dann doch geärgert. Nicht, dass sie mich haben warten lassen. Meine Güte, Fernsehen ist wie gesagt ungefähr so komplex wie eine Großbaustelle. Ich war wirklich sauer über mich. Auf VOX habe ich das dann später erklärt.

Es war wirklich ein harter Tag für mich gewesen. Sonja war krank, sie lag in unserem Düsseldorfer Hotel im Bett. Die Zeitplanung war für mich wegen Sonja echt knapp, ich wollte unbedingt wieder zu ihr.

Im selben Moment, in dem ich den Mund aufgemacht habe, war mir schon klar: Das ist ein Fehler.

Dass mir da der Kragen geplatzt ist, und das live im Fernsehen, das war vermutlich dann doch ein Fehler. Ein handwerklicher Fehler, wenn ich mir das Handwerk der Medien anschaue.

Andererseits denke ich: Meine Güte, diese QVC-Sendungen sind oft so spröde, so zum Gähnen langweilig, da kann doch auch ein bisschen ehrliche Haut nicht schaden, ein falsches Wort, ein bisschen Emotion, damit endlich mal was passiert. Ich will mich damit nicht im Nachhinein rausreden, aber ganz sicher wird diese Sendung bei QVC für viele Zuschauer als Erlebnis abgespeichert in Erinnerung bleiben.

Der Deutschland-Chef von QVC hat jedenfalls gleich Ralf Dümmel angerufen, die Redaktionschefin hat mir einen richtigen Anschiss verpasst – und der Sender hat mir Hausverbot erteilt.

Medienleute nennen so etwas einen Eklat, einen Skandal, und da müssen sie natürlich sofort die Reißleine ziehen. »Das war's dann erst mal mit der TV-Karriere«, sagte ein Sprecher dann später auf VOX über die Szene. »Nie mehr hat Karl-Heinz Bilz das QVC-Gebäude betreten. Keine Verkaufsshows. Keine Entschuldigung. Bis heute.«

Doch irgendwann kam der Moment der Läuterung, und auch das ist Fernsehen. Ralf Dümmel machte uns einen Termin bei QVC, und wir fuhren nach Düsseldorf. Björn Gödde erzählte, wie er den Affront empfunden hat, er sei in »Schockstarre« und »sprachlos« gewesen. Ich sagte, dass ich nichts in mich reinfresse, sondern es muss einfach raus. Und ich habe mich bei dem Moderator offiziell entschuldigt, was ebenfalls im Fernsehen übertragen wurde. QVC hat das Bilz-Verbot offiziell wieder aufgehoben.

Und das Fernsehen hat mir in der Tat verziehen: Im April 2023 war ich mit der LED-Dusch-Fee zehn Minuten live auf Sendung, und wir waren wieder ausverkauft.

Es geht darum, die Dinge möglich zu machen.

Meinem lieben Investor Ralf Dümmel habe ich später noch eine Nachricht geschickt in der Art: »Du bist nicht nur ein Geschäftspartner, du gehörst zur Familie.« Er hat es nicht leicht mit mir, das stimmt.

Und zugleich siehst du an unserer Beziehung, so verschieden wir auch sind: Am Ende geht es darum, dass es funktioniert. Wir sollten nicht beleidigt sein, wenn uns der andere nicht passt, sondern gerade bei Geschäftsmodellen sollten wir uns zusammenraufen und schauen, dass wir etwas aus dem Potenzial machen, das wir gemeinsam haben. Ralf Dümmel ist einer, der versteht das. Er ist einfach nicht eitel, sondern konkret und klar. Ich bin, glaube ich, auch nicht besonders eitel. Ich bin ein bisschen impulsiv, aber am Ende zählt die Sache. Und darum geht es, denke ich.

Nachwort

Warum haben Dübel eine begrenzte Länge? Mit dieser Frage habe ich dieses Buch begonnen, und jetzt will ich wieder auf diese Frage zurückkommen.

Dübel mit einer begrenzten Länge haben eine begrenzte Länge, weil sie für Löcher mit einer definierten Tiefe gedacht sind. Wenn du vorher weißt, dass das Loch 60 Millimeter tief ist oder sein darf, dann holst du dir einen 60er-Dübel mit einer passenden 60er-Schraube.

Der Dübel ist, wie ich finde, eine der genialsten Erfindungen der Welt. Artur Fischer, dessen Namen du spätestens vom »Fischer-Dübel« kennst, war wie erwähnt lange Zeit Ehrenvorsitzender des Deutschen Erfinderverbandes.

Allerdings müssen wir fairerweise sagen: Die Frage, warum Dübel eine begrenzte Länge haben, ist eine Frage, die nach einer Erfindung entsteht, nicht davor. Die Frage vorher war: Wie halten Schrauben besser in der Wand? Ich will damit sagen: Es gibt immer wieder Erfindungen, bei denen wir uns fragen, weshalb sie so sind und nicht anders. Aber erst einmal erfüllen diese Erfindungen einen ganz bestimmten Zweck.

Die Überlegung, einen quasi endlosen Dübel herzustellen, war ohne die vorherige Erfindung des Dübels kaum denkbar. Die Technik entwickelt sich meistens in Schritten. Und in der Entwicklungsgeschichte der Verbindungstechnik war eben der klassische Dübel das Mittel der Wahl.

Davon ausgehend, war die Überlegung naheliegend, ob sich so ein Dübel auch als Endlos-Wurm produzieren lässt. Warum auch nicht? Schließlich gab es schon Gewindestangen, die man sich zugeschnitten hat, und es gibt auch viele andere Dinge am Stück zum Abschneiden aufs gewünschte Maß – zum Beispiel Gartenschlauch, Blumendraht oder Emmentaler Käse.

Der Gedanke, etwas auf eine gewünschte Größe zuzuschneiden, war jetzt also gar nicht so revolutionär. Es gab ihn vielfach in anderen Bereichen. Nur eben beim Dübel noch nicht.

Ich schreibe das, weil es immer wieder Menschen gibt, die völlig überzeugt behaupten, es gäbe schon alles. Sie sagen in gewisser Weise, jedes denkbare Buch sei schon geschrieben, jedes denkbare Lied schon komponiert, jedes denkbare Bild schon gemalt. Und dem will ich widersprechen.

Übertrag den Gedanken einfach nur auf die IT. Stell dir vor, jemand sagt, jede denkbare Software sei schon geschrieben. Da wirst du sicher mit mir einer Meinung sein und sagen: Was für ein Unsinn.

Ich glaube, dass sich die Menschheit in den vergangenen Jahrzehnten so schnell und raumgreifend entwickelt hat wie noch nie zuvor. Lass uns einfach mal das Jahr 2023 nehmen und gehen wir 100 Jahre zurück. Versetz dich ins Jahr 1923, also in die Zwanzigerjahre des 20. Jahrhunderts, in die Welt von »Babylon Berlin«.

Vor 100 Jahren lief die erste Radiosendung Deutschlands

1923 waren die Filme im Kino noch stumm, der Tonfilm kam erst 1927 – und heute gehen wir nicht einmal mehr aus dem Haus, sondern streamen unsere Filme via Netflix oder Sky auf unseren Riesen-Screen im Wohnzimmer. Fernseher sind heute so flach, dass keine Lautsprecher mehr reinpassen, sodass die HiFi-Industrie externe Lautsprecher produziert. Und die Filme sind zunehmend computeranimiert.

Im Jahr 1923 gab es übrigens die erste Rundfunkübertragung in Deutschland, genauer gesagt: Hörfunkübertragung, also Radio. Am 29. Oktober 1923 waren die ersten Worte: »Achtung, Achtung. Hier ist Sendestelle Berlin im Vox-Haus, auf Welle 400 Meter. Meine Damen und Herren, wir machen Ihnen davon Mitteilung, dass am heutigen Tage der Unterhaltungsrundfunkdienst mit Verbreitung von Musikvorführungen auf drahtlos telefonischem Wege beginnt. Die Benutzung ist genehmigungspflichtig.« Das Radio in Deutschland feiert also Hundertjähriges.

Etappen seitdem waren zahlreiche Erfindungen, darunter natürlich das Penicillin (1942), die Chemotherapie (1956), der erste Hochgeschwindigkeitszug (1964) und die SMS (1992). Die Verbreitung der an sich schon älteren Photovoltaik als Massenphänomen gehört dazu, die Verbreitung von Elektroautos, die Entwicklung veganer Lebensmittel, die Fleisch ersetzen – wie erwähnt zurückgehend auf Konrad Adenauer.

Die ganze Zeit erleben wir Innovationen. Gerade wenn jetzt, in diesen Zeiten, jemand sagt, es sei kein Platz mehr für neue Ideen, dann widerspreche ich. Denn jede Innovation schafft neue Bedingungen, und jedes Mal ergeben sich neue Perspektiven.

Der Fortschritt verdoppelt sich alle zehn Jahre

Als es die ersten massentauglichen Impfungen gab, waren das alles Nadelstiche. Es war halt so, es ist ja auch heute noch vielfach so. Bevor es überhaupt Impfungen gab, hat niemand die Schluckimpfung vermisst. Erst als es Impfungen gab – beispielsweise gegen Pocken (1796), Tollwut (1885) oder Tuberkulose (1927) –, kam die Frage auf, ob sich Impfungen vielleicht einfacher verabreichen lassen könnten. 1960 dann kam die Schluckimpfung gegen Kinderlähmung, entwickelt von dem Virologen Albert Bruce Sabin (1906–1993).

Was vielleicht hilft beim Verständnis, sind die Konjunkturwellen nach dem russischen Wirtschaftswissenschaftler Nikolai D. Kondratieff (1892–1938). Er beschreibt, dass jede Innovation die Welt verändert, neue Bedingungen schafft und weitere Innovationen ermöglicht:

- Die Entwicklung der Dampfkraft und die Verwendung von Baumwolle schufen im 19. Jahrhundert die erste Welle von Innovationen und Geschäftsideen.
- Die Entwicklung der Eisenbahn ergab die zweite Welle.
- Die Elektrizität und die chemische Industrie Anfang des 20. Jahrhunderts bildeten die dritte Welle.
- Der Einsatz von Erdöl und Verbrennungsmotoren ergab die vierte Welle, ebenfalls im 20. Jahrhundert.
- Und jetzt befinden wir uns Anfang des 21. Jahrhunderts in der fünfen Welle, die vor allem von der Informationstechnologie geprägt ist.

Kondratieff denkt jeweils in halben Jahrhunderten. Nach Raymond Kurzweil (* 1948), dem Leiter der technischen Entwicklung bei Google und Erfinder sowie Autor, verdoppelt sich die Fortschrittsrate in jedem Jahrzehnt. Demnach ist die Entwicklung also exponentiell. Und nie ist dabei alles ausgeschöpft. Ist ein Technologiezweig mal ausgereizt, ersetzt ihn ein anderer – siehe Dampfantrieb, Tonbandgerät, Videorekorder, CD-ROM.

Ein Kandidat einer ausgereizten Technologie für die nahe Zukunft könnte beispielsweise der Verbrennungsmotor sein – auch wenn wir uns heute noch nicht vorstellen können, mit welcher Energiequelle Forstarbeiter ihre Harvester antreiben sollen, um Baumstämme aus dem Wald zu ziehen, wenn nicht mit Diesel. Aber nur weil wir uns etwas nicht vorstellen können, heißt das ja nun noch lange nicht, dass es nicht möglich sein wird.

Ich konnte mir auch vieles nicht vorstellen. Ich konnte mir das Faxgerät nicht vorstellen, das Mobiltelefon nicht, den 3-D-Drucker nicht. Ich denke, viele Menschen müssen die Dinge erst selbst erleben, um sie verstehen zu können.

Erst als ich mit diesen Dingen gearbeitet habe, in unterschiedlichen Epochen der technischen Entwicklung, habe ich erkannt und begriffen, dass und wie es geht. Und aus dieser Erfahrung heraus weiß ich, dass noch viele weitere Dinge möglich sein werden – wir müssen die Leute nur machen lassen.

Konkret heißt das: Wir müssen den kreativen Geist stärken, wir müssen Kinder ihre Entdeckerlust verwirklichen lassen, und wir müssen uns weiterhin für eine freie Gesellschaft einsetzen, in der das Individuum sich selbst verwirklichen und entfalten kann. Denn nur unter diesen Voraussetzungen schaffen wir Innovationen.

Die allermeisten Nobelpreise gehen an Preisträger in der freien Welt – in Autokratien und Diktaturen sind Forscher und Entwickler selten, weil dort das Denken reglementiert ist.

Auch deshalb habe ich dir in diesem Buch von meiner Kindheit erzählt und davon, dass meine Mutter mich hat machen lassen. Wir hatten kein Handy, wir waren nicht ständig erreichbar. Ich hatte keine Helikoptereltern, die mich bei jedem kleinen Wehwehchen sofort von der Schule genommen und gesundgepäppelt haben. Sondern ich musste in weiten Teilen und über Jahre hinweg selbst schauen, wie ich mit der Realität klarkomme.

Ich habe vielleicht in der Schule nicht viel mitgenommen, wenn du darunter die Schule mit Lehrern und Kreidetafeln verstehst, aber aus der Schule des Lebens habe ich allerhand mitgenommen.

Eine der wichtigsten Erkenntnisse dürfte sein: Ich hätte viel mehr Zeit mit Sonja verbringen sollen. Stattdessen habe ich viel zu viel gearbeitet und Vermögen angehäuft. Das war immer aus der Existenzangst heraus, doch im Rückblick gar nicht immer nötig. Doch das sind Erkenntnisse, die gewinnst du erst hinterher.

Auch habe ich gelernt, dass ich weniger fluchen sollte. Nicht weil es unchristlich wäre, sondern weil es offenbar wirkt. Ein Geschäftspartner hat mich über den Tisch gezogen, ich habe ihm am Telefon die Scheißerei gewünscht – drei Wochen später hatte er eine so heftige Verstopfung, dass er ins Krankenhaus musste.

Ebenso habe ich in jungen Jahren einen Kumpel verflucht, der mich kurzfristig finanziell hängengelassen hat – ich habe ihm am Telefon gesagt, er soll verrecken. Zwei Wochen später war er tot. Autounfall.

Also irgendwie scheinen die alten Mythen vom Schaustellerplatz zu funktionieren, deswegen halte ich mich jetzt mit Flüchen zurück.

Vor allem habe ich gesunden Menschenverstand mitgenommen. Also das Bewusstsein dafür, dass sich die Dinge konkret bewähren müssen. Es genügt nicht, dass sie auf dem Papier funktionieren, sie müssen real funktionieren. Und der Teufel ist wie erwähnt ein Eichhörnchen.

Gesunder Menschenverstand heißt für mich, dass wir Dinge möglich machen und schauen, wie es geht. Dass wir dabei auch mal die eine oder andere Vorschrift hinterfragen und die eine oder andere wissenschaftliche Gewissheit auf Relevanz prüfen. Sicher ist in der Theorie klar, in welchen Maßen du bei einer Toilette Zu- und Abfluss montierst. Aber die Schablone hilft halt. Das meine ich. Lass uns das Leben einfacher gestalten.

Und dazu sollten wir die Schule des Lebens wieder mehr würdigen. Wir sollten schauen, dass sich Kinder wieder mehr draußen bewegen, dass sie Berührung mit Natur und Erde haben, dass sie sich die Finger schmutzig machen und dass sie Techniken entwickeln, um auch mal ohne Smartphone und Internetverbindung klarzukommen.

Ich habe nichts dagegen, wenn Kinder und Jugendliche Apps programmieren, alles prima. Aber sie sollten dabei vielleicht auch lernen, dass nichts selbstverständlich ist. Das Netz nicht, der Strom nicht, auch nicht das fließende Wasser, von dem ich als Installateur immer ausgegangen bin.

Die wichtigste Frage ist für mich: Wie nimmst du an dieser Entwicklung teil? Was trägst du dazu bei? Gerade wir in Deutschland haben ja nun bekanntermaßen nicht so viele Rohstoffe und dafür mehr Geisteskraft – wie können wir daraus etwas machen, was die Menschheit weiterbringt? Was können Lehrer, Ausbilder und Hochschulprofessoren dazu beitragen, dass junge Menschen ihre Kreativität sinnvoll bündeln und tolle Dinge erfinden?

Was trägst du zu den Erfindungen der Zukunft bei?

Ich würde mir wünschen, dass du diesen Gedanken weitergibst. An Kinder, Eltern, Lehrer, Wissenschaftler, Bildungspolitiker. Ich selbst gebe ihn auch weiter: durch meine Tätigkeit im Deutschen Erfinderverband oder auch dadurch, dass ich mich der Industrie als Auftragserfinder anbiete. Gemeinsam mit den Managern gehe ich durch Produktionsanlagen und Lagerhallen, lasse mir die Probleme schildern und entwickle dann Lösungen.

Trag auch du dazu bei, dass wir die Lust am Forschen fördern, und zwar nicht nur auf einem allerhöchsten Technologieniveau, das am Ende nur Hochschulabsolventen zugänglich ist. Sondern alle sind aufgerufen. Alle dürfen dazu beitragen, dass diese Welt jeden Tag ein Stückchen besser wird.

Und dir danke ich fürs Lesen dieses Buches. Du hast mich jetzt kennengelernt und weißt, wie ich denke. Ich habe nicht alles richtig gemacht im Leben. Und jeder Fehler heißt für mich, dass ich lerne. So, wie die Menschheit aus Fehlern lernt und Probleme zum Ansatz für Erfindungen werden, zu Lösungen.

Genauso stelle ich mir Persönlichkeitsentwicklung vor, genauso will ich weiterleben und weiterlernen. Das will ich so lange machen, bis es nicht mehr geht. Und wenn ich nicht mehr laufen kann, renne ich.